普通高等教育"十一五"国家级规划教材

高等学校 智能科学与技术/人工智能 专业系列教材

人工神经网络理论、设计及应用

第三版

韩力群 施彦 编著

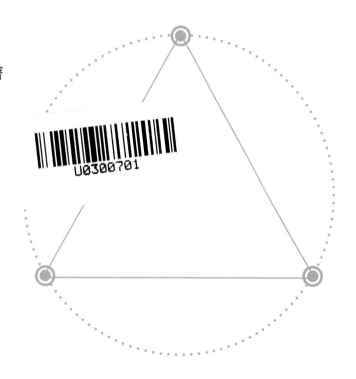

化学工业出版社

·北京·

内 容 简 介

本书系统地论述了人工神经网络的主要理论和设计基础，给出了大量应用实例，旨在使读者了解神经网络的发展背景和研究对象，理解和熟悉其基本原理和主要应用，掌握其结构模型和基本设计方法，为以后的深入研究和应用开发打下基础。

全书共分为10章，第1、2章介绍了神经网络的发展历史、基本特征与功能、应用领域及基础知识，第3～10章展开介绍了单层感知器、基于误差反传的多层感知器、径向基函数神经网络、竞争学习神经网络、组合学习神经网络、反馈神经网络、支持向量机、深度神经网络等内容。为了方便梳理知识点，每章都附有本章小结。为了方便学习、加深理解，在书后附录中给出了例题与详解及神经网络常用术语的英汉对照。

本书可作为高等学校人工智能、智能科学与技术、自动化等相关专业人工神经网络的教材，也可供人工智能科研人员参考。

图书在版编目（CIP）数据

人工神经网络理论、设计及应用/韩力群，施彦编
著. —3 版. —北京：化学工业出版社，2023.1（2024.7重印）
普通高等教育"十一五"国家级规划教材　高等学校
智能科学与技术/人工智能专业系列教材
ISBN 978-7-122-42342-9

Ⅰ.①人…　Ⅱ.①韩…②施…　Ⅲ.①人工神经元网络-
高等学校-教材　Ⅳ.①TP183

中国版本图书馆 CIP 数据核字（2022）第 190227 号

责任编辑：郝英华　　　　　　　　　　　文字编辑：蔡晓雅　师明远
责任校对：李　爽　　　　　　　　　　　装帧设计：史利平

出版发行：化学工业出版社（北京市东城区青年湖南街 13 号　邮政编码 100011）
印　　刷：北京云浩印刷有限责任公司
装　　订：三河市振勇印装有限公司
787mm×1092mm　1/16　印张 16¾　字数 412 千字　2024 年 7 月北京第 3 版第 2 次印刷

购书咨询：010-64518888　　　　　　　　售后服务：010-64518899
网　　址：http://www.cip.com.cn
凡购买本书，如有缺损质量问题，本社销售中心负责调换。

定　　价：68.00 元

Preface

前　言

　　人类具有高度发达的大脑，大脑是人类思维活动的物质基础，而思维是人类智能的集中体现。长期以来，人们想方设法了解人脑的工作机理和思维的本质，向往能构造出具有类人智能的人工智能系统，以模仿人脑功能，完成类似于人脑的工作。人脑的思维有逻辑思维、形象思维和灵感思维三种基本方式。逻辑思维的基础是概念、判断与推理，即将信息抽象为概念，再根据逻辑规则进行逻辑推理。由于概念可用符号表示，而逻辑推理宜按串行模式进行，所以这一过程可以事先写成串行的指令由机器来完成。可以认为，20 世纪 40 年代问世的第一台电子计算机就是这样一种用机器模拟人脑逻辑思维的人工智能系统，也是人类实现这一追求的重要里程碑。

　　众所周知，现代计算机构成单元的速度是人脑中神经元速度的几百万倍，对于那些特征明确，推理或运算规则清楚的可编程问题，可以高速有效地求解，在数值运算和逻辑运算方面的精确与高速极大地拓展了人脑的能力，从而在信息处理和控制决策等各方面为人们提供了实现智能化和自动化的先进手段。但由于现有计算机是按照冯·诺依曼原理基于程序存取进行工作的，历经半个多世纪的发展，其结构模式与运行机制仍然没有跳出传统的逻辑运算规则，因而在很多方面的功能还远不能达到人的智能水平。随着现代信息科学与技术的飞速发展，这方面的问题日趋尖锐，促使科学技术专家们寻找解决问题的新出路。当人们的思路转向研究大自然造就的精妙的人脑结构模式和信息处理机制时，就推动了脑科学的深入发展以及人工神经网络和脑模型的研究。随着对生物脑的深入了解，人工神经网络获得长足发展。在经历了漫长的初创期和低潮期后，人工神经网络终于以其不容忽视的潜力与活力进入了发展高潮。六十多年来，它的结构与功能逐步改善，运行机制渐趋成熟，应用领域日益扩大，在解决各行各业的难题中显示出巨大的潜力，取得了丰硕的成果。

　　本书是作者在多年为研究生和本科生讲授"人工神经网络"课程的基础上撰写的，第一版和第二版分别于 2002 年 1 月、2007 年 9 月出版，作为人工神经网络的入门书籍，受到了广大读者的欢迎和好评。为适应人工神经网络应用不断深化、人工智能技术日益普及的形势，作者在第二版的基础上进行了修订，补充了基于 Python 的算法实现，增加了深度神经网络、思考与练习等内容，删除了"神经网络的系统设计与软件实现""神经网络研究展望""常用神经网络 C 语言源程序"等内容。第三版全书共 10 章。第 1 章对人脑与计算机的信息处理能力与机制进行了比较，归纳了人脑生物神经网络的基本特征与功能，介绍了人工神经网络的发展简史及主要应用领域。第 2 章介绍了人工神经网络的基础知识，包括生物神经元信息处理机制、人工神经元模型、人工神经网络模型以及几种常用学习算法。第 3 章介绍了单层感知器，从几何意义上对单层感知器求解线性可分问题进行了分析，旨在使读者建立自学习、自适应和自组织等概念。第 4 章论述了基于误差反向传播算法（BP）的多层感知器的拓扑结构、算法原理、设计方法及应用实例。第 5 章讨论了用于非线性映射与分类的径向基函数（RBF）网络的原理及应用。第 6 章介绍了竞争学习的概念与原理，在此基础上论述了自组织特征映射网（SOM）和自适应共振网（ART）两种重要的自组织神经网络的结构、原理及算法，并重点介绍了自组织特征映射网络的设计与应用。第 7 章阐述了两种将竞争学习与监督学习思想相组合的网络，包括学习向量量化网（LVQ）和对向传播网（CPN）。第 8 章给出几种反馈神经网络，包括用于联想记忆的离散型 Hopfield 网络与用于优化计算的连续型 Hopfield 网络、双向联想记忆网络，以及随机神经网络 Boltzmann 机。第 9 章介绍了支持向量机的基本思想及学习算法。第 10 章论述了深度神经网络，介绍了卷积神经网络和生成对抗网络的基本概念、原理与学习算法。附录 1 例题与详解是作者在教学过程为学生上习题课的部分内容，可帮助读者深入学习与理解；附录 2 给出人工神经网络领域常用术语的中英文对照表。

作者在写作过程中特别注意以下几点：①注重物理概念内涵的论述，尽量避免因烦琐的数学推导影响读者的学习兴趣；②加强举例与思考练习，并对选自科技论文的应用实例进行改编、分析与说明，避免将科技论文直接缩写为应用实例；③对常用网络及算法着重介绍其实用设计方法，以便读者通过学习与练习获得独立设计人工神经网络的能力；④在内容的选择和编排上注意到读者初次接触新概念的易接受性和思维的逻辑性，力求深入浅出，自然流畅；⑤各章选择的神经网络均应用广泛。

本书旨在为高等院校人工智能、智能科学与技术、自动化等相关专业学生及企业研发人员提供一本系统介绍人工神经网络的基本理论、设计方法及实现技术的入门教材。书中不足之处，恳请同行专家和广大读者指正。

韩力群
2022 年 8 月

Contents

目 录

第3章 单层感知器

第4章 基于误差反传的多层感知器

第5章 径向基函数神经网络

第6章 竞争学习神经网络

第7章 组合学习神经网络

第8章 反馈神经网络

第9章 支持向量机

第10章 深度神经网络

附　录

参考文献

第 1 章 绪 论

1.1 人脑与计算机

人类具有高度发达的大脑，大脑是思维活动的物质基础，而思维是人类智能的集中体现。长期以来，人们想方设法了解人脑的工作机理和思维的本质，向往能构造出具有人类智能的人工智能系统，以模仿人脑功能，完成类似于人脑的工作。钱学森先生认为，人脑的思维有逻辑思维、形象思维和灵感思维三种基本方式。逻辑思维的基础是概念、判断与推理，即将信息抽象为概念，再根据逻辑规则进行逻辑推理。由于概念可用符号表示，而逻辑推理也可按串行模式进行，所以这一过程可以事先写成串行的指令由机器来完成。20 世纪 40 年代问世的第一台电子计算机就是一种用机器模拟人脑逻辑思维的人工智能系统。

现代计算机的计算速度是人脑的几百万倍，对于那些特征明确、推理或运算规则清楚的可编程问题，可以高速有效求解，其在数值运算和逻辑运算方面的精确与高速极大地拓展了人脑的能力。关于"电脑"战胜人脑的最著名的例子是发生在 1997 年的一次轰动全世界的国际象棋人机大战。一家著名媒体是这样报道的：

"1997 年 5 月 11 日，早晨 4 时 50 分（北京时间），一台名为'深蓝'的超级电脑将棋盘上的一个兵走到 C4 位置时，人类有史以来最伟大的国际象棋名家卡斯帕罗夫不得不沮丧地承认自己输了。世纪末的一场人机大战终于以计算机的微弱优势取胜。这场比赛是继去年卡斯帕罗夫与 IBM 的超级电脑'深蓝'比赛获胜后，与改进型的'深蓝'的第二次较量。比赛于 5 月 3 日～11 日在纽约的公平大厦举行。整个比赛引起了全世界传媒的巨大关注。比赛吸引人们注视目光的原因之一是世界象棋冠军卡斯帕罗夫赛前充满信心，发誓要为捍卫人类优于机器的尊严而战。然而，最后的结果却是他所捍卫的人类尊严在一台冷漠的 1.4t 重的庞然大物'蓝色巨人'面前被无情地击溃了。虽然人类的骄傲可以把这场比赛的结果仍然归咎于人类的胜利，毕竟'深蓝'也是人类所研制出来的一台计算机而已，但人类所创造的工具击溃了人类，并且是在人类引以为傲的智慧领域，这在一定程度上带来了恐惧，并由此引发了一场有关人类创造物与自身关系的深层讨论。'深蓝'是 IBM 公司生产的世界上第一台超级国际象棋电脑，是一台 RS6000SP2 超级并行处理计算机，计算能力惊人，平均每秒可计算棋局变化 200 万步。"

2006 年 8 月上旬，在中国人工智能学会主办的庆祝人工智能学科诞生 50 周年的系列活动中，由 5 位中国象棋大师组成的联队与"浪潮天梭"超级计算机进行对弈，计算机又一次战胜了人类棋手，显示了"电脑"对人脑逻辑推理功能的拓展和延伸水平。

然而迄今为止，计算机在解决与形象思维和灵感思维相关的问题时，却显得无能为力。例如骑自行车、打篮球等涉及联想或经验的问题，人脑可以从中体会那些只可意会、不可言传的直觉与经验，可以根据情况灵活掌握处理问题的规则，从而轻而易举地完成此类任务，而计算机在这方面则显得十分笨拙。为什么计算机在处理此类问题时表现出来的能力远不及人脑呢？通过以下的比较，不难从中得出答案。

1.1.1　人脑与计算机信息处理能力的比较

电子计算机能够迅速准确地完成各种数值运算和逻辑运算，成为现代社会不可缺少的信息处理工具，被人们誉为"电脑"。人脑本质上是一种信息加工器官，而"电脑"则是人类对自己大脑的某些功能进行模拟而设计的一种信息加工机器。比较人脑与"电脑"的信息处理能力会发现，现有"电脑"和人脑还有很大的差距。

1.1.1.1　记忆与联想能力

人脑有大约 1.4×10^{11} 个神经细胞并广泛互连，因而能够存储大量的信息，并具有对信息进行筛选、回忆和巩固的联想记忆能力。人脑不仅能对已学习的知识进行记忆，而且能在外界输入的部分信息刺激下，联想到一系列相关的存储信息，从而实现对不完整信息的自联想恢复，或关联信息的互联想，而这种互联想能力在人脑的创造性思维中起着非常重要的作用。

计算机从一问世起就是按冯·诺依曼（von Neumann）方式工作的。基于冯·诺依曼方式的计算机是一种基于算法的程序存取式机器，它对程序指令和数据等信息的记忆由存储器完成。存储器内信息的存取采用按顺序寻址的方式。若要从大量存贮数据中随机访问某一数据，必须先确定数据的存储单元地址，再取出相应数据。信息一旦存入便保持不变，因此不存在遗忘问题；在某存储单元地址存入新的信息后会覆盖原有信息，因此不可能对其进行回忆；相邻存储单元之间互不相干，因此没有联想能力。

尽管关系数据库或联想汉卡等由软件设计实现的系统也具有一定的联想功能，但这种联想功能不是计算机的信息存储机制所固有的，其联想能力与联想范围取决于程序的查询能力，因此不可能像人脑的联想功能那样具有个性、不确定性和创造性。

1.1.1.2　学习与认知能力

人脑具有从实践中不断抽取知识，总结经验的能力。刚出生的婴儿脑中几乎是一片空白，在成长过程中通过对外界环境的感知及有意识的训练，知识和经验与日俱增，解决问题的能力越来越强。人脑这种对经验作出反应而改变行为的能力就是学习与认知能力。

计算机所完成的所有工作都是严格按照事先编制的程序进行的，因此它的功能和结果都是确定不变的。作为一种只能被动地执行确定的二值命令的机器，计算机在反复按指令执行同一程序时得到的永远是同样的结果，它不可能在不断重复的过程中总结或积累任何经验，因此不会主动提高自己解决问题的能力。

1.1.1.3　信息加工能力

在信息处理方面，人脑具有复杂的回忆、联想和想象等非逻辑加工功能，因而人的认识可以逾越现实条件下逻辑所无法越过的认识屏障，产生诸如直觉判断或灵感一类的思维活动。在信息的逻辑加工方面，人脑的功能不仅局限于计算机所擅长的数值或逻辑运算，而且可以上升到具有语言文字的符号思维和辩证思维。人脑具有的这种高层次的信息加工能力使人能够深入事物内部去认识事物的本质与规律。

计算机没有非逻辑加工功能，因而不能逾越有限条件下逻辑的认识屏障。计算机的逻辑加工能力也仅限于二值逻辑，因此只能在二值逻辑描述的范围内运用形式逻辑，而缺乏辩证逻辑能力。

1.1.1.4　信息综合能力

人脑善于对客观世界千变万化的信息和知识进行归纳、类比和概括，综合起来解决问题。人脑的这种综合判断过程往往是一种对信息的逻辑加工和非逻辑加工相结合的过程。它不仅遵循确定性的逻辑思维原则，而且可以经验地、模糊地甚至是直觉地做出判断。大脑所具有的这种综合判断能力是人脑创造能力的基础。

计算机的信息综合能力取决于它所执行的程序。由于不存在能完全描述人脑经验和直觉的数学模型，也不存在能完全正确模拟人脑综合判断过程的有效算法，因此计算机难以达到人脑所具有的融会贯通的信息综合能力。

1.1.1.5　信息处理速度

人脑的信息处理是建立在大规模并行处理基础上的，这种并行处理所能够实现的高度复杂的信息处理能力远非传统的以空间复杂性代替时间复杂性的多处理机并行处理系统所能达到的。人脑中的信息处理是以神经细胞为单位的，而神经细胞间信息的传递速度只能达到毫秒级，显然比现代计算机中电子元件纳秒级的计算速度慢得多，因此似乎计算机的信息处理速度要远高于人脑，事实上在数值处理等只需串行算法就能解决问题的应用方面确实是如此。然而迄今为止，计算机处理文字、图像、声音等类信息的能力与速度却远远不如人脑。例如，几个月大的婴儿能从人群中一眼认出自己的母亲，而计算机解决这个问题时需要对一幅具有几十万个像素点的图像逐点进行处理，并提取脸谱特征进行识别。又如，一个篮球运动员可以不假思索地接住队友传给他的球，而让计算机控制机器人接球则要判断篮球每一时刻在三维空间的位置坐标、运动轨迹、运动方向及速度等。显然，在基于形象思维、经验与直觉的判断方面，人脑只要零点几秒就可以圆满完成的任务，计算机花几十分钟甚至几小时也不一定能达到人脑的水平。

1.1.2　人脑与计算机信息处理机制的比较

人脑与计算机信息处理能力特别是形象思维能力的差异来源于两者系统结构和信息处理机制的不同。主要表现在以下 4 个方面。

1.1.2.1　系统结构

人脑在漫长的进化过程中形成了规模宏大、结构精细的群体结构，即神经网络。脑科学研究结果表明，人脑的神经网络是由数百亿神经元相互连接组合而成的。每个神经元相当于一个超微型信息处理与存储机构，只能完成一种基本功能，如兴奋与抑制。而大量神经元广泛连接后形成的神经网络可进行各种极其复杂的思维活动。

计算机是一种由各种二值逻辑门电路构成的按串行方式工作的逻辑机器，它由运算器、控制器、存储器和输入/输出设备组成。其信息处理是建立在冯·诺依曼体系基础上，基于程序存取进行工作的。

1.1.2.2 信号形式

人脑中的信号具有模拟量和离散脉冲两种形式。模拟量信号具有模糊性特点，有利于信息的整合和非逻辑加工，这类信息处理方式难以用现有的数学方法进行充分描述，因而很难用计算机进行模拟。

计算机中信息的表达采用离散的二进制数和二值逻辑形式，二值逻辑必须用确定的逻辑表达式来表示。许多逻辑关系确定的信息加工过程可以分解为若干二值逻辑表达式，由计算机来完成。然而，客观世界存在的事物关系并非都是可以分解为二值逻辑的关系的，还存在着各种模糊逻辑关系和非逻辑关系。对这类信息的处理计算机是难以胜任的。

1.1.2.3 信息存储

与计算机不同的是，人脑中的信息不是集中存储于一个特定的区域，而是分布地存储于整个系统中的。此外，人脑中存储的信息不是相互孤立的，而是联想式的。人脑这种分布式联想式的信息存储方式使人类非常擅长于从失真和缺省的模式中恢复出正确的模式，或利用给定信息寻找期望信息。

1.1.2.4 信息处理机制

人脑中的神经网络是一种高度并行的非线性信息处理系统。其并行性不仅体现在结构上和信息存储上，而且体现在信息处理的运行过程中。由于人脑采用了信息存储与信息处理一体化的群体协同并行处理方式，信息的处理受原有存储信息的影响，处理后的信息又留记在神经元中成为记忆。这种信息处理存储的构建模式是广泛分布在大量神经元上同时进行的，因而呈现出来的整体信息处理能力不仅能快速完成各种极复杂的信息识别和处理任务，而且能产生高度复杂而奇妙的效果。

计算机采用的是有限集中的串行信息处理机制，即所有信息处理都集中在一个或几个CPU中进行。CPU通过总线同内外存储器或I/O接口进行顺序的"个别对话"，存取指令或数据。这种机制的时间利用率很低，在处理大量实时信息时不可避免地会遇到速度"瓶颈"。即使采用多CPU并行工作，也只是在一定发展水平上缓解瓶颈矛盾。

1.1.3 什么是人工神经网络

综上所述，计算机在解决具有形象思维特点的问题时，难以胜任的根本原因在于计算机与人脑采取的信息处理机制完全不同。

迄今为止的各代计算机都是基于冯·诺依曼工作原理：其信息存储与处理是分开的，即存储器与处理器相互独立；处理的信息必须是形式化信息，即用二进制编码定义的文字、符号、数字、指令和各种规范化的数据格式、命令格式等；而信息处理的方式必须是串行的，即CPU不断地重复寻址、译码、执行、存储这四个步骤。这种计算机的结构和串行工作方式决定了它只擅长于数值和逻辑运算。

人类的大脑大约有 1.4×10^{11} 个神经细胞，亦称为神经元。每个神经元有数以千计的通道同其它神经元广泛相互连接，形成复杂的生物神经网络。生物神经网络以神经元为基本信息处理单元，对信息进行分布式存储与加工，这种信息加工与存储相结合的群体协同工作方式使得人脑呈现出目前计算机无法模拟的神奇智能。为了进一步模拟人脑的形象思维方式，人们不得不跳出冯·诺依曼计算机的框架另辟蹊径。而从模拟人脑生物神经网络的信息存储、加工处理机制入手，设计具有人类思维特点的智能机器，无疑是最有希望的途径之一。

用计算方法对神经网络信息处理规律进行探索的科学称为计算神经科学，该方法对于阐明人脑的工作原理具有深远意义。人脑的信息处理机制是在漫长的进化过程中形成和完善的。虽然近年来，在细胞和分子水平上对脑结构和脑功能的研究已经有了长足的发展。然而到目前为止，人类对神经系统内的电信号和化学信号是怎样被用来处理信息的只有模糊的概念。尽管如此，把通过分子和细胞水平的技术所达到的微观层次与通过行为研究达到的系统层次结合起来，可以形成对人脑神经网络的基本认识。在此基本认识的基础上，以数学和物理方法以及信息处理的角度对人脑神经网络进行抽象，并建立某种简化模型，就称为人工神经网络（artificial neural network，ANN）。人工神经网络远不是人脑生物神经网络的真实写照，而只是对它的简化、抽象与模拟。揭示人脑的奥妙不仅需要各学科的交叉和各领域专家的协作，还需要测试手段的进一步发展。尽管如此，目前已提出上百种人工神经网络模型。令人欣慰的是，这种简化模型的确能反映出人脑的许多基本特性。它们在模式识别、系统辨识、信号处理、自动控制、组合优化、预测预估、故障诊断、医学与经济学等领域已成功地解决了许多现代计算机难以解决的实际问题，表现出良好的智能特性和潜在的应用前景。

目前关于人工神经网络的定义尚不统一，例如，美国神经网络学家 Hecht Hielsen 关于人工神经网络的一般定义是：神经网络是由多个非常简单的处理单元彼此按某种方式相互连接而形成的计算系统，该系统是靠其状态对外部输入信息的动态响应来处理信息的。美国国防高级研究计划局关于人工神经网络的解释是：人工神经网络是一个由许多简单的并行工作处理单元组成的系统，其功能取决于网络的结构、连接强度以及各单元的处理方式。综合人工神经网络的来源、特点及各种解释，可以简单表述为：人工神经网络是一种旨在模仿人脑结构及其功能的信息处理系统。为叙述简便，后面将人工神经网络简称为神经网络。

1.2 人工神经网络发展简史

神经网络的研究可追溯到 19 世纪末期，其发展历史可分为五个时期。第一个时期为启蒙期，开始于 1890 年美国著名心理学家 W. James 关于人脑结构与功能的研究，结束于 1969 年 Minsky 和 Papert 发表 *Perceptrons*（《感知器》）一书。第二个时期为低潮期，开始于 1969 年，结束于 1982 年 J. J. Hopfield 发表著名的文章 *Neural Network and Physical System*（《神经网络和物理系统》）。第三个时期为复兴期，开始于 J. J. Hopfield 的突破性研究论文，结束于 1986 年 D. E. Rumelhart 和 J. L. McClelland 领导的研究小组发表的 *Parallel Distributed Processing*《并行分布式处理》一书。第四个时期为高潮期，以 1987 年首届国际人工神经网络学术会议为开端，迅速在全世界范围内掀起人工神经网络的研究应用热潮。第五个时期为大数据期，开始于 2006 年 Hinton 提出的深度学习算法，为文本、图片和语音识别等人工智能应用带来了新的机会，至今势头不衰。

下面按年代顺序介绍对人工神经网络研究有重大贡献的学者及其著作，以使读者在了解神经网络的发展历史时看到它与神经生理学、数学、电子学、计算机科学以及人工智能学科之间千丝万缕的联系，也使读者对神经网络的某些概念有粗略的了解。

1.2.1 启蒙期

1890 年，美国心理学家 William James（1842—1910）发表了第一部详细论述人脑结构

及功能的专著 *Principles of Psychology*（《心理学原理》），对相关学习、联想记忆的基本原理做了开创性研究。James 指出："让我们假设所有我们的后继推理的基础遵循这样的规则，当两个基本的脑细胞曾经一起或相继被激活过，其中一个受刺激重新激活时会将刺激传播到另一个。"这一点与联想记忆和相关学习关系最密切。另外，他曾预言神经细胞激活是细胞所有输入叠加的结果。他认为，在大脑皮层上任意点的刺激量是其它所有发射点进入该点刺激的总和。

半个世纪后，生理学家 W. S. McCulloch 和数学家 W. A. Pitts 于 1943 年发表了一篇神经网络方面的著名文章。在这篇文章中，他们在已知的神经细胞生物学基础上从信息处理的角度出发，提出形式神经元的数学模型，称为 M-P 模型。该模型把神经细胞的动作描述为：①神经元的活动表现为兴奋或抑制的二值变化；②任何兴奋性突触有输入激励后，使神经元兴奋，与神经元先前的动作与状态无关；③任何抑制性突触有输入激励后，使神经元抑制；④突触的值不随时间改变；⑤突触从感知输入到传送出一个输出脉冲的延迟时间是 0.5ms。尽管现在看来 M-P 模型过于简单，而且其观点也并非完全正确，但其理论贡献在于：①McCulloch 和 Pitts 证明了任何有限逻辑表达式都能由 M-P 模型组成的人工神经网络来实现；②他们是 W. James 以后采用大规模并行计算结构描述神经元和网络的最早学者；③他们的工作奠定了网络模型和以后开发神经网络步骤的基础。为此，M-P 模型被认为开创了神经科学理论研究的新时代。

启蒙时期的另一位重要学者是心理学家 Donald Olding Hebb，他在 1949 年出版了一本名为 *Organization of Behavior*（《行为构成》）的书。在该书中他首先建立了人们现在称为 Hebb 算法的连接权训练算法。他也是首先提出"连接主义"（connectionism）这一名词的人之一，这一名词的含义为大脑的活动是靠脑细胞的组合连接实现的。Hebb 认为，如果源和目的神经元均被激活兴奋时，它们之间突触的连接强度将会增强。这就是最早且最著名的 Hebb 训练算法的生理学基础。Hebb 对神经网络理论作出的四点主要贡献是：①指出在神经网络中，信息存储在连接权中；②假设连接权的学习（训练）速率正比于神经元各活化值之积；③假定连接是对称的，也就是从神经元 A 到神经元 B 的连接权与从 B 到 A 的连接权是相同的（虽然这一点在神经网络中未免过于简单化，但它往往应用到人工神经网络的各种现实方案中）；④提出细胞连接的假设，并指出当学习训练时，连接权的强度和类型发生变化，且由这种变化建立起细胞间的连接。Hebb 提出的这四点看法，在当今的人工神经网络中至少在某种程度上都得到了实现。

1958 年计算机学家 Frank Rosenblatt（1928—1969）发表了一篇有名的文章，提出了一种具有三层网络特性的神经网络结构，称为"感知机"（perception）。这或许是世界上第一个真正优秀的人工神经网络，这一神经网络是用一台 IBM704 计算机模拟实现的。从模拟结果可以看出，感知机具有通过学习改变连接权值，将类似的或不同的模式进行正确分类的能力，因此也称它为"学习的机器"。Rosenblatt 用感知机来模拟一个生物视觉模型，输入节点群由视网膜上某一范围内细胞的随机集合组成。每个细胞连到下一层内的联合单元（association unit，AU）。AU 双向连接到第三层（最高层）中的响应单元（response unit，RU）。感知机的目的是对每一实际的输入去激活正确的 RU。Rosenblatt 利用他的感知机模型说明两个问题，一个问题是信息存储或记忆采用什么形式？他认为信息被包含在相互连接或联合之中，而不是反映在拓扑结构的表示法中。另一个问题是如何存储影响认知和行为的信息？他的回答是，存储的信息在神经网络系统内开始形成新的连接或传送链路后，新的刺激将会通过这些新建立的链路自动地激活适当的响应部分，而不要求任何识别或鉴定它们的过程。这种原始的感知学习机在激励-响应特性方面是"自组织"或"自联合"的。在"自组织"响应中被响应的节点，起初是随机的，然后逐渐地通过彼此竞争而形成支配的统治地位。这篇文章提出的算法与后来的反向传播算法和 Kohonen 的自组织算法类似，因此 Rosenblatt 所发表的网络基本结构是相当有活力的，尽管后来它遭到 Minsky 和 Papert 的抨击。

启蒙时期的最后两位代表人物是电机工程师 Bernard Widrow 和 Marcian Hoff。1960 年他们发表了一篇题为 *Adaptive Switching Circuits*（《自适应开关电路》）的文章。从工程技术的角度看，这篇文章是神经网络技术发展中极为重要的文章之一。Widrow 和 Hoff 不仅设计了在计算机上仿真的人工神经网络，而且用硬件电路实现了他们的设计。Widrow 和 Hoff 提出一种称为"Adaline"的模型，即自适应线性单元（adaptive linear）。Adaline 是一种累加输出单元，输出值为 ±1 的二值变量，权在 Widrow 和 Hoff 的文章中称为增益（gain）。他们用这一名称反映他们工程学的背景，因为增益是指电信号通过放大器所放大的倍数。这比一般称为权也许更能说明它所起的作用，且更容易被工程技术人员所理解。Adaline 精巧的地方是 Widrow-Hoff 的学习训练算法，它根据加法器输出端误差大小来调整增益，使得训练期内所有样本模式的平方和最小，因而速度较快且具有较高的精度。由于这一原因，Widrow-Hoff 算法也称为 δ（误差大小）算法或最小均方（LMS）算法，在数学上就是人们熟知的梯度下降法。Widrow-Hoff 指出，如果用计算机建立自适应神经元，它的具体结构可以由设计者通过训练给出来，而不是通过直接设计来确定。他们用硬件电路实现人工神经网络方面的工作为今天用超大规模集成电路实现神经网络计算机奠定了基础。他们是开发神经网络硬件最早的主要贡献者。

1.2.2 低潮期

在 20 世纪 60 年代，掀起了神经网络研究的第一次热潮。由于当时对神经网络的学习能力的估计过于乐观，随着神经网络研究的深入开展，人们遇到了来自认识方面、应用方面和实现方面的各种困难和迷惑，使得一些人产生了怀疑和失望。人工智能的创始人之一，M. Minsky 和 S. Papert 研究数年，对以感知器为代表的网络系统的功能及其局限性从数学上做了深入研究，于 1969 年发表了轰动一时的评论人工神经网络的书，称为 *Perceptrons*（《感知器》）。该书指出，简单的神经网络只能运用于线性问题的求解，能够求解非线性问题的网络应具有隐层，而从理论上还不能证明将感知机模型扩展到多层网络是有意义的。由于 Minsky 在学术界的地位和影响，其悲观论点极大地影响了当时的人工神经网络研究，为刚燃起的人工神经网络之火，泼了一大盆冷水。不久几乎所有为神经网络提供的研究基金都枯竭了，很多领域的专家纷纷放弃了这方面课题的研究，开始了神经网络发展史上长达 10 年的低潮时期。

使神经网络研究处于低潮的更重要的原因是 20 世纪 70 年代以来集成电路和微电子技术的迅猛发展，使传统的 von Neumenn 型计算机进入发展的全盛时期，基于逻辑符号处理方法的人工智能得到迅速发展并取得显著成就，它们的问题和局限性尚未暴露，因此暂时掩盖了发展新型计算机和寻求新的神经网络的必要性和迫切性。

在 Minsky 和 Papert 的书出版后的十年中，神经网络研究园地中辛勤耕耘的研究人员的数目大幅度减少，但仍有为数不多的学者在黑暗时期坚持致力于神经网络的研究。他们在极端艰难的条件下做出难能可贵的奉献，为神经网络研究的复兴与发展奠定了理论基础。

1969 年，美国波士顿大学自适应系统中心的 S. Grossberg 教授和他的夫人 G. A. Carpenter 提出了著名的自适应共振理论（adaptive resonance theory）模型。在 Grossberg 早期著作中介绍的原理，有许多已用在当前的神经网络中。其中的基本论点是：若在全部神经结点中有一个神经结点特别兴奋，其周围的所有结点将受到抑制。这种周围抑制的观点也用在 Kohonen 的自组织网络中。Grossberg 对网络的记忆理论也作出很大的贡献。他提出了关于短期记忆和长期记忆的机理，以及短期记忆如何与神经结点的激活值有关，而长期记忆如何与连接权有关。结点的激活值与连接权都会随时间的衰减而衰减，具有"忘却"特性。结点激活值的衰减相当快（短期记忆），而连接权有较长的记忆能力，衰减较慢。在其后的若干年里，Grossberg 和 Carpenter 发展了他们的自适应共振理论，并有 ART Ⅰ、ART Ⅱ、ART Ⅲ三个 ART 系统的版本。ART Ⅰ网络只能处理二值的输入。ART Ⅱ比起 ART Ⅰ复杂但能处理连续值输入。ART Ⅲ是一种强有力的神经网络研究模型，但由于 ART Ⅲ的复杂性，不能作为一种比较实用的神经网络工具。

1972 年，两位研究者分别在欧洲和美洲异地发表了类似的神经网络开发结果。一位是芬兰的 T. Kohonen 教授，提出了自组织映射（SOM）理论，并称其神经网络结构为"联想存储器"（associative memory）；另一位是美国的神经生理学家和心理学家 J. Anderson，提出了一个类似的神经网络，称为"交互存储器"（interactive memory）。他们在网络结构、学习算法和传递函数方面的技术几乎是相同的。今天的神经网络主要是根据 Kohonen 的工作来实现的，因为 SOM 模型是一类非常重要的无导师学习网络，主要应用于模式识别、语音识别、分类等场合。而 Anderson 的主要兴趣在对网络结构与训练算法的生物仿真性及模型的研究。在 Kohonen 1972 年发表的文章中首先值得注意的是，他所用的神经结点或处理单元是线性连续的，而不是 McCulloch、Pitts 和 Widrow、Hoff 提出的二进制方式。再一点值得注意的是，Kohonen 网络应用了许多邻近的同时激活的输入与输出结点。这一类结点，在分析可视图像和语言声谱时是非常需要的。在这种情况下，不是由单个"优胜"神经元的动作电位来表示网络的输出，而是用相当大数目的一组输出神经结点来表示输入模式的分类，这使得网络能更好地进行概括推论且减少噪声的影响。最值得注意的是，文章提出的神经网络类型与先前提出的感知机有很大的不同。目前用得最普通的实用多层感知机（误差反传网络）的学习训练是一种有指导的训练。而各种 Kohonen 网络形式被认为是自组织的网络，它的学习训练方式是无指导训练。这种学习训练方式往往是当不知有哪些分类类型存在时，用作提取分类信息的一种训练。

低潮时期第三位重要的研究者是日本东京 NHK 广播科学研究实验室的福岛邦彦（Kunihiko Fukushima）。他开发了一些神经网络结构与训练算法，其中最有名的是 1980 年发表的"新认知机"（neocognition）。此后还有一系列改进的报道文章。"新认知机"是视觉模式识别机制模型，它与生物视觉理论相符合，其目的在于综合出一种神经网络模型让它像人类一样具有进行模式识别的能力。这类网络起初为自组织的无指导训练，后来采用有指导的训练。福岛邦彦等人在 1983 年发表的文章中承认，有指导的训练方式能更好地反映设计模式识别装置的工程师的立场，而不是纯生物学的模型。福岛邦彦给出的神经认知机，能正确识别手写的 0～9 十个数字。其中包括样本模式变形、不完全的样本模式和受噪声干扰的样本模式等。尽管今天看来这似乎不难，但当时这的确是一项重大的成就。

在整个低潮时期，上述开创性的研究成果和有意义的工作虽然未能引起当时人们的普遍重视，但是其科学价值不可磨灭，它们为神经网络的进一步发展奠定了基础。

1.2.3 复兴期

进入 20 世纪 80 年代后，经过十几年迅速发展起来的以逻辑符号处理为主的人工智能理论和 von Neumann 计算机在诸如视觉、听觉、形象思维、联想记忆等智能信息处理问题上受到了挫折，在大型复杂计算方面显示出巨大威力的计算机却很难"学会"人们习以为常的普通知识和经验。这一切迫使人们不得不慎重思考：智能问题是否可以完全由人工智能中的逻辑推理规则来描述？人脑的智能是否可以在计算机中重现？

1982 年，美国加州理工学院的优秀物理学家 John J. Hopfield 博士发表了一篇对神经网络研究的复苏起了重要作用的文章。他总结与吸取前人对神经网络研究的成果与经验，把网络的各种结构和各种算法概括起来，塑造出一种新颖的强有力的网络模型，称为 Hopfield 网络。Hopfield 在 1984 年和 1986 年陆续发表了有关网络应用的文章，获得工程技术界与学术界的重视。Hopfield 没有提出太多的新原理，但他创造性地把前人的观点概括综合在一起。其中最具有创新意义的是他对网络引用了物理力学的分析方法，把网络作为一种动态系统并研究这种网络动态系统的稳定性。他把李雅普诺夫（Lyapunov）能量函数引入网络训练这一动态系统中。他指出：对已知的网络状态存在一个正比于每个神经元的活动值和神经元之间连接权的能量函数，活动值的改变向能量函数减小的方向进行，直到达到一个极小值。换句话说，他证明了在一定条件下网络可以到达稳定状态。Hopfield 网络还有一个显著的优点，即与电子电路存在明显的对应关系，使得它易于理解且便于用集成电路来实现。

Hopfield 网络一出现，很快引起半导体工业界的注意。在他的文章发表后的几年，美国电话与电报公司的贝尔实验室声称利用 Hopfield 理论首先在硅片上制成硬件的神经计算机网络，继而仿真出耳蜗与视网膜等硬件网络。继 Hopfield 的文章之后，不少搞非线性电路的科学家、物理学家和生物学家在理论和应用上对 Hopfield 网络进行了比较深刻的讨论和改进。G. E. Hinton 和 T. J. Sejnowski 借助统计物理学的概念和方法提出了一种随机神经网络模型——玻尔兹曼（Blotzmann）机，其学习过程采用模拟退火技术，有效地克服了 Hopfield 网络存在的能量局部极小问题。不可否认，是 Hopfield 博士点亮了人工神经网络复兴的火炬，掀起了各学科关注神经网络的热潮。

在 1986 年贝尔实验室宣布制成神经网络芯片前不久，美国的 David E. Rumelhart 和 James L. McCelland 及其领导的研究小组发表了（*Parallel Distributed Processing*，PDP）《并行分布式处理》一书的前两卷，接着在 1988 年发表了带有软件程序的第三卷。由 Hopfield 燃起的神经网络复苏之火，激起了他们写这部著作的热情，而他们提出的 PDP 网络思想，则为神经网络研究新高潮的到来起到了推波助澜的作用。书中涉及神经网络的三个主要特征，即结构、神经元的传递函数（也称传输函数、转移函数、激励函数）和它的学习训练方法，这部书介绍了这三方面各种不同的网络类型。PDP 这部书最重要的贡献之一是发展了多层感知机的反向传播训练算法，把学习的结果反馈到中间层次的隐节点，改变其连接权值，以达到预期的学习目的。该算法已成为当今影响最大的一种网络学习方法。

这一时期大量而深入的开拓性工作大大发展了神经网络的模型和学习算法，增强了对神经网络系统特性的进一步认识，使人们对模仿脑信息处理的智能计算机的研究重新充满了希望。

1.2.4　高潮期

1987 年 6 月，首届国际神经网络学术会议在美国加州圣地亚哥召开，到会代表有 1600 余人。这标志着世界范围内掀起神经网络开发研究的热潮。在会上成立了国际神经网络学会（International Neural Network Society，INNS），并于 1988 年在美国波士顿召开了年会，会议讨论的议题涉及生物、电子、计算机、物理、控制、信号处理及人工智能等各个领域。自 1988 年起，国际神经网络学会和国际电气工程师与电子工程师学会（IEEE）联合召开每年一次的国际学术会议。

这次会议不久，由世界著名的三位神经网络学家，美国波士顿大学的 Stephen Grossberg 教授、芬兰赫尔辛基技术大学的 Teuvo Kohonen 教授及日本东京大学的甘利俊一（Shunichi Amari）教授，主持创办了世界第一份神经网络杂志 *Neural Network*。随后，IEEE 也成立了神经网络协会并于 1990 年 3 月开始出版神经网络会刊。各种学术期刊的神经网络特刊也层出不穷。

从以上现象可以清楚地看到，神经网络的研究出现了新的高潮，进入发展的新时期。神经网络研究再度掀起高潮，除了神经科学研究本身的突破和进展之外，更重要的动力是计算机科学和人工智能发展的需要，以及 VLSI 技术、生物技术、超导技术和光学技术等领域的迅速发展为其提供了技术上的可能性。

从 1987 年以来，神经网络的理论、应用、实现及开发工具均以令人振奋的速度快速发展。神经网络理论已成为涉及神经生理科学、认知科学、数理科学、心理学、信息科学、计算机科学、微电子学、光学、生物电子学等多学科的前沿学科。神经网络的应用已渗透到模式识别、图像处理、非线性优化、语音处理、自然语言理解、自动目标识别、机器人、专家系统等各个领域，并取得了令人瞩目的成果。应当指出，对神经网络及神经计算机的研究绝不意味着数字计算机将要退出历史舞台。在智能的、模糊的、随机的信息处理方面，神经网络及神经计算机具有巨大优势；而在符号逻辑推理、数值精确计算等方面，数字计算机仍将发挥其不可替代的作用。两种计算机互为补充、共同发展。从真正的"电脑"意义上来说，未来的智能型计算机应该是精确计算和模糊处理功能均备、逻辑思维和形象思维兼优的崭新计算机。

1.2.5　大数据期

随着大数据时代的到来，浅层神经网络（内含 1～2 个隐层）已经不能满足实际应用的需要，新的模型和相应算法的需求迫在眉睫。2006 年，加拿大多伦多大学教授、机器学习领域的泰斗 Geoffrey Hinton 等人在 *Science* 上发表了一篇题为 *Unsupervised Discovery of Nonlinear Structure Using Contrastive Backpropagation* 的文章，开启了深度学习在学术界和工业界的浪潮。这篇文章有两个主要观点：①多隐层的人工神经网络具有优异的特征学习能力，学习得到的特征对数据有更本质的刻画，从而有利于可视化或分类；②深度神经网络在训练上的难度，可以通过"逐层初始化"来有效克服。在这篇文章中，逐层初始化是通过无监督学习实现的。

表 1.1 对神经网络发展有重要影响的神经网络模型

名 称	提出者	模型诞生年	典型应用领域	弱点	特 点
Perception(感知机)	Frank Rosenblatt(康奈尔大学)	1957	文字识别、声音识别、声呐信号识别、学习记忆问题研究	不能识别复杂字形，对字的大小、平移和倾斜敏感	最早的神经网络，已很少应用。有学习能力，只能进行线性分类
Adaline（自适应线性单元）和 Madaline（多个 Adaline 的组合网络）	Bernard Widrow(斯坦福大学)	1960—1962	雷达天线控制、自适应回波抵消、适应性调制解调、电话线中适应性补偿等	要求输入-输出之间为线性关系	学习能力较强、较早开始商业应用。Madaline 是 Adaline 的功能扩展
Avalanche(雪崩网)	S. Drossberg(波士顿大学)	1967	连续语音识别、机器人手臂运动的教学指令	不易改变运动速度和插入动作	—
Cerellatron(小脑自动机)	D. Marr(麻省理工学院)	1969—1982	控制机器人的手臂运动	需要复杂的控制输入	类似于 Avalanche 网络，能调和各种指令序列，按需要缓慢地插入动作
Back Propagation(误差反传网络)	P. Werbos(哈佛大学) David Rumelhart(斯坦福大学) James McClelland(斯坦福大学)	1974—1985	语音识别、工业过程控制、贷款信用评估、股票预测、自适应控制等	需要大量输入输出数据，训练时间长，易陷入局部极小	多层前馈网络，采用最小均方差学习方式，是应用最广泛的网络
Adaptive Resonance Theory(自适应共振理论 ART，有 ART Ⅰ、ART Ⅱ和 ART Ⅲ 3 种类型)	G. A. Carpenter (波士顿大学) S. Grossberg(波士顿大学)	1976—1990	模式识别领域，擅长识别复杂模式或未知的模式	受平移、旋转及尺度的影响，系统比较复杂，难以用硬件实现	可以对任意多和任意复杂的二维模式进行自组学习，ART Ⅰ用于二进制，ART Ⅱ用于连续信号
Brain State in a Box(盒中脑 BSB 网络)	James Anderson(布朗大学)	1977	解释概念形成、分类和知识处理	只能作一次性决策，无重复性共振	具有最小均方差的单层自联想网络，类似于双向联想记忆，可对片段输入补全
Neocognition(新认知机)	K. Fukushima 福岛邦彦（日本广播协会）	1978—1984	手写字符识别	需要大量加工单元和联系	多层结构化字符识别网络，与输入模式的大小、平移和旋转无关，能识别复杂字形

续表

名　称	提出者	模型诞生年	典型应用领域	弱点	特　点
Self-Organizing feature map(自组织特征映射网络)	Tuevo Konhonen(芬兰赫尔辛基技术大学)	1980	语音识别、机器人控制、工业过程控制、图像压缩、专家系统等	模式类型数需预先知道	对输入样本自组织聚类、映射样本空间的分布
Hopfield 网络	John Hopfield(加州理工学院)	1982	求解 TSP 问题、线性规划、联想记忆和用于辨识	无学习能力，连接要对称，权值要给定	单层自联想网络，可从有缺损或有噪声输入中恢复完整信息
Boltzman machine(玻尔兹曼机) Cauchy machine(柯西机)	J. Hinton(多伦多大学) T. Sejnowski(霍普金斯大学)	1985—1986	图像、声呐和雷达等模式识别	玻尔兹曼机训练时间长，柯西机在某些统计分布下产生噪声	一种采用随机学习算法的网络，可训练实现全局最优
Bidirectional Associative Memory(BAM,双向联想记忆网)	Baaart Kosko(南加州大学)	1985—1988	内容寻址的联想记忆	存储的密度低，数据必须适应编码	双向联想式单层网络，具有学习功能、简单易学
Counter Proagation(CPN,双向传播网)	Robert Hecht-Nielsen	1986	神经网络计算机、图像分析和统计分析	需要大量处理单元和连接，需要高度准确	一种在功能上作为统计最优化和概率密度函数分析的网络
Radial Basis Fuctions(RBF,径向基函数网络)	Broomhead Lowe	1988	非线性函数逼近、时间序列分析、模式识别、信息处理、图像处理、系统建模	需要大量输入、输出数据、计算复杂	网络设计采用原理化方法，有坚实的数学基础
Support Vector Machine(SVM,支持向量机)	Vapnik	1992—1998	模式分类、非线性映射	训练时间长，支持向量的选择较困难、学习算法的推导较深奥	在模式分类问题上能提供良好的泛化性能
Deep Neural Networks(DNN,深度神经网络)	Geoffrey Hinton	2006	图像识别、语音识别、自然语言处理等	权值数量膨胀，无法处理时间序列数据	为了克服梯度消失，用 ReLU、maxout 等转移函数代替了 sigmoid。非线性拟合能力和泛化能力较强

2012 年 6 月，纽约时报披露了 Google Brain 项目，吸引了公众的广泛关注。这个项目由著名的斯坦福大学的机器学习教授 Andrew Ng 和在大规模计算机系统方面的世界顶尖专家 Jeff Dean 共同主导，用 16000 个 CPU Core 的并行计算平台训练一种称为"深度神经网络"（deep neural networks，DNN）的机器学习模型（内部共有 10 亿个节点），在语音识别和图像识别等领域获得了巨大的成功。2013 年 4 月，《麻省理工学院技术评论》杂志将深度学习列为 2013 年十大突破性技术之首。2014 年 3 月，Facebook 的 DeepFace 项目同样基于深度学习，使得人脸识别技术的识别率达到了 97.25％，准确率几乎可媲美人类。2015 年 Andrew Ng 在专访中提到，在大数据时代，深度学习为人工智能带来了新的机会，这些机会集中在三个地方：文本、图片和语音识别。近年来，Google、微软、百度等拥有大数据的高科技公司争相投入资源，占领深度学习的技术制高点。在大数据时代，更加复杂且更加强大的深度模型能深刻揭示海量数据里所承载的复杂而丰富的信息，并对未来或未知事件做出更精准的预测。

表 1.1 列出神经网络发展过程中起过重要作用的十几种著名神经网络的情况，它也是神经网络发展史的一个缩影。

1.3　神经网络的基本特征与功能

人工神经网络是基于对人脑组织结构、活动机制的初步认识提出的一种新型信息处理体系。通过模仿脑神经系统的组织结构以及某些活动机理，人工神经网络可呈现出人脑的许多特征，并具有人脑的一些基本功能。

1.3.1　神经网络的基本特征

下面将神经网络的特征归纳为结构特征和能力特征分别介绍。

（1）结构特征——并行处理、分布式存储与容错性　人工神经网络是由大量简单处理元件相互连接构成的高度并行的非线性系统，具有大规模并行性处理特征。虽然每个处理单元的功能十分简单，但大量简单处理单元的并行活动使网络呈现出丰富的功能并具有较快的速度。结构上的并行性使神经网络的信息存储必然采用分布式方式，即信息不是存储在网络的某个局部，而是分布在网络所有的连接权中。一个神经网络可存储多种信息，其中每个神经元的连接权中存储的是多种信息的一部分。当需要获得已存储的知识时，神经网络在输入信息激励下采用"联想"的办法进行回忆，因而具有联想记忆功能。神经网络内在的并行性与分布性表现为其信息的存储与处理都是空间上分布、时间上并行的。这两个特点必然使神经网络在两个方面表现出良好的容错性：一方面，由于信息的分布式存储，当网络中部分神经元损坏时不会对系统的整体性能造成影响，这一点就像人脑中每天都有神经细胞正常死亡而不会影响大脑的功能一样；另一方面，当输入模糊、残缺或变形的信息时，神经网络能通过联想恢复完整的记忆，从而实现对不完整输入信息的正确识别，这一特点就像人可以对不规范的手写字进行正确识别一样。

（2）能力特征——自学习、自组织与自适应性　自适应性是指一个系统能改变自身的性能以适应环境变化的能力，它是神经网络的一个重要特征。自适应性包含自学习与自组织两层含义。神经网络的自学习是指当外界环境发生变化时，经过一段时间的训练或感知，神经网络能通过自动调整网络结构参数，使得对于给定输入能产生期望的输出，训练是神经网络学习的途径，因此经常将学习与训练两个词混用。神经系统能在外部刺激下按一定规则调整神经元之间的突触连接，逐渐构建起神经网络，这一构建过程称为网络的自组织（或称重构）。神经网络的自组织能力与自适应性相关，自适应性是通过自组织实现的。

1.3.2 神经网络的基本功能

人工神经网络是借鉴于生物神经网络而发展起来的新型智能信息处理系统，由于其结构上"仿造"了人脑的生物神经系统，因而其功能上也具有了某种智能特点。下面对神经网络的基本功能进行简要介绍。

1.3.2.1 联想记忆

由于神经网络具有分布存储信息和并行处理信息的特点，因此它具有对外界刺激信息和输入模式进行联想记忆的能力。这种能力是通过神经元之间的协同结构以及信息处理的集体行为实现的。神经网络是通过其突触权值和连接结构来表达信息的记忆，这种分布式存储使得神经网络能存储较多的复杂模式和恢复记忆的信息。神经网络通过预先存储信息和学习机制进行自适应训练，可以从不完整的信息和噪声干扰中恢复原始的完整信息，这一能力使其在图像复原、图像和语音处理、模式识别、分类等方面具有巨大的潜在应用价值。

联想记忆有两种基本形式：自联想记忆与异联想记忆，见图 1.1。

（1）自联想记忆　如图 1.1(a) 所示，网络中预先存储（记忆）多种模式信息，当输入某个已存储模式的部分信息或带有噪声干扰的信息时，网络能通过动态联想过程回忆起该模式的全部信息。

（2）异联想记忆　如图 1.1(b) 所示，网络中预先存储了多个模式对，每一对模式均由两部分组成，当输入某个模式对的一部分时，即使输入信息是残缺的或叠加了噪声的，网络也能回忆起与其对应的另一部分。

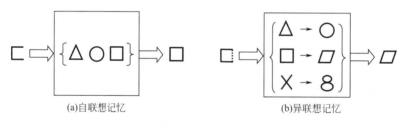

(a)自联想记忆　　　　　　　(b)异联想记忆

图 1.1　联想记忆

1.3.2.2 非线性映射

在客观世界中，许多系统的输入与输出之间存在复杂的非线性关系，对于这类系统，往往很难用传统的数理方法建立其数学模型。设计合理的神经网络通过对系统输入输出样本对进行自动学习，能够以任意精度逼近任意复杂的非线性映射。神经网络的这一优良性能使其可以作为多维非线性函数的通用数学模型。该模型的表达是非解析的，输入输出数据之间的映射规则由神经网络在学习阶段自动抽取并分布式存储在网络的所有连接中。具有非线性映射功能的神经网络应用十分广阔，几乎涉及所有领域。

1.3.2.3 分类与识别

神经网络对外界输入样本具有很强的识别与分类能力。对输入样本的分类实际上是在样本空间找出符合分类要求的分割区域，每个区域内的样本属于一类。传统分类方法只适合解决同类相聚、异类分离的识别与分类问题。但客观世界中许多事物（例如，不同的图像、声音、文字等）在样本空间上的区域分割曲面是十分复杂的，相近的样本可能属于不同的类，而远离的样本可能同属一类。神经网络可以很好地解决对非线性曲面的逼近，因此比传统的分类器具有更好的分类与识别能力。

1.3.2.4　优化计算

优化计算是指在已知的约束条件下，寻找一组参数组合，使由该组合确定的目标函数达到最小值。某些类型的神经网络可以把待求解问题的可变参数设计为网络的状态，将目标函数设计为网络的能量函数。神经网络经过动态演变过程达到稳定状态时对应的能量函数最小，从而其稳定状态就是问题的最优解。这种优化计算不需要对目标函数求导，其结果是网络自动给出的。

1.3.2.5　知识处理

知识是人们从客观世界的大量信息以及自身的实践中总结归纳出来的经验、规则和判据。神经网络获得知识的途径与人类似，也是从对象的输入输出信息中抽取规律而获得关于对象的知识，并将知识分布在网络的连接中予以存储。神经网络的知识抽取能力使其能够在没有任何先验知识的情况下自动从输入数据中提取特征、发现规律，并通过自组织过程构建网络，使其适合于表达所发现的规律。另外，人的先验知识可以大大提高神经网络的知识处理能力，两者相结合会使神经网络智能得到进一步提升。

1.4　神经网络的应用领域

神经网络的智能化特征与能力使其应用领域日益扩大，潜力日趋明显。许多用传统信息处理方法无法解决的问题采用神经网络后取得了良好的效果。以下简要介绍目前神经网络的几个主要应用领域，以使读者对神经网络能做什么有一个初步印象。

1.4.1　信息处理领域

神经网络作为一种新型智能信息处理系统，其应用贯穿信息的获取、传输、接收与加工利用等各个环节，这里列举几个方面的应用。

（1）信号处理　神经网络广泛应用于自适应信号处理和非线性信号处理中。前者如信号的自适应滤波、时间序列预测、谱估计、噪声消除等；后者如非线性滤波、非线性预测、非线性编码、调制/解调等。在信号处理方面神经网络有着许多成功应用的实例，第一个成功应用的实例就是电话线中回声的消除，其它还有雷达回波的多目标分类、运动目标的速度估计、多探测器的信息融合等。

（2）模式识别　模式识别涉及模式的预处理变换和将一种模式映射为其它类型的操作，神经网络在这两个方面都有许多成功的应用。神经网络不仅可以处理静态模式如固定图像、固定能谱等，还可以处理动态模式如视频图像、连续语音等。众所周知的静态模式识别的成功例子有手写字的识别，动态模式识别的成功实例有语音信号的识别。目前电脑市场上随处可见的手写输入和语音输入系统进一步表明神经网络在模式识别方面的应用已经商品化。

（3）数据压缩　在数据传送与存储时，数据压缩至关重要。神经网络可对待传送（或待存储）的数据提取模式特征，只将该特征传出（或存储），接收后（或使用时）再将其恢复成原始模式。

1.4.2 自动化领域

20 世纪 80 年代以来，神经网络和控制理论与控制技术相结合，发展为自动控制领域的一个前沿学科——神经网络控制。它是智能控制的一个重要分支，为解决复杂的非线性、不确定、不确知系统的控制问题开辟了一条新的途径。神经网络用于控制领域，已取得以下主要进展：

（1）系统辨识　在自动控制问题中，系统辨识的目的是建立被控对象的数学模型。多年来控制领域对于复杂的非线性对象的辨识，一直未能很好地解决。神经网络所具有的非线性特性和学习能力，使其在系统辨识方面有很大的潜力，为解决具有复杂的非线性、不确定性和不确知对象的辨识问题开辟了一条有效途径。基于神经网络的系统辨识以神经网络作为被辨识对象的模型，利用其非线性特性，建立起非线性系统的静态或动态模型。

（2）神经控制器　控制器在实时控制系统中起着"大脑"的作用，神经网络具有自学习和自适应等智能特点，因而非常适合作控制器。对于复杂非线性系统，神经控制器所达到的控制效果往往明显好于常规控制器。近年来，神经控制器在工业、航空以及机器人等领域的控制系统应用中已取得许多可喜的成就。

（3）智能检测　所谓智能检测一般包括干扰量的处理、传感器输入输出特性的非线性补偿、零点和量程的自动校正以及自动诊断等。这些智能检测功能可以通过传感元件和信号处理元件的功能集成来实现。随着智能化程度的提高，功能集成型已逐渐发展为功能创新型，如复合检测、特征提取及识别等，而这类信息处理问题正是神经网络的强项。在对综合指标的检测（例如对环境舒适度这类综合指标的检测）中，以神经网络作为智能检测中的信息处理元件便于对多个传感器的相关信息（如温度、湿度、风向和风速等）进行复合、集成、融合、联想等数据处理，从而实现单一传感器所不具备的功能。

1.4.3 工程领域

20 世纪 80 年代以来，神经网络的理论研究已在众多的工程领域取得了丰硕的应用成果，下面的介绍仅助读者窥见一斑。

（1）汽车工程　汽车在不同状态参数下运行时，能获得最佳动力性与经济性的挡位称为最佳挡位。利用神经网络的非线性映射能力，通过学习优秀驾驶员的换挡经验数据，可自动提取蕴含在其中的最佳换挡规律。神经网络在汽车刹车自动控制系统中也有成功的应用，该系统能在给定刹车距离、车速和最大减速度的情况下，以人体感受到最小冲击为前提实现平稳刹车，而不受路面坡度和车重的影响。随着国内外对能源短缺和环境污染问题的日趋关注，燃油消耗率和排烟度愈来愈受到人们的关注。神经网络在载重车柴油机燃烧系统方案优化中的应用，有效地降低了油耗和排烟度，获得了良好的社会经济效益。

（2）军事工程　神经网络同红外搜索与跟踪系统配合后可发现与跟踪飞行器。一个成功的例子是利用神经网络检测空间卫星的动作状态是稳定、倾斜、旋转还是摇摆，正确率可达95%。利用声呐信号判断水下目标是潜艇还是礁石是军事上常采用的办法。借助神经网络的语音分类与信号处理上的经验对声呐信号进行分析研究，对水下目标的识别率可达 90%。密码学研究一直是军事领域中的重要研究课题，利用神经网络的联想记忆特点可设计出密钥分散保管方案；利用神经网络的分类能力可提高密钥的破解难度；利用神经网络还可设计出安全的保密开关，如语音开关、指纹开关等。

（3）化学工程　20世纪80年代中期以来，神经网络在制药、生物化学、化学工程等领域的研究与应用蓬勃开展，取得了不少成果。例如，在光谱分析方面，应用神经网络在红外光谱、紫外光谱、折射光谱和质谱方面与化合物的化学结构间建立某种确定的对应关系的成功应用实例比比皆是。此外，还有将神经网络用于判定化学反应的生成物；用于判定钾、钙、硝酸、氯等离子的浓度；用于研究生命体中某些化合物的含量与其生物活性的对应关系等大量应用实例。

（4）水利工程　近年来，我国水利工程领域的科技人员已成功地将神经网络的方法用于水力发电过程辨识和控制、河川径流预测、河流水质分类、水资源规划、混凝土性能预估、拱坝优化设计、预应力混凝土桩基等结构损伤诊断、砂土液化预测、岩体可爆破性分级及爆破效应预测、岩土类型识别、地下工程围岩分类、大坝等工程结构安全监测、工程造价分析等许多实际问题中。

1.4.4　经济领域

（1）在微观经济领域的应用　用人工神经网络构造的企业成本预测模型，可以模拟生产、管理各个环节的活动，跟踪价值链的构成，适应企业的成本变化，预测的可靠性强。利用人工神经网络对销售额进行仿真实验，可以准确地预测未来的销售额。另外，神经网络在各类企业的信用风险、财务风险、金融风险的评级和评价方面也得到大量应用。与其它预测方法比较，它具有处理非线性问题的能力和自学习特点。

（2）在宏观经济领域的应用　主要用于国民经济参数的测算，通货膨胀率和经济周期的预测，经济运行态势的预测预警。例如，对汇率和利率的测算，对GDP和各种总产值的预测等。使用人工神经网络对宏观经济变量进行测算和预测只需少量训练样本就可以确定网络的权重和阈值，精度较高，能够对宏观经济系统中的非线性关系进行描述，使建立的非线性模型与实际系统更加接近。

（3）在证券市场中的应用　股票的收益性是投资者购买股票的主要依据，用BP网络可以准确地预测盈利水平的未来走向。在投资组合选择时遇到的证券投资组合模型是一个多目标的非线性规划问题，考虑到各种证券的收益性、风险性和投资期的搭配等多种因素的综合作用，模型的规模较大，用一般的分析工具找到最优投资组合的过程非常困难。人工神经网络的自学习、自组织和非线性动态特征，能够实现并行处理和快速运算，使它在选择投资组合时有独特的优势。

（4）在金融领域的应用　在金融领域用BP网络构造的信用评价模型可以对贷款申请人的信用等级进行评价，对公司信用和财务状况做综合评价，进行破产风险分析，对贷款产生的效益针对不同的利益主体进行综合评价。采用人工神经网络为金融和实物期权定价，能较好地克服现有定价方法缺乏相关信息、价格确定过程主观化等不足，使定价更客观准确，为投资决策提供科学的定价依据。

（5）在社会经济发展评价和辅助决策中的应用　社会经济是多目标、多层次的大系统，其发展状况评价的分析工具必须适应大系统动态化的要求。人工神经网络能够逼近任何函数，这一特点使大系统的综合评价、模糊评价和动态评价有了科学依据。同时在评价中可以产生一系列的决策参数，使人工神经网络成为辅助决策的可靠工具。例如在产业竞争力评价、可持续发展评价、选址决策、运输方案决策、规划问题、区域发展战略研究等方面运用神经网络，做出的评价结果和决策方案能真实地反映客观实际，具有科学性和可靠性。

1.4.5 医学领域

（1）检测数据分析　许多医学检测设备的输出数据都是连续波形的形式，这些波的极性和幅值常常能够提供有意义的诊断依据。神经网络在这方面的应用非常普遍，一个成功的应用实例是用神经网络进行多道脑电棘波的检测。很多癫痫病人常规治疗往往无效，但他们可得益于脑电棘波检测系统。脑电棘波的出现通常意味着脑功能的某些异常，棘波的极性和幅值经常提供了异常的部位和程度信息，因而神经网络脑电棘波检测系统可用来提供脑电棘波的实时检测和癫痫的预报。

（2）生物活性研究　用神经网络对生物学检测数据进行分析，可提取致癌物的分子结构特征，建立分子结构和致癌活性之间的定量关系，并对分子致癌活性进行预测。分子致癌性的神经网络预测具有生物学检测所不具备的优点，它不仅可对新化合物的致癌性和致突变性预先作出评价，从而避免盲目投入造成浪费，而且检测费用低，可作为致癌物大面积预筛的工具。

（3）医学专家系统　专家系统在医疗诊断方面有许多应用。虽然专家系统的研究与应用取得了重大进展，但由于知识"爆炸"和冯·诺依曼计算机的"瓶颈"问题使其应用受到严重挑战。以非线性并行分布式处理为基础的神经网络为专家系统的研究开辟了新的途径，利用其学习功能、联想记忆功能和分布式并行信息处理功能，来解决专家系统中的知识表示、获取和并行推理等问题，能取得良好效果。

1.5　本章小结

本章讨论了人脑与计算机信息处理能力的差异，分析了两者在信息处理机制方面的特点，并阐述了人工神经网络的概念。通过对人工神经网络曲折发展过程的叙述，展示了该领域的主要研究内容与理论成果。此外，简要说明了神经网络的基本特征与主要功能，并通过简要介绍神经网络的广泛应用使读者初步了解了神经网络在信息处理方面表现出来的巨大潜力。

本章要点是：

（1）什么是人工神经网络　在对人脑神经网络基本认识的基础上，用数理方法从信息处理的角度对人脑神经网络进行抽象，并建立某种简化模型，就称为人工神经网络。人工神经网络远不是人脑生物神经网络的真实写照，而只是对它的简化、抽象与模拟。因此，人工神经网络是一种旨在模仿人脑结构及其功能的信息处理系统。

（2）神经网络的发展　可分为五个时期：启蒙期开始于 1890 年 W. James 关于人脑结构与功能的研究，结束于 1969 年 Minsky 和 Papert 发表《感知器》（*Preceptions*）一书；低潮期开始于 1969 年，结束于 1982 年 Hopfield 发表著名的文章《神经网络和物理系统》（*Neural Network and Physical System*）；复兴期开始于 J. J. Hopfield 的突破性研究论文，结束于 1986 年 D. E. Rumelhart 和 J. L. McClelland 领导的研究小组发表的《并行分布式处理》（*Parallel Distributed Processing*）一书；高潮期以 1987 年首届国际人工神经网络学术会议为开端，迅速在全世界范围内掀起人工神经网络的研究应用热潮；大数据期开始于 2006 年 Hinton 提出的深度学习算法。

（3）神经网络的基本特征　结构上的特征是处理单元的高度并行性与分布性，这种特征使神经网络在信息处理方面具有信息的分布存储与并行计算而且存储与处理一体化的特点。而这些特点必然给神经网络带来较快的处理速度和较强的容错能力。能力方面的特征是神经网络的自学习、自组织与自适应性。自适应性是指一个系统能改变自身的性能以适应环境变化的能力，它包含自学习与自组织两层含义。自学习是指当外界环境发生变化时，经过一段时间的训练或感知，神经网络能通过自动调整网络结构参数，使得对于给定输入能产生期望的输出。自组织是指神经系统能在外部刺激下按一定规则调整神经元之间的突触连接，逐渐构建起神经网络。

（4）神经网络的基本功能　神经网络的五种功能具有智能特点，重点是其前两种功能：①联想记忆功能，指神经网络能够通过预先存储信息和学习机制进行自适应训练，从不完整的信息和噪声干扰中恢复原始的完整信息；②非线性映射功能，指神经网络能够通过对系统输入输出样本对的学习自动提取蕴含其中的映射规则，从而以任意精度拟合任意复杂的非线性函数。

？思考与练习

1.1　根据自己的体会，列举人脑与电脑信息处理能力有哪些不同。

1.2　神经网络的功能特点是由什么决定的？

1.3　根据人工神经网络的特点，你认为它善于解决哪类问题？

1.4　神经网络研究在 20 世纪 70～80 年代处于低潮的主要原因是什么？

1.5　神经网络研究于 20 世纪 80 年代中期复兴的动力是什么？

第2章 神经网络基础知识

20 世纪 40 年代第一台电子计算机的问世是人类改造大自然进程中的一个重要里程碑。电子计算机作为具有计算和存储能力的"电脑",物化延伸了人脑的智力,这是探索构造具有脑智能的人工系统的一个重大进步。以电子计算机为基础的人工智能和专家系统,在信息的加工、处理中起到了"智能化"的作用。然而,人工智能的表示是形式化的,且处理的方式是计算机串行处理,而作为真正具有智能的人脑并不是以这种方式进行思维活动的。

下面将说明,作为"智能"物质基础的大脑是如何构成和如何工作的。在构造新型智能信息处理系统时我们可以从中得到什么启示?

2.1 人工神经网络的生物学基础

神经生理学和神经解剖学的研究结果表明,神经元(neuron)是脑组织的基本单元,是神经系统结构与功能的单位。据估计,人类大脑大约包含有 1.4×10^{11} 个神经元,每个神经元与大约 $10^3 \sim 10^5$ 个其它神经元相连接,构成一个极为庞大而复杂的网络,即生物神经网络。生物神经网络中各神经元之间连接的强弱按照外部的激励信号作自适应变化,而每个神经元又随着接收到的多个激励信号的综合结果呈现出兴奋与抑制状态。大脑的学习过程就是神经元之间连接强度随外部激励信息作自适应变化的过程,大脑处理信息的结果由各神经元状态的整体效果确定。显然,神经元是人脑信息处理系统的最小单元。

2.1.1 生物神经元的结构

人脑中神经元的形态不尽相同,功能也有差异,但从组成结构来看,各种神经元是有共性的。图 2.1 给出一个典型神经元的基本结构和与其它神经元发生连接的简化示意图。

神经元在结构上由细胞体、树突、轴突和突触四部分组成。

(1)细胞体(cell body) 细胞体是神经元的主体,由细胞核、细胞质和细胞膜三部分构成。细胞核占据细胞体的很大一部分,进行着呼吸和新陈代谢等许多生化过程。细胞核的外部是细胞膜,将膜内外细胞液分开。由于细胞膜对细胞液中的不同离子具有不同的通透性,使得膜内外存在着离子浓度差,从而出现内负外正的静息电位。

(2)树突(dendrite) 从细胞体向外延伸出许多突起的神经纤维,其中大部分突起较短,其分支多群集在细胞体附近形成灌木丛状,这些突起称为树突。神经元靠树突接收来自其它神经元的输入信号,相当于细胞体的输入端。

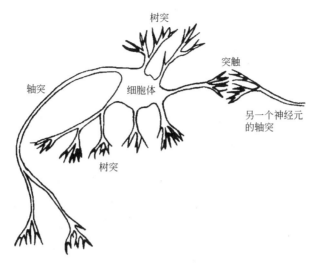

图 2.1　生物神经元简化示意图

（3）轴突（axon）　由细胞体伸出的最长的一条突起称为轴突。轴突比树突长而细，用来传出细胞体产生的输出电化学信号。轴突也称神经纤维，其分支倾向于在神经纤维终端处长出，这些细的分支称为轴突末梢或神经末梢。每一条神经末梢可以向四面八方传出信号，相当于细胞体的输出端。

（4）突触（synapse）　神经元之间通过一个神经元的轴突末梢和其它神经元的细胞体或树突进行通信连接，这种连接相当于神经元之间的输入输出接口，称为突触。突触包括突触前、突触间隙和突触后三个部分。突触前是第一个神经元的轴突末梢部分，突触后是指第二个神经元的树突或细胞体等受体表面。突触在轴突末梢与其它神经元的受体表面相接触的地方有 $15 \sim 50\text{nm}$ 的间隙，称为突触间隙，在电学上把两者断开，见图2.2。每个神经元大约有 $10^3 \sim 10^5$ 个突触，多个神经元以突触连接即形成神经网络。

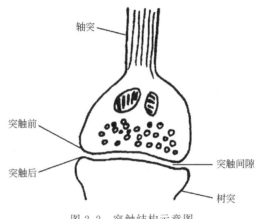

图 2.2　突触结构示意图

2.1.2　生物神经元的信息处理机理

在生物神经元中，突触为输入输出接口，树突和细胞体为输入端，接收突触点的输入信号；细胞体相当于一个微型处理器，对各树突和细胞体各部位收到的来自其它神经元的输入信号进行组合，并在一定条件下触发，产生一输出信号；输出信号沿轴突传至末梢，轴突末梢作为输出端通过突触将这一输出信号传向其它神经元的树突和细胞体。下面对生物神经元产生、传递、接收和处理信息的机理进行分析。

2.1.2.1　信息的产生

研究认为，神经元间信息的产生、传递和处理是一种电化学活动。由于细胞膜本身对不同离子具有不同的通透性，使膜内外细胞液中的离子存在浓度差，从而造成膜内外存在电位差。神经元在无神经信号输入时，其细胞膜内外因离子浓度差而造成的电位差为 -70mV（内负外正）左右，称为静息电位，此时细胞膜的状态称为极化状态（polarization），神经元的状态为静息状态。当神经元受到外界的刺激时，如果膜电位从静息电位向正偏移，称为去极化（depolarization），此时神经元的状态为兴奋状态；如果膜电位从静息电位向负偏移，称为超极化（hyperpolarization），此时神经元的状态为抑制状态。神经元细胞膜的去极化和超极化程度反映了神经元的兴奋和抑制的强烈程度。在某一给定时刻，神经元总是处于静息、兴奋和抑制三种状态之一。"兴奋"或"抑制"是对神经元所处状态的描述，其实质是细胞膜电位的去极化或超极化。神经元中信息的产生与兴奋程度相关，在外界刺激下，当神经元的兴奋程度超过了某个限度，也就是细胞膜去极化程度超过了某个阈值电位时，神经元被激发而输出神经脉冲。每个神经脉冲产生的经过如下：当膜电位以静息膜电位为基准高出 15mV，即超过阀值电位（-55mV）时，该神经细胞变成活性细胞，其膜电位自发地急速升高，在 1ms 内比静息膜电位上升 100mV 左右，此后膜电位又急速下降，回到静止时的值。这一过程称作细胞的兴奋过程，兴奋的结果产生一个宽度为 1ms、振幅为 100mV 的电脉冲，又称神经冲动，如图 2.3 所示。

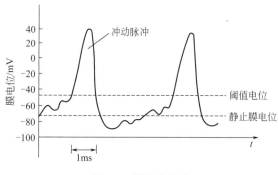

图 2.3　膜电位变化

值得注意的是，当细胞体产生一个电脉冲后，即使受到很强的刺激，也不会立刻产生兴奋，这是因为神经元发放电脉冲时，暂时性阈值急速升高，持续

1ms 后慢慢下降到 -55mV 这一正常状态，这段时间约为数毫秒，称为不应期。其中，1ms 的持续时间称为绝对不应期，数毫秒的下降时间称为相对不应期。不应期结束后，若细胞受到很强的刺激，则再次产生兴奋性电脉冲。由此可见，神经元产生的信息是具有电脉冲形式的神经冲动。各脉冲的宽度和幅度相同，而脉冲的间隔是随机变化的。某神经元的输入脉冲密度越大，其兴奋程度越高，在单位时间内产生的脉冲串的平均频率也越高，但由于脉冲的最小间隔不会小于不应期，因此在单位时间内产生的脉冲串的平均频率是有上限的，即神经元的输出具有饱和特性。

2.1.2.2　信息的传递与接收

神经元对信息的传递和接收都是通过突触进行的。突触间隙使突触前和突触后在电路上断开，神经脉冲信号是如何通过的呢？沿轴突传向其末端各个分支的脉冲信号，在轴突的末端触及突触前时，突触前的突触小泡能释放一种化学物质，称为递质。在前一个神经元发放脉冲并传到其轴突末端后，这种递质从突触前膜释放，经突触间隙的液体扩散，在突触后膜与特殊受体相结合。受体的性质决定了递质的作用是兴奋的还是抑制的，并据此改变后膜的离子通透性，从而使突触后膜电位发生变化。根据突触后膜电位的变化，可将突触分为两种：兴奋性突触和抑制性突触。兴奋性突触的后膜电位随递质与受体结合数量的增加而向正电位方向增大，抑制性突触的后膜电位随递质与受体结合数量的增加向更负电位方向变化。从化学角度看，当兴奋性化学递质传送到突触后膜时，后膜对离子通透性的改变使流入细胞膜内的正离子增加，从而使突触后成分去极化，产生兴奋性突触后电位；当抑制性化学递质传送到突触后膜时，后膜对离子通透性的改变使流出细胞膜外的正离子增加，从而使突触后成分超极化，产生抑制性突触后电位。

　　当突触前膜释放的兴奋性递质使突触后膜的去极化电位超过了某个阈值电位时，后一个神经元就有神经脉冲输出，从而把前一神经元的信息传递给了后一神经元（图2.4）。这种传递的效率与突触的连接强度（或称耦合系数）有关，不同的突触连接可以将传递的信息增强或削弱。

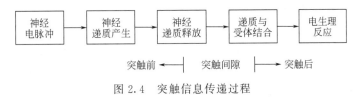

图 2.4　突触信息传递过程

　　从脉冲信号到达突触前膜，到突触后膜电位发生变化，有 0.2～1ms 的时间延迟，称为突触延迟（synaptic delay），这段延迟是化学递质分泌、向突触间隙扩散、到达突触后膜并在那里发生作用的时间总和。由此可见，突触对神经冲动的传递具有延时作用。

　　在人脑中，神经元间的突触联系大部分是在出生后由于给予刺激而成长起来的。外界刺激性质不同，能够改变神经元之间的突触联系，即突触后膜电位变化的方向与大小。从突触信息传递的角度看，表现为放大倍数和极性的变化。正是由于各神经元之间的突触连接强度和极性有所不同并可进行调整，因此人脑才具有学习和存储信息的功能。

2.1.2.3　信息的整合

　　神经元对信息的接收和传递都是通过突触来进行的。单个神经元可以与多达上千个其它神经元的轴突末梢形成突触连接，接收从各个轴突传来的脉冲输入。这些输入可到达神经元的不同部位，输入部位不同，对神经元影响的权重也不同。在同一时刻产生的刺激所引起的膜电位变化，大致等于各单独刺激引起的膜电位变化的代数和。这种加权求和称为空间整合。另外，各输入脉冲抵达神经元的先后时间也不一样。由一个脉冲引起的突触后膜电位很小，但在其持续时间内有另一脉冲相继到达时，总的突触后膜电位增大，这种现象称为时间整合。

　　一个神经元的输入信息在时间和空间上常呈现一种复杂多变的形式，神经元需要对它们进行积累和整合加工，从而决定输出的时机和强弱。正是神经元的这种时空整合作用，才使得亿万个神经元在神经系统中可以有条不紊、夜以继日地处理着各种复杂的信息，执行着生物中枢神经系统的各种信息处理功能。

2.1.2.4　生物神经网络

　　由多个生物神经元以确定方式和拓扑结构相互连接即形成生物神经网络，它是一种更为灵巧、复杂的生物信息处理系统。研究表明，每一个生物神经网络系统均是一个有层次的、多单元的动态信息处理系统，它们有其独特的运行方式和控制机制，以接收生物系统内外环境的输入信息，加以综合分析处理，然后调节控制机体对环境作出适当反应。生物神经网络的功能不是单个神经元信息处理功能的简单叠加。每个神经元都有许多突触与其它神经元连接，任何一个单独的突触连接都不能完全表现一项信息。只有当它们集合成总体时才能对刺激的特殊性质给出明确的答复。由于神经元之间突触连接方式和连接强度的不同并且具有可塑性，神经网络在宏观上呈现出千变万化的复杂的信息处理能力。

　　人类社会的组成与生物神经网络的组成有异曲同工之妙。人类社会以人（脑）为基本单位，每个人都与其周围的人形成或强或弱的、性质不同的连接关系（例如父子、母子、兄弟姐妹、同学、邻居、同事、上下级、师生等），从而形成各自的社会关系网。

人与人之间的联系强度不是固定不变的，而是随着各种激励信息作自适应变化，从而使社会整体上呈现出一定时期的社会风气、社会思潮和社会现象。

2.2 人工神经元模型

人工神经网络是在现代神经生物学研究基础上提出的模拟生物过程，是反映人脑某些特性的一种计算结构。它不是人脑神经系统的真实描写，而只是它的某种抽象、简化和模拟。根据前面对生物神经网络的介绍可知，神经元及其突触是神经网络的基本器件。因此，模拟生物神经网络应首先模拟生物神经元。在人工神经网络中，神经元常被称为"处理单元"。有时从网络的观点出发常把它称为"节点"。人工神经元是对生物神经元的一种形式化描述，它对生物神经元的信息处理过程进行抽象，并用数学语言予以描述；对生物神经元的结构和功能进行模拟，并用模型图予以表达。

2.2.1 神经元的建模

目前人们提出的神经元模型已有很多，其中最早提出且影响最大的，是 1943 年心理学家 McCulloch 和数学家 W. Pitts 在分析总结神经元基本特性的基础上提出的 M-P 模型。该模型经过不断改进后，形成目前广泛应用的形式神经元模型。关于神经元的信息处理机制，该模型在简化的基础上提出以下 6 点假定进行描述：

① 每个神经元都是一个多输入单输出的信息处理单元；

② 神经元输入分兴奋性输入和抑制性输入两种类型；

③ 神经元具有空间整合特性和阈值特性；

④ 神经元输入与输出间有固定的时滞，主要取决于突触延搁；

⑤ 忽略时间整合作用和不应期；

⑥ 神经元本身是非时变的，即其突触时延和突触强度均为常数。

显然，上述假定是对生物神经元信息处理过程的简化和概括，它清晰地描述了生物神经元信息处理的特点，而且便于进行形式化表达。下面根据上述假定，对神经元进行形式化描述，即建立神经元的人工模型，包括图解表达和公式表达两种形式。

图解表达可用图 2.5 中的神经元模型示意图表示。图 2.5(a) 表明，正如生物神经元有许多激励输入一样，人工神经元也应该有许多的输入信号（图中每个输入的大小用确定数值 x_i 表示），它们同时输入神经元 j，输出也同生物神经元一样仅有一个，用 o_j 表示神经元输出。图 2.5(b) 表明，生物神经元具有不同的突触性质和突触强度，其对输入的影响是使有些输入在神经元产生脉冲输出过程中所起的作用比另外一些输入更为重要，图中对神经元的每一个输入都有一个加权系数 w_{ij}，称为权重值，其正负模拟了生物神经元中突触的兴奋和抑制，其大小则代表了突触的不同连接强度。图 2.5(c) 表示作为人工神经网络的基本处理单元，必须对全部输入信号进行整合，以确定各类输入的作用总效果，组合输入信号的"总和值"相应于生物神经元的膜电位。图 2.5(d) 表示神经元激活与否取决于某一阈值电平，即只有当其输入总和超过阈值 T 时，神经元才被激活而发放脉冲，否则神经元不会产生输出信号，输出与输入之间的对应关系可用某种函数 f 来表示，这种函数一般都是非线性的。

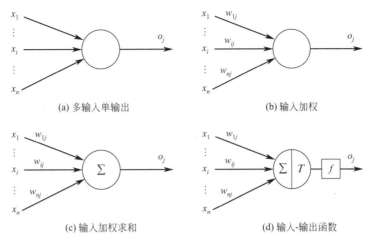

(a) 多输入单输出   (b) 输入加权

(c) 输入加权求和   (d) 输入-输出函数

图 2.5 神经元模型示意图

2.2.2 神经元的数学模型

上述内容可用一个数学表达式进行抽象与概括。令 $x_i(t)$ 表示 t 时刻神经元 j 接收的来自神经元 i 的输入信息，$o_j(t)$ 表示 t 时刻神经元 j 的输出信息，则神经元 j 的状态可表达为

$$o_j(t) = f\left\{ \left[\sum_{i=1}^{n} w_{ij} x_i(t - \tau_{ij}) \right] - T_j \right\} \tag{2.1}$$

式中，τ_{ij} 为输入输出间的突触时延；T_j 为神经元 j 的阈值；w_{ij} 为神经元 i 到 j 的突触连接系数或称权重值；f 为神经元转移函数。

为简单起见，将上式中的突触时延取为单位时间，则式(2.1) 可写为

$$o_j(t+1) = f\left\{ \left[\sum_{i=1}^{n} w_{ij} x_i(t) \right] - T_j \right\} \tag{2.2}$$

上式描述的神经元数学模型全面表达了神经元模型的 6 点假定。其中输入 x_i 的下标 $i = 1, 2, \cdots, n$，输出 o_j 的下标 j 体现了神经元模型假定①中的"多输入单输出"。权重值 w_{ij} 的正负体现了假定②中"突触的兴奋与抑制"。T_j 代表假定③中神经元的"阈值"；"输入总和"常称为神经元在 t 时刻的净输入，用

$$\text{net}'_j(t) = \sum_{i=1}^{n} w_{ij} x_i(t) \tag{2.3}$$

表示，$\text{net}'_j(t)$ 体现了神经元 j 的空间整合特性而未考虑时间整合，当 $\text{net}'_j(t) - T_j > 0$ 时，神经元才能被激活。$o_j(t+1)$ 与 $x_i(t)$ 之间的单位时差意味着所有神经元具有相同的、恒定的工作节律，对应于假定④中的"突触延搁"。w_{ij} 与时间无关体现了假定⑥中神经元的"非时变"。

为简便起见，在后面用到式(2.3) 时，常将其中的 (t) 省略。式(2.3) 还可表示为权重向量 $\boldsymbol{W}_j$ 和输入向量 $\boldsymbol{X}$ 的点积

$$\text{net}'_j = \boldsymbol{W}_j^{\mathrm{T}} \boldsymbol{X} \tag{2.4}$$

式中，$\boldsymbol{W}_j$ 和 $\boldsymbol{X}$ 均为列向量，定义为

$$\boldsymbol{W}_j = (w_{1j} \quad w_{2j} \quad \cdots \quad w_{nj})^{\mathrm{T}}$$

$$\boldsymbol{X} = (x_1 \quad x_2 \quad \cdots \quad x_n)^{\mathrm{T}}$$

如果令 $x_0 = -1$，$w_{0j} = T_j$，则有 $-T_j = x_0 w_{0j}$，因此净输入与阈值之差可表达为

$$\mathrm{net}'_j - T_j = \mathrm{net}_j = \sum_{i=0}^{n} w_{ij} x_i = \boldsymbol{W}_j^{\mathrm{T}} \boldsymbol{X} \tag{2.5}$$

显然，式(2.4) 中列向量 $\boldsymbol{W}_j$ 和 $\boldsymbol{X}$ 的第一个分量的下标均从 1 开始，而式(2.5) 中则从 0 开始。采用式(2.5) 的约定后，净输入改写为 net_j，与原来的区别是包含了阈值。综合以上各式，神经元模型可简化为

$$o_j = f(\mathrm{net}_j) = f(\boldsymbol{W}_j^{\mathrm{T}} \boldsymbol{X}) \tag{2.6}$$

2.2.3 神经元的转移函数

神经元的各种不同数学模型的主要区别在于采用了不同的转移函数（亦称激励函数或传输函数），从而使神经元具有不同的信息处理特性。神经元的信息处理特性是决定人工神经网络整体性能的三大要素之一，因此转移函数的研究具有重要意义。神经元的转移函数反映了神经元输出与其激活状态之间的关系，最常用的转移函数有以下 4 种形式。

（1）阈值型转移函数 图 2.6 给出两种阈值型转移函数，图 2.6(a) 为单极性阈值型转移函数，采用了由下式定义的单位阶跃函数

$$f(x) = \begin{cases} 1, & x \geqslant 0 \\ 0, & x < 0 \end{cases} \tag{2.7}$$

具有这一作用方式的神经元称为阈值型神经元，这是神经元模型中最简单的一种，经典的 M-P 模型就属于这一类。图 2.6(b) 为双极性阈值型转移函数，采用了由下式定义的符号函数

$$\mathrm{sgn}(x) = \begin{cases} 1, & x \geqslant 0 \\ -1, & x < 0 \end{cases} \tag{2.8}$$

这是神经元模型中常用的一种，许多处理离散信号的神经网络采用符号函数作为转移函数。阈值型函数中的自变量 x 代表 $\mathrm{net}'_j - T_j$，即当 $\mathrm{net}'_j \geqslant T_j$ 时，神经元为兴奋状态，输出为 1；当 $\mathrm{net}'_j < T_j$ 时，神经元为抑制状态，输出为 0 或 -1。

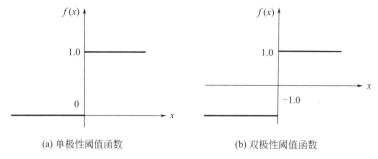

图 2.6　阈值型转移函数

（2）非线性转移函数　非线性转移函数为实数域 $\boldsymbol{R}$ 到 $[0.1]$ 闭集的非减连续函数，代表了状态连续型神经元模型。最常用的非线性转移函数是单极性 sigmoid 函数曲线，简称 S 型函数，其优点是函数本身及其导数都是连续的，因而在处理上十分方便，缺点是具有饱和

特性，造成梯度下降缓慢甚至消失。单极性 S 型函数定义为

$$f(x) = \frac{1}{1+e^{-x}} \tag{2.9}$$

有时也常采用双极性 S 型函数形式

$$f(x) = \frac{2}{1+e^{-x}} - 1 = \frac{1-e^{-x}}{1+e^{-x}} \tag{2.10}$$

S 型函数其曲线特点见图 2.7。

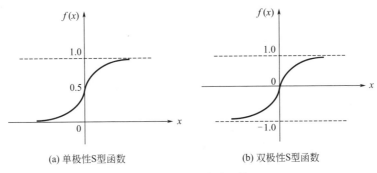

(a) 单极性S型函数   (b) 双极性S型函数

图 2.7 S 型转移函数

（3）分段线性转移函数 该函数的特点是神经元的输入与输出在一定区间内满足线性关系。由于具有分段线性的特点，因而在实现上比较简单。这类函数也称为线性整流函数（rectified linear unit，ReLU）。单极性的 ReLU 函数表达式如下

$$f(x) = \begin{cases} 0, & x \leqslant 0 \\ cx, & 0 < x \leqslant x_{\mathrm{c}} \\ 1, & x_{\mathrm{c}} < x \end{cases} \tag{2.11}$$

图 2.8 给出该函数曲线。

（4）概率型转移函数 采用概率型转移函数的神经元模型其输入与输出之间的关系是不确定的，需用一个随机函数来描述其输出状态为 1 或为 0 的概率。设神经元输出为 1 的概率为

$$P(1) = \frac{1}{1+e^{-x/T}} \tag{2.12}$$

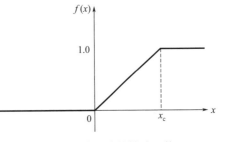

图 2.8 分段线性转移函数

式中，T 为温度参数。由于采用该转移函数的神经元输出状态分布与热力学中的玻尔兹曼（Boltzmann）分布相类似，因此这种神经元模型也称为热力学模型。

2.3 人工神经网络模型

大量神经元组成庞大的神经网络，才能实现对复杂信息的处理与存储，并表现出各种优越的特性。神经网络的强大功能与其大规模并行互连、非线性处理以及互连结构的可塑性密切相关。因此必须按一定规则将神经元连接成神经网络，并使网络中各神经元的连接权按一定规则变化。生物神经网络由数以亿计的生物神经元连接而成，而人工神经网络限于物理实

现的困难和为了计算简便，是由相对少量的神经元按一定规律构成的网络。人工神经网络中的神经元常称为节点或处理单元，每个节点均具有相同的结构，其动作在时间和空间上均同步。

人工神经网络的模型很多，可以按照不同的方法进行分类。其中常见的两种分类方法是按网络连接的拓扑结构分类和按网络内部的信息流向分类。

2.3.1 网络拓扑结构类型

神经元之间的连接方式不同，网络的拓扑结构也不同。根据神经元之间的连接方式，可将神经网络结构分为两大类。

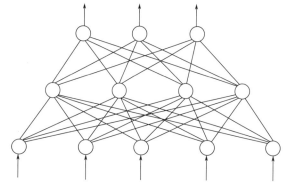

图 2.9 层次型网络结构示意图

2.3.1.1 层次型结构

具有层次型结构的神经网络将神经元按功能分成若干层，如输入层、中间层（也称为隐层）和输出层，各层顺序相连，如图 2.9 所示。输入层各神经元负责接收来自外界的输入信息，并传递给中间各隐层神经元；隐层是神经网络的内部信息处理层，负责信息变换，根据信息变换能力的需要，隐层可设计为一层或多层；最后一个隐层传递到输出层各神经元的信息经进一步处理后即完成一次信息处理，由输出层向外界（如执行机构或显示设备）输出信息处理结果。层次型网络结构有 3 种典型的结合方式。

（1）单纯型层次网络结构　在图 2.9 所示的层次型网络中，神经元分层排列，各层神经元接收前一层输入并输出到下一层，层内神经元自身以及神经元之间不存在连接通路。

（2）输出层到输入层有连接的层次网络结构　图 2.10 所示为输入层到输出层有连接路径的层次型网络结构。其中输入层神经元既可接收输入，也具有信息处理功能。

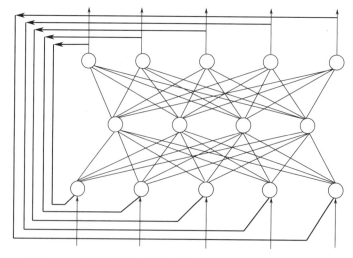

图 2.10　输出层到输入层有连接的层次型网络结构示意图

（3）层内有互连的层次网络结构 图 2.11 所示为同一层内神经元有互连的层次网络结构，这种结构的特点是在同一层内引入神经元间的侧向作用，使得能同时激活的神经元个数可控，以实现各层神经元的自组织。

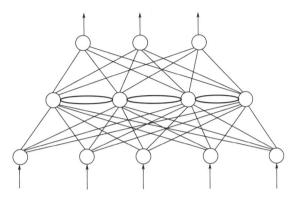

图 2.11 层内有连接的层次型网络结构示意图

2.3.1.2 互连型结构

对于互连型网络结构，网络中任意两个节点之间都可能存在连接路径，因此可以根据网络中节点的互连程度将互连型网络结构细分为三种情况。

（1）全互连型 网络中的每个节点均与所有其它节点连接，如图 2.12 所示。

（2）局部互连型 网络中的每个节点只与其邻近的节点有连接，如图 2.13 所示。

（3）稀疏连接型 网络中的节点只与少数相距较远的节点相连。

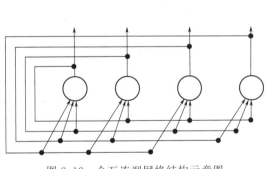

图 2.12 全互连型网络结构示意图

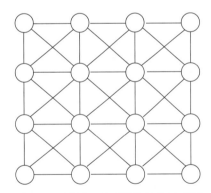

图 2.13 局部互连型网络结构示意图

2.3.2 网络信息流向类型

根据神经网络内部信息传递方向来分，有以下两种类型。

2.3.2.1 前馈型网络

单纯前馈型网络的结构特点与图 2.9 中所示的分层网络完全相同，前馈是因网络信息处理的方向是从输入层到各隐层再到输出层逐层进行而得名。从信息处理能力看，网络中的节点可分为两种：一种是输入节点，只负责从外界引入信息后向前传递给第一隐层；另一种是具有处理能力的节点，包括各隐层和输出层节点。前馈网络中除输出层外，任一层的输出是下一层的输入，信息的处理具有逐层传递进行的方向性，一般不存在反馈环路。因此这类网络很容易串联起来建立多层前馈网络。

多层前馈网络可用一个有向无环路的图表示。其中输入层常记为网络的第一层，第一个隐层记为网络的第二层，其余类推。所以，当提到具有单层计算神经元的网络时，指的应是一个两层前馈网络（输入层和输出层），当提到具有单隐层的网络时，指的应是一个三层前馈网络（输入层、隐层和输出层）。

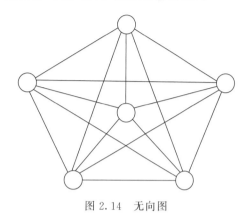

图 2.14　无向图

2.3.2.2　反馈型网络

单纯反馈型网络的结构特点与图 2.12 中的网络结构完全相同，称为反馈网络是指其信息流向的特点。在反馈网络中所有节点都具有信息处理功能，而且每个节点既可以从外界接收输入，同时又可以向外界输出。单纯全互连结构网络是一种典型的反馈型网络，可以用图 2.14 所示的完全的无向图表示。

上面介绍的分类方法、结构形式和信息流向只是对目前常见的网络结构的概括和抽象。实际应用的神经网络可能同时兼有其中一种或几种形式。例如，从连接形式看，层次网络中可能出现局部的互连；从信息流向看，前馈网络中可能出现局部反馈。综合来看，图 2.9～图 2.13 中的网络模型可分别称为：前馈层次型、输入输出有反馈的前馈层次型、前馈层内互连型、反馈全互连型和反馈局部互连型。

神经网络的拓扑结构是决定神经网络特性的第二大要素，其特点可归纳为分布式存储记忆与分布式信息处理、高度互连性、高度并行性和结构可塑性。

2.4　神经网络学习方式

人类具有学习能力。从行为主义的观点看，人的知识和智慧是在不断地学习与实践中逐渐形成和发展起来的。关于学习，可定义为：根据与环境的相互作用而发生的行为改变，其结果导致对外界刺激产生反应的新模式的建立。

学习过程离不开训练，学习过程就是一种经过训练而使个体在行为上产生较为持久改变的过程。例如，游泳等体育技能的学习需要反复的训练才能提高，数学等理论知识的掌握需要通过大量的习题进行练习。一般来说，学习效果随着训练量的增加而提高，这就是通过学习获得的进步。

关于学习的神经机制，涉及神经元如何分布、处理和存储信息。这样的问题单用行为研究是不能回答的，必须把研究深入细胞和分子水平。正如两位心理学家 D. Hebb 和 J. Konorski 提出的，学习和记忆一定包含有神经回路的变化。因此，从生理学角度看，学习涉及的记忆与思维等心理功能，均归因于神经细胞组群的活动。在大脑中，要建立功能性的神经元连接，突触的形成是关键。神经元之间的突触联系，其基本部分是先天就有的，从而构成个体在某一方面的学习优势或天赋，但其它部分则是由于在后天的学习过程中频繁地给予刺激而成长起来的。突触的形成、稳定与修饰均与刺激有关，随着外界给予的刺激性质的不同，能形成和改变神经元间的突触联系。

正如人脑的智能是不同突触分布的宏观表现，人脑的学习能力即形成和改变突触联系的能力，人工神经网络的功能特性和智能体现由其连接的拓扑结构和突触连接强度，即连接权值决定。神经网络的全体连接权值可用一个矩阵 W 表示，其整体反映了神经网络对于所解决问题的知识存储。神经网络能够通过对样本的学习训练，不断改变网络的连接权值以及拓扑结构，以使网络的输出不断地接近期望的输出。这一过程称为神经网络的学习或训练，其本质是可变权值的动态调整。神经网络的学习方式是决定神经网络信息处理性能的第三大要素，因此有关学习的研究在神经网络研究中具有重要地位。改变权值的规则称为学习规则或学习算法（亦称训练规则或训练算法），在单个处理单元层次，无论采用哪种学习规则，其算法都十分简单。但当大量处理单元集体进行权值调整时，网络就呈现出"智能"特性，其中有意义的信息就分布地存储在调节后的权值矩阵中。

神经网络的学习算法很多，根据学习方式可将神经网络的学习算法归纳为两类：监督学习（早期称为导师学习），无监督学习（无导师学习）。

2.4.1 监督学习

监督学习采用的是纠错规则。在学习训练过程中需要不断给网络成对提供一个输入模式和一个期望网络正确输出的模式，称为"教师信号"或"标签"。将神经网络的实际输出同期望输出进行比较，当网络的输出与期望的教师信号不符时，根据差错的方向和大小按一定的规则调整权值，以使下一步网络的输出更接近期望结果。对于有导师学习，网络在能执行工作任务之前必须先经过学习，当网络对于各种给定的输入均能产生所期望的输出时，即认为网络已经在导师的训练下"学会"了训练数据集中包含的知识和规则，可以用来进行工作了。

在监督学习过程中，提供给神经网络学习的外部指导信息越多，神经网络学会并掌握的知识越多，解决问题的能力也就越强。但是，有时神经网络所要解决的问题的先验信息很少，甚至没有，这种情况下无监督学习就显得更有实际意义。

2.4.2 无监督学习

无监督学习过程中，需要不断向网络提供动态输入信息，网络能根据特有的内部结构和学习规则，在输入信息流中发现任何可能存在的模式和规律，同时能根据网络的功能和输入信息调整权值，这个过程称为网络的自组织，其结果是使网络能对属于同一类的模式进行自动分类。在这种学习模式中，网络的权值调整不取决于外来教师信号，可以认为网络的学习评价标准隐含于网络的内部。

某些反馈型神经网络的权值不是通过学习过程获得的，需要将网络的权值设计成能记忆某些特定的例子。当向网络输入有关该例子的信息时，例子便被回忆起来。这样的学习不妨称为"灌输式"学习，灌输式学习中网络的权值一旦设计好就不再变动，因此其学习是一次性的，而不是一个训练过程。

2.5 神经网络学习规则

神经网络的运行一般分为学习阶段和工作阶段。学习是通过训练实现的，因此又称为训练阶段，其目的是从训练数据中提取隐含的知识和规律，并存储于网络中供工作阶段使用。

可以认为，一个神经元是一个自适应单元，其权值可以根据它所接收的输入信号、它的输出信号以及对应的监督信号进行调整。日本著名神经网络学者 Amari 于 1990 年提出一种神经网络权值调整的通用学习规则，该规则的图解表示见图 2.15。图中的神经元 j 是神经网络中的某个节点，其输入用向量 $\boldsymbol{X}$ 表示，该输入可以来自网络外部，也可以来自其它神经元的输出。第 i 个输入与神经元 j 的连接权值用 w_{ij} 表示，连接到神经元 j 的全部权值构成了权向量 $\boldsymbol{W}_j$。应当注意的是，该神经元的阈值 $T_j = w_{0j}$，对应的输入分量 x_0 恒为 -1。图中，$r = r(\boldsymbol{W}_j, \boldsymbol{X}, d_j)$ 代表学习信号，该信号通常是 $\boldsymbol{W}_j$ 和 $\boldsymbol{X}$ 的函数，而在有导师学习时，它也是导师信号 d_j 的函数。通用学习规则可表达为：权向量 $\boldsymbol{W}_j$ 的在 t 时刻的调整量 $\Delta \boldsymbol{W}_j(t)$ 与 t 时刻的输入向量 $\boldsymbol{X}(t)$ 和学习信号 r 的乘积成正比。用数学式表示为

$$\Delta \boldsymbol{W}_j = \eta r [\boldsymbol{W}_j(t), \boldsymbol{X}(t), d_j(t)] \boldsymbol{X}(t) \tag{2.13}$$

式中，η 为正数，称为学习常数，其值决定了学习速率。基于离散时间调整时，下一时刻的权向量应为

$$\boldsymbol{W}_j(t+1) = \boldsymbol{W}_j(t) + \eta r [\boldsymbol{W}_j(t), \boldsymbol{X}(t), d_j(t)] \boldsymbol{X}(t) \tag{2.14}$$

不同的学习规则对 $r(\boldsymbol{W}_j, \boldsymbol{X}, d_j)$ 有不同的定义，从而形成各种各样的神经网络。下面对常用学习算法作一简要介绍，其具体应用将在后续各章中展开。

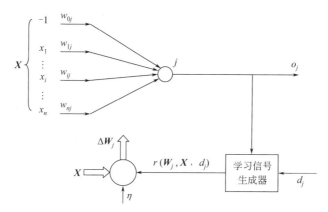

图 2.15　权值调整的一般情况

2.5.1　Hebb 学习规则

1949 年，心理学家 D. O. Hebb 最早提出了关于神经网络学习机理的"突触修正"的假设。该假设指出，当神经元的突触前膜电位与后膜电位同时为正时，突触传导增强，当前膜电位与后膜电位正负相反时，突触传导减弱。也就是说，当神经元 i 与神经元 j 同时处于兴奋状态时，两者之间的连接强度应增强。根据该假设定义的权值调整方法，称为 Hebb 学习规则。

在 Hebb 学习规则中，学习信号简单地等于神经元的输出

$$r = f(\boldsymbol{W}_j^{\mathrm{T}} \boldsymbol{X}) \tag{2.15}$$

权向量的调整公式为

$$\Delta \boldsymbol{W}_j = \eta f(\boldsymbol{W}_j^{\mathrm{T}} \boldsymbol{X}) \boldsymbol{X} \tag{2.16a}$$

权向量中，每个分量的调整由下式确定

$$\Delta w_{ij} = \eta f(\boldsymbol{W}_j^{\mathrm{T}} \boldsymbol{X}) x_i = \eta o_j x_i \qquad i = 0, 1, \cdots, n \tag{2.16b}$$

上式表明，权值调整量与输入输出的乘积成正比。显然，经常出现的输入模式对权向量有很大的影响。在这种情况下，Hebb 学习规则需预先设置权饱和值，以防止输入和输出正负始终一致时出现权值无约束增长。

此外，要求权值初始化，即在学习开始前（$t=0$），先对 $W_j(0)$ 赋予零附近的小随机数。

Hebb 学习规则代表一种纯前馈、无导师学习。该规则至今仍在各种神经网络模型中起着重要作用。

下面用一个简单的例子说明 Hebb 学习规则的应用。

【例 2.1】 设有 4 输入单输出神经元网络，其阈值 $T=0$，学习率 $\eta=1$，3 个输入样本向量和初始权向量分别为 $\boldsymbol{X}^1=(1,-2,1.5,0)^{\mathrm{T}}$，$\boldsymbol{X}^2=(1,-0.5,-2,-1.5)^{\mathrm{T}}$，$\boldsymbol{X}^3=(0,1,-1,1.5)^{\mathrm{T}}$，$\boldsymbol{W}(0)=(1,-1,0,0.5)^{\mathrm{T}}$。

解： 首先设转移函数为双极性离散函数 $f(\mathrm{net})=\mathrm{sgn}(\mathrm{net})$，权值调整步骤为

（1）输入第一个样本 $\boldsymbol{X}^1$，计算净输入 net^1，并调整权向量 $\boldsymbol{W}(1)$

$$\mathrm{net}^1=\boldsymbol{W}(0)^{\mathrm{T}}\boldsymbol{X}^1=(1,-1,0,0.5)(1,-2,1.5,0)^{\mathrm{T}}=3$$

$$\boldsymbol{W}(1)=\boldsymbol{W}(0)+\eta\,\mathrm{sgn}(\mathrm{net}^1)\boldsymbol{X}^1=(1,-1,0,0.5)^{\mathrm{T}}+(1,-2,1.5,0)^{\mathrm{T}}=(2,-3,1.5,0.5)^{\mathrm{T}}$$

（2）输入第二个样本 $\boldsymbol{X}^2$，计算净输入 net^2，并调整权向量 $\boldsymbol{W}(2)$

$$\mathrm{net}^2=\boldsymbol{W}(1)^{\mathrm{T}}\boldsymbol{X}^2=(2,-3,1.5,0.5)(1,-0.5,-2,-1.5)^{\mathrm{T}}=-0.25$$

$$\boldsymbol{W}(2)=\boldsymbol{W}(1)+\eta\,\mathrm{sgn}(\mathrm{net}^2)\boldsymbol{X}^2=(2,-3,1.5,0.5)^{\mathrm{T}}-(1,-0.5,-2,-1.5)^{\mathrm{T}}$$
$$=(1,-2.5,3.5,2)^{\mathrm{T}}$$

（3）输入第三个样本 $\boldsymbol{X}^3$，计算净输入 net^3，并调整权向量 $\boldsymbol{W}(3)$

$$\mathrm{net}^3=\boldsymbol{W}(2)^{\mathrm{T}}\boldsymbol{X}^3=(1,-2.5,3.5,2)(0,1,-1,1.5)^{\mathrm{T}}=-3$$

$$\boldsymbol{W}(3)=\boldsymbol{W}(2)+\eta\,\mathrm{sgn}(\mathrm{net}^3)\boldsymbol{X}^3=(1,-2.5,3.5,2)^{\mathrm{T}}-(0,1,-1,1.5)^{\mathrm{T}}$$
$$=(1,-3.5,4.5,0.5)^{\mathrm{T}}$$

可见，当转移函数为符号函数且 $\eta=1$ 时，Hebb 学习规则的权值调整将简化为权向量加或减输入向量。

下面设转移函数为双极性连续函数 $f(\mathrm{net})=\dfrac{1-\mathrm{e}^{-\mathrm{net}}}{1+\mathrm{e}^{-\mathrm{net}}}$，权值调整步骤同上

（1）$\mathrm{net}^1=\boldsymbol{W}(0)^{\mathrm{T}}\boldsymbol{X}^1=3$

$$o^1=f(\mathrm{net}^1)=\frac{1-\mathrm{e}^{-\mathrm{net}}}{1+\mathrm{e}^{-\mathrm{net}}}=0.905$$

$$\boldsymbol{W}(1)=\boldsymbol{W}(0)+\eta f(\mathrm{net}^1)\boldsymbol{X}^1=(1.905,-2.81,1.357,0.5)^{\mathrm{T}}$$

（2）$\mathrm{net}^2=\boldsymbol{W}(1)^{\mathrm{T}}\boldsymbol{X}^2=-0.154$

$$o^2=f(\mathrm{net}^2)=\frac{1-\mathrm{e}^{-\mathrm{net}}}{1+\mathrm{e}^{-\mathrm{net}}}=-0.077$$

$$\boldsymbol{W}(2)=\boldsymbol{W}(1)+\eta f(\mathrm{net}^2)\boldsymbol{X}^2=(1.828,-2.772,1.512,0.616)^{\mathrm{T}}$$

（3）$\mathrm{net}^3=\boldsymbol{W}(2)^{\mathrm{T}}\boldsymbol{X}^3=-3.36$

$$o^3=f(\mathrm{net}^3)=\frac{1-\mathrm{e}^{-\mathrm{net}}}{1+\mathrm{e}^{-\mathrm{net}}}=-0.932$$

$$\boldsymbol{W}(3)=\boldsymbol{W}(2)+\eta f(\mathrm{net}^3)\boldsymbol{X}^3=(1.828,-3.70,2.44,-0.785)^{\mathrm{T}}$$

比较两种权值调整结果可以看出，两种转移函数下的权值调整方向是一致的，但采用连

续转移函数时，权值调整力度减弱。

2.5.2 Perceptron（感知器）学习规则

1958 年，美国学者 Frank Rosenblatt 首次定义了一个具有单层计算单元的神经网络结构，称为感知器（Perceptron）。感知器的学习规则规定，学习信号等于神经元期望输出（教师信号）与实际输出之差

$$r = d_j - o_j \qquad (2.17)$$

式中，d_j 为期望的输出；$o_j = f(\boldsymbol{W}_j^{\mathrm{T}} \boldsymbol{X})$。感知器采用了与阈值转移函数类似的符号转移函数，其表达为

$$f(\boldsymbol{W}_j^{\mathrm{T}} \boldsymbol{X}) = \mathrm{sgn}(\boldsymbol{W}_j^{\mathrm{T}} \boldsymbol{X}) = \begin{cases} 1, \boldsymbol{W}_j^{\mathrm{T}} \boldsymbol{X} \geq 0 \\ -1, \boldsymbol{W}_j^{\mathrm{T}} \boldsymbol{X} < 0 \end{cases} \qquad (2.18)$$

因此，权值调整公式应为

$$\Delta \boldsymbol{W}_j = \eta [d_j - \mathrm{sgn}(\boldsymbol{W}_j^{\mathrm{T}} \boldsymbol{X})] \boldsymbol{X} \qquad (2.19\mathrm{a})$$

$$\Delta w_{ij} = \eta [d_j - \mathrm{sgn}(\boldsymbol{W}_j^{\mathrm{T}} \boldsymbol{X})] x_i \qquad i = 0, 1, \cdots, n \qquad (2.19\mathrm{b})$$

式中，当实际输出与期望值相同时，权值不需要调整；在有误差存在情况下，由于 d_j 和 $\mathrm{sgn}(\boldsymbol{W}_j^{\mathrm{T}} \boldsymbol{X}) \in \{-1, 1\}$，权值调整公式可简化为

$$\Delta \boldsymbol{W}_j = \pm 2\eta \boldsymbol{X} \qquad (2.19\mathrm{c})$$

感知器学习规则只适用于二进制神经元，初始权值可取任意值。

感知器学习规则代表一种有导师学习。由于感知器理论是研究其它神经网络的基础，该规则对于神经网络的有导师学习具有极为重要的意义。

2.5.3 δ(Delta) 学习规则

1986 年，认知心理学家 McClelland 和 Rumelhart 在神经网络训练中引入了 δ 规则，该规则亦可称为连续感知器学习规则，与上述离散感知器学习规则并行。δ 规则的学习信号规定为

$$\begin{aligned} r &= [d_j - f(\boldsymbol{W}_j^{\mathrm{T}} \boldsymbol{X})] f'(\boldsymbol{W}_j^{\mathrm{T}} \boldsymbol{X}) \\ &= (d_j - o_j) f'(\mathrm{net}_j) \end{aligned} \qquad (2.20)$$

上式定义的学习信号称为 δ。式中，$f'(\boldsymbol{W}_j^{\mathrm{T}} \boldsymbol{X})$ 是转移函数 $f(\mathrm{net}_j)$ 的导数。显然，δ 规则要求转移函数可导，因此只适用于有导师学习中定义的连续转移函数，如 sigmoid 函数。

事实上，δ 规则很容易由输出值与期望值的最小平方误差条件推导出来。定义神经元输出与期望输出之间的平方误差为

$$\begin{aligned} E &= \frac{1}{2}(d_j - o_j)^2 \\ &= \frac{1}{2}[d_j - f(\boldsymbol{W}_j^{\mathrm{T}} \boldsymbol{X})]^2 \end{aligned} \qquad (2.21)$$

式中，误差 E 是权向量 $\boldsymbol{W}_j$ 的函数。欲使误差 E 最小，$\boldsymbol{W}_j$ 应与误差的负梯度成正比，即

$$\Delta \boldsymbol{W}_j = -\eta \nabla E \qquad (2.22)$$

式中，比例系数 η 是一个正常数。由式(2.21)，误差梯度为

$$\nabla E = -(d_j - o_j) f'(\mathbf{W}_j^{\mathrm{T}} \mathbf{X}) \mathbf{X} \tag{2.23}$$

将此结果代入式(2.22)，可得权值调整计算式

$$\Delta \mathbf{W}_j = \eta (d_j - o_j) f'(\mathrm{net}_j) \mathbf{X} \tag{2.24a}$$

可以看出，上式中 η 与 $\mathbf{X}$ 之间的部分正是式(2.20)中定义的学习信号 δ。$\Delta \mathbf{W}_j$ 中每个分量的调整由下式计算

$$\Delta w_{ij} = \eta (d_j - o_j) f'(\mathrm{net}_j) x_i \qquad i = 0, 1, \cdots, n \tag{2.24b}$$

δ 学习规则可推广到多层前馈网络中，权值可初始化为任意值。

下面举例说明 δ 学习规则的应用。

【例2.2】 设有 3 输入单输出神经元网络，将阈值含于权向量内，故有 $w_0 = T$，$x_0 = -1$，学习率 $\eta = 0.1$，3 个输入向量和初始权向量分别为 $\mathbf{X}^1 = (-1, 1, -2, 0)^{\mathrm{T}}$，$\mathbf{X}^2 = (-1, 0, 1.5, -0.5)^{\mathrm{T}}$，$\mathbf{X}^3 = (-1, -1, 1, 0.5)^{\mathrm{T}}$，$d^1 = -1$，$d^2 = -1$，$d^3 = 1$，$\mathbf{W}(0) = (0.5, 1, -1, 0)^{\mathrm{T}}$。

解： 设转移函数为双极性连续函数 $f(\mathrm{net}) = \dfrac{1 - \mathrm{e}^{-\mathrm{net}}}{1 + \mathrm{e}^{-\mathrm{net}}}$，权值调整步骤为

(1) 输入样本 $\mathbf{X}^1$，计算净输入 net^1 及权向量 $\mathbf{W}(1)$

$$\mathrm{net}^1 = \mathbf{W}(0)^{\mathrm{T}} \mathbf{X}^1 = 2.5$$

$$o^1 = f(\mathrm{net}^1) = \frac{1 - \mathrm{e}^{-\mathrm{net}^1}}{1 + \mathrm{e}^{-\mathrm{net}^1}} = 0.848$$

$$f'(\mathrm{net}^1) = \frac{1}{2}(1 - o_1^2) = 0.14$$

$$\mathbf{W}(1) = \mathbf{W}(0) + \eta(d^1 - o^1) f'(\mathrm{net}^1) \mathbf{X}^1$$
$$= (0.526, 0.974, -0.948, 0)^{\mathrm{T}}$$

(2) 输入样本 $\mathbf{X}^2$，计算净输入 net^2 及权向量 $\mathbf{W}(2)$

$$\mathrm{net}^2 = \mathbf{W}(1)^{\mathrm{T}} \mathbf{X}^2 = -1.948$$

$$o^2 = f(\mathrm{net}^2) = \frac{1 - \mathrm{e}^{-\mathrm{net}^2}}{1 + \mathrm{e}^{-\mathrm{net}^2}} = -0.75$$

$$f'(\mathrm{net}^2) = \frac{1}{2}(1 - o_2^2) = 0.218$$

$$\mathbf{W}(2) = \mathbf{W}(1) + \eta(d^2 - o^2) f'(\mathrm{net}^2) \mathbf{X}^2$$
$$= (0.531, 0.974, -0.956, 0.002)^{\mathrm{T}}$$

(3) 输入样本 $\mathbf{X}^3$，计算净输入 net^3 及权向量 $\mathbf{W}(3)$

$$\mathrm{net}^3 = \mathbf{W}(2)^{\mathrm{T}} \mathbf{X}^3 = -2.416$$

$$o^3 = f(\mathrm{net}^3) = \frac{1 - \mathrm{e}^{-\mathrm{net}^3}}{1 + \mathrm{e}^{-\mathrm{net}^3}} = -0.842$$

$$f'(\mathrm{net}^3) = \frac{1}{2}(1 - o_3^2) = 0.145$$

$$\mathbf{W}(3) = \mathbf{W}(2) + \eta(d^3 - o^3) f'(\mathrm{net}^3) \mathbf{X}^3$$
$$= (0.505, 0.947, -0.929, 0.016)^{\mathrm{T}}$$

2.5.4 LMS（最小均方）学习规则

1962 年，Bernard Widrow 和 Marcian Hoff 提出了 Widrow-Hoff 学习规则。因为它能使神经元实际输出与期望输出之间的平方差最小，所以又称为最小均方 LMS（规则）。LMS 学习规则的学习信号为

$$r = d_j - \boldsymbol{W}_j^{\mathrm{T}} \boldsymbol{X} \qquad (2.25)$$

权向量调整量为

$$\Delta \boldsymbol{W}_j = \eta (d_j - \boldsymbol{W}_j^{\mathrm{T}} \boldsymbol{X}) \boldsymbol{X} \qquad (2.26\mathrm{a})$$

$\Delta \boldsymbol{W}_j$ 的各分量为

$$\Delta w_{ij} = \eta (d_j - \boldsymbol{W}_j^{\mathrm{T}} \boldsymbol{X}) x_j \qquad i = 0, 1, \cdots, n \qquad (2.26\mathrm{b})$$

实际上，如果在 δ 学习规则中假定神经元转移函数为 $f(\boldsymbol{W}_j^{\mathrm{T}} \boldsymbol{X}) = \boldsymbol{W}_j^{\mathrm{T}} \boldsymbol{X}$，则有 $f'(\boldsymbol{W}_j^{\mathrm{T}} \boldsymbol{X}) = 1$，此时式（2.20）与式（2.25）相同。因此，LMS 学习规则可以看成是 δ 学习规则的一个特殊情况。该学习规则与神经元采用的转移函数无关，因而不需要对转移函数求导数，不仅学习速度较快，而且具有较高的精度。权值可初始化为任意值。

2.5.5 Correlation（相关）学习规则

相关学习规则规定学习信号为

$$r = d_j \qquad (2.27)$$

易得出 $\Delta \boldsymbol{W}_j$ 及 Δw_{ij} 分别为

$$\Delta \boldsymbol{W}_j = \eta d_j \boldsymbol{X} \qquad (2.28\mathrm{a})$$

$$\Delta w_{ij} = \eta d_j x_i \qquad i = 0, 1, \cdots, n \qquad (2.28\mathrm{b})$$

该规则表明，当 d_j 是 x_i 的期望输出时，相应的权值增量 Δw_{ij} 与两者的乘积 $d_j x_i$ 成正比。

如果 Hebb 学习规则中的转移函数为二进制函数，且有 $o_j = d_j$，则相关学习规则可看作 Hebb 规则的一种特殊情况。应当注意的是，Hebb 学习规则是无导师学习，而相关学习规则是有导师学习。这种学习规则要求将权值初始化为零。

2.5.6 Winner-Take-All（胜者为王）学习规则

Winner-Take-All 学习规则是一种竞争学习规则，用于无导师学习。一般将网络的某一层确定为竞争层，对于一个特定的输入 $\boldsymbol{X}$，竞争层的所有 p 个神经元均有输出响应，其中响应值最大的神经元为在竞争中获胜的神经元，即

$$\boldsymbol{W}_{\mathrm{m}}^{\mathrm{T}} \boldsymbol{X} = \max_{i=1,2,\cdots,p} (\boldsymbol{W}_i^{\mathrm{T}} \boldsymbol{X}) \qquad (2.29)$$

只有获胜神经元才有权调整其权向量 $\boldsymbol{W}_{\mathrm{m}}$，调整量为

$$\Delta \boldsymbol{W}_{\mathrm{m}} = \alpha (\boldsymbol{X} - \boldsymbol{W}_{\mathrm{m}}) \qquad (2.30)$$

式中，$\alpha \in (0,1]$，是一个小的学习常数，一般其值随着学习的进展而减小。由于两个向量的点积越大，表明两者越近似，所以调整获胜神经元权值的结果是使 $\boldsymbol{W}_{\mathrm{m}}$ 进一步接近当前输入 $\boldsymbol{X}$。显然，当下次出现与 $\boldsymbol{X}$ 类似的输入模式时，上次获胜的神经元更容易获胜。在反复的竞争学习过程中，竞争层的各神经元所对应的权向量被逐渐调整为输入样本空间的聚类中心。

在有些应用中，以获胜神经元为中心定义一个获胜邻域，除获胜神经元调整权值外，邻域内的其它神经元也程度不同地调整权值。权值一般被初始化为任意值并进行归一化处理。

2.5.7 Outstar（外星）学习规则

神经网络中有两类常见节点，分别称为内星节点和外星节点，其特点见图 2.16。图 2.16(a) 中的内星节点总是接收来自各神经元的输入加权信号，因此是信号的汇聚点，对应的权值向量称为内星权向量；图 2.16(b) 中的外星节点总是向各神经元发出输出加权信号，因此是信号的发散点，对应的权值向量称为外星权向量。内星学习规则规定内星节点的输出响应是输入向量 $\boldsymbol{X}$ 和内星权向量 $\boldsymbol{W}_j$ 的点积。该点积反映了 $\boldsymbol{X}$ 与 $\boldsymbol{W}_j$ 的相似程度，其权值按式(2.30) 调整。因此 Winner-Take-All 学习规则与内星规则一致。下面介绍外星学习规则。

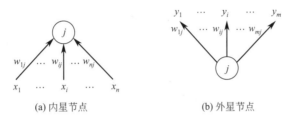

(a) 内星节点   (b) 外星节点

图 2.16 内星节点与外星节点

外星学习规则属于有导师学习，其目的是生成一个期望的 m 维输出向量 $\boldsymbol{d}$，设对应的外星权向量用 $\boldsymbol{W}_j$ 表示，学习规则如下

$$\Delta \boldsymbol{W}_j = \eta(\boldsymbol{d} - \boldsymbol{W}_j) \tag{2.31}$$

式中，η 的规定与作用和式(2.30) 中的 α 相同。正像式(2.30) 给出的内星学习规则使节点 j 对应的内星权向量向输入向量 $\boldsymbol{X}$ 靠拢一样，式(2.31) 给出的外星学习规则使节点 j 对应的外星权向量向期望输出向量 $\boldsymbol{d}$ 靠拢。

以上集中介绍了神经网络中几种常用的学习规则，有些规则之间有着内在联系，读者通过比较可体会其异同。对上述各种学习规则的对比总结列于表 2.1 中。

表 2.1 常用学习规则一览表

学习规则	权值调整		权值初始化	学习方式	转移函数
	向量式	元素式			
Hebb	$\Delta \boldsymbol{W}_j = \eta f(\boldsymbol{W}_j^{\mathrm{T}} \boldsymbol{X}) \boldsymbol{X}$	$\Delta w_{ij} = \eta f(\boldsymbol{W}_j^{\mathrm{T}} \boldsymbol{X}) x_i$	0	无导师	任意
Perceptron	$\Delta \boldsymbol{W}_j = \eta[d_j - \mathrm{sgn}(\boldsymbol{W}_j^{\mathrm{T}} \boldsymbol{X})] \boldsymbol{X}$	$\Delta w_{ij} = \eta[d_j - \mathrm{sgn}(\boldsymbol{W}_j^{\mathrm{T}} \boldsymbol{X})] x_i$	任意	有导师	二进制
Delta	$\Delta \boldsymbol{W}_j = \eta(d_j - o_j) f(\mathrm{net}_j) \boldsymbol{X}$	$\Delta w_{ij} = \eta(d_j - o_j) f(\mathrm{net}_j) x_i$	任意	有导师	连续
Widrow-Hoff	$\Delta \boldsymbol{W}_j = \eta(d_j - \boldsymbol{W}_j^{\mathrm{T}} \boldsymbol{X}) \boldsymbol{X}$	$\Delta w_{ij} = \eta(d_j - \boldsymbol{W}_j^{\mathrm{T}} \boldsymbol{X}) x_i$	任意	有导师	任意
Correlation	$\Delta \boldsymbol{W}_j = \eta d_j \boldsymbol{X}$	$\Delta w_{ij} = \eta d_j x_i$	0	有导师	任意
Winner-Take-All	$\Delta \boldsymbol{W}_m = \eta(\boldsymbol{X} - \boldsymbol{W}_m)$	$\Delta \boldsymbol{W}_m = \eta(x_i - w_{im})$	随机、归一化	无导师	连续
Outstar	$\Delta \boldsymbol{W}_j = \eta(\boldsymbol{d} - \boldsymbol{W}_j)$	$\Delta w_{kj} = \eta(d_k - w_{kj})$	0	有导师	连续

2.6　神经网络计算机程序实现基础

采用计算机编程是实现人工神经网络的主要途径之一，实现的要点在于将人工神经网络的数学模型转化为计算机程序，包括神经网络结构和学习算法的实现。在模型实现的基础上应用模型解决实际问题时，一般是通过数据，应用学习算法来训练网络模型，从而得到合适的结构参数。下面简要分析神经网络程序实现的一些思路，帮助读者了解如何从数学模型跨越至程序模型。

2.6.1　神经网络结构的程序实现基础

神经网络的结构实现主要包括以下要素：神经元的模型、节点的连接方式。在程序最终的展现形式上，会是各个要素的组合或者各个子要素的组合，呈现出多种多样的实现方式。下面先介绍基本的实现方法。

(1) 神经元模型的实现　单个神经元是神经网络的基础单元，无论哪种程序实现方式，都一定包含了单个神经元基本结构和功能的实现，即输入、输出和激活函数。在单输入、单输出情况中，输入、输出在数学模型中采用变量表示，例如用 x 表示输入，y 表示输出，用 $y=f(x)$ 表示激活函数；如果是多输入或多输出情况，则可扩展为多维向量。其中输入、输出采用合适数据类型的变量实现，例如从简单的数字型到常用的数组、列表、矩阵等；而激活函数的实现可以采用表达式、自定义函数、类的成员函数或方法来实现（不同编程语言术语或途径有所不同）。

(2) 节点连接方式的实现　神经网络是多个神经元通过不同的方式进行连接，连接的强度和方向可以用权值参数 w_{ij} 的取值来表示，下标 ij 表示了这是神经元 i 和神经元 j 之间的连接。按照下标排列，可以将 w_{ij} 组成向量或者矩阵的形式，这样在神经网络结构上呈现几何状态的连接，就可以转换为代数形式进行存储，也就便于在程序上实现。比如在程序中可以采用类似的形式如数组、二维数组、列表的嵌套、矩阵等形式来实现。神经网络的输出也就表示为输入和连接权值参数的函数：$Y=f(X,W)$，这里的 X、W、Y 可以为向量或矩阵形式。

根据上面的简要分析，列出神经网络数学模型转为程序模型实现的关键点，如表 2.2 所示。

表 2.2　神经网络模型的程序语言表达

项目	数学表达	程序语言
神经元的输入输出	一维向量、多维向量、矩阵、张量	数字变量、一维数组、多维数组、列表、矩阵、张量等
节点的个数	向量的长度	设置为可调参数（数组的长度、列表的长度、矩阵的大小、张量的大小等）
激活函数	函数式	函数、表达式
连接形式	参数（权值）、参数（权值）向量	数字变量、一维数组、多维数组、列表、矩阵、张量等

可以看出，当一个神经网络模型采用数学表达式之后，可以较为方便地转为程序语言来实现。在神经网络模型搭建好之后，就需要应用学习算法调节其权值参数，下面进行简要阐述。

2.6.2　神经网络学习算法的程序实现基础

如前所述，学习算法的本质是通过某种规则来不断调整权值参数，使得神经网络的输入输出之间建立起合适的映射关系，能够进行较为准确的分类、拟合或聚类等功能。因此大多数学习算法在调整权值参数的时候都是采用迭代的方式，也就是在初始权值参数的基础上，根据输入输出、误差等不断地增加或减小权值。可以看出，这个过程可以用计算机程序的循环结构来实现。

$$W_{\text{new}} = W_{\text{old}} + \eta \Delta W_{\text{old}}$$

产生新的权值参数 W_{new} 之后，又作为下一步迭代的初值 W_{old} 来计算更新的 W_{new}，如此循环往复，直到训练的步数 epoch 达到预定值或者误差 error 达到预定值，或者学习率 η 达到预定值。因此，在计算机程序实现神经网络学习算法的这个循环结构中，往往要涉及几个参数的选择，即步数 epoch、误差 error 以及学习率 η，循环方式则可以采用 for 循环、while 循环等。

2.6.3　基于 Python 的神经网络实现方法

神经网络的计算机程序最终的呈现形式可分为两种，一种是面向过程的方式，由大量的变量和函数组成；另一种是面向对象的方式，神经网络被写为一个类的形式。目前在很多程序语言，特别是科学计算、数据分析、人工智能的程序语言中，提供了大量已经写好的神经网络模型，它们大多以函数调用或者类的调用的方式提供用户使用。

采用 Python 语言实现神经网络时，可以直接利用 Python 标准模块自行编程，也可以导入专用的机器学习模块、人工神经网络模块，通过直接调用函数或者类即可使用神经网络模型，只需要根据应用需求设定相应的参数。通过对比不同实现方法的特点，这里将神经网络的实现方式分为四类，如表 2.3 所示。

表 **2.3**　神经网络模型的程序语言表达

分类	编程方式	代表 Python 程序包	支持的主要网络模型
原创式	用户可采用 Python 语言支持的任何方式，自行编写，比较复杂，但有助于理解算法	基础模块，numpy、pandas 模块等	用户自行编写
模板式	每一种神经网络的程序实现可看作是一个模板，用户采用调用函数或者类的方式进行应用，使用方便，但只能用模块包制定的类型，不够灵活	Ffnet	前馈网络
		Pyrenn	递归神经网络
		Neurolab	感知器、竞争网络、Elman 网络、Hopfield 网络、Hemming 递归网络
		Scikit-learn	感知器、多层前馈网络、支持向量机、受限玻尔兹曼机等

续表

分类	编程方式	代表 Python 程序包	支持的主要网络模型
积木式	模块包提供神经网络的基本要素,例如神经元层、激活函数、参数优化算法等,用户通过组合的方式构建成自己需要的模型,相对模板式稍微复杂,但更灵活	Pytorch	支持多种类型的深度学习架构,包括前馈结构和递归结构的神经网络
		Keras	支持多种类型的深度学习架构,包括前馈结构和递归结构的神经网络
		Lasagne (基于 Theano)	支持多种类型的深度学习架构,包括前馈结构和递归结构的神经网络(如 CNN 和 LSTM)
		Caffe	支持多种类型的深度学习架构,支持 CNN、RCNN、LSTM 和全连接神经网络设计
混合式	在某一类神经网络框架中,采用积木式搭建网络;或者可以把网络存储成层(Layer)方式并按照此方式调用	Pybrain	前馈网络(包括深度网络 DBN 和 RBM) 递归网络(包括 LSTM 和 MDRNN) SOM 网络 RC 网络(Reservoirs) 双向网络(Bidirectional networks) 用户设计的结构
		Neupy	感知器、多层前馈网络、SOM 网络、LVQ 网络、ART Ⅰ、离散 BAM 网络、CMAC 网络、离散 Hopfield 网络、卷积神经网络

2.7　本章小结

本章重点介绍了生物神经元的结构及其信息处理机制、人工神经元数理模型、常见的网络拓扑结构和学习规则。其中,神经元的数学模型、神经网络的连接方式以及神经网络的学习方式是决定神经网络信息处理性能的三大要素,是本章学习的重点。

(1) 生物神经元的信息处理　树突和轴突用来完成神经元间的通信。树突接收来自其它神经元的输入,轴突给其它神经元提供输出。神经元与神经元之间的通信连接称为突触。神经元对在各突触点的输入信号以各种方式进行组合,在一定条件下触发产生输出信号,这一信号通过轴突传递给其它神经元。神经元突触是神经信息处理的关键要素。

(2) 神经元模型　神经元模型可以从"6点假设"的文字描述、模型示意图的符号描述以及解析表达式的数学描述 3 个方面来理解和掌握。每一个神经元都是一个最基本的信息处理单元,其处理能力表现为对输入信号的整合,整合结果称为净输入。当净输入超过阈值时,神经元激发并通过一个转移函数得到输出。不同的神经元模型主要是其转移函数不同,本章介绍了 4 种常用的转移函数。

(3) 神经网络模型　按一定规则将神经元连接成神经网络,才能实现对复杂信息的处理与存储。根据网络的连接特点和信息流向特点,可将其分为前馈层次型、输入输出有反馈的前馈层次型、前馈层内互连型、反馈全互连型和反馈局部互连型等几种常见类型。

（4）神经网络学习　神经网络在外界输入样本的刺激下不断改变网络的连接权值乃至拓扑结构，以使网络的输出不断地接近期望的输出。这一过程称为神经网络的学习，其本质是对可变权值的动态调整。在学习过程中，网络中各神经元的连接权需按一定规则调整变化，这种权值调整规则称为学习规则。本章简要介绍了几种常用的学习规则，在后面的章节中将结合具体的网络结构进行详细介绍。

？思考与练习

2.1　人工神经元模型是如何体现生物神经元的结构和信息处理机制的？

2.2　若权值只能按 1 或 −1 变化，对神经元的学习有何影响？试举例说明。

2.3　举例说明什么是有导师学习和无导师学习。

2.4　双输入单输出神经网络，初始权向量 $\boldsymbol{W}(0)=(1,-1)^{\mathrm{T}}$，学习率 $\eta=1$，4 个输入向量为 $\boldsymbol{X}^1=(1,-2)^{\mathrm{T}}$，$\boldsymbol{X}^2=(0,1)^{\mathrm{T}}$，$\boldsymbol{X}^3=(2,3)^{\mathrm{T}}$，$\boldsymbol{X}^4=(1,1)^{\mathrm{T}}$，若采用 Hebb 学习规则，对以下两种情况求第四步训练后的权向量：

① 神经元采用离散型转移函数 $f(\mathrm{net})=\mathrm{sgn}(\mathrm{net})$；

② 神经元采用双极性连续型转移函数 $f(\mathrm{net})=\dfrac{1-\mathrm{e}^{-\mathrm{net}}}{1+\mathrm{e}^{-\mathrm{net}}}$。

2.5　某神经网络的转移函数为符号函数 $f(\mathrm{net})=\mathrm{sgn}(\mathrm{net})$，学习率 $\eta=1$，初始权向量 $\boldsymbol{W}(0)=(0,1,0)^{\mathrm{T}}$，两对输入样本为 $\boldsymbol{X}^1=(2,1,-1)^{\mathrm{T}}$，$d^1=-1$；$\boldsymbol{X}^2=(0,-1,-1)^{\mathrm{T}}$，$d^2=1$。试用感知器学习规则对以上样本进行反复训练，直到网络输出误差为零，写出每一训练步的净输入 $\mathrm{net}(t)$。

2.6　某神经网络采用双极性 sigmoid 函数，学习率 $\eta=0.25$，初始权向量 $\boldsymbol{W}(0)=(1,0,1)^{\mathrm{T}}$，两对输入样本为 $\boldsymbol{X}^1=(2,0,-1)^{\mathrm{T}}$，$d^1=-1$；$\boldsymbol{X}^2=(1,-2,-1)^{\mathrm{T}}$，$d^2=1$。试用 Delta 学习规则进行训练，并写出前两步训练结果〔提示：双极性 sigmoid 函数的导数为 $f(\mathrm{net})=1/2(1-o^2)$〕。

2.7　神经网络数据同 2.6 题，试用 Widrow-Hoff 学习规则进行训练，并写出前两步训练结果。

2.8　上机编程练习，要求程序具有以下功能：

① 能对 6 输入单节点网络进行训练；

② 能选用不同的学习规则；

③ 能选用不同的转移函数；

④ 能选用不同的训练样本。

程序调试通过后，用以上各题提供的数据进行训练。训练时应给出每一步的净输入和权向量调整结果。

第3章 单层感知器

1958 年，美国心理学家 Frank Rosenblatt 提出一种具有单层计算单元的神经网络，称为 Perceptron，即感知器。感知器模拟人的视觉接收环境信息，并由神经冲动进行信息传递。感知器研究中首次提出了自组织、自学习的思想，而且对所能解决的问题存在着收敛算法，并能从数学上严格证明，因而对神经网络的研究起了重要推动作用。

3.1 单层感知器模型

单层感知器的结构与功能都非常简单，以至于目前在解决实际问题时很少被采用，但由于它在神经网络研究中具有重要意义，是研究其它网络的基础，而且较易学习和理解，所以适合于作为学习神经网络的起点。

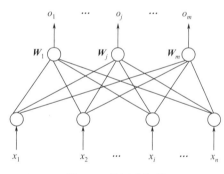

图 3.1 单层感知器

单层感知器指只有一层处理单元的感知器，如果包括输入层在内，应为两层。其拓扑结构如图 3.1 所示。图中输入层也称为感知层，有 n 个神经元节点，这些节点只负责引入外部信息，自身无信息处理能力，每个节点接收一个输入信号，n 个输入信号构成输入列向量 X。输出层也称为处理层，有 m 个神经元节点，每个节点均具有信息处理能力，m 个节点向外部输出处理信息，构成输出列向量 O。两层之间的连接权值用权值列向量 W_j 表示，m 个权向量构成单层感知器的权值矩阵 W。

3 个列向量分别表示为

$$X = (x_1, x_2, \cdots, x_i, \cdots, x_n)^T$$
$$O = (o_1, o_2, \cdots, o_i, \cdots, o_m)^T$$
$$W_j = (w_{1j}, w_{2j}, \cdots, w_{ij}, \cdots, w_{nj})^T \qquad j = 1, 2, \cdots, m$$

由第 2 章介绍的神经元数学模型知，对于处理层中任一节点，其净输入 net_j 为来自输入层各节点的输入加权和

$$\text{net}'_j = \sum_{i=1}^{n} w_{ij} x_i \qquad (3.1)$$

输出 o_j 由节点的转移函数决定，离散型单计算层感知器的转移函数一般采用符号函数

（或单极性阈值函数）。

$$o_j = \text{sgn}(\text{net}'_j - T_j) = \text{sgn}(\sum_{i=0}^{n} w_{ij}x_i) = \text{sgn}(\boldsymbol{W}_j^{\mathrm{T}}\boldsymbol{X}) \qquad (3.2)$$

3.2 单节点感知器的功能分析

为便于直观分析，考虑图 3.2 中单计算节点感知器的情况。不难看出，单节点感知器实际上就是一个 M-P 神经元模型，由于采用了符号转移函数，又称为符号单元。式(3.2) 可进一步表达为

$$o_j = \begin{cases} 1, \boldsymbol{W}_j^{\mathrm{T}}\boldsymbol{X} > 0 \\ -1(0), \boldsymbol{W}_j^{\mathrm{T}}\boldsymbol{X} < 0 \end{cases}$$

下面分三种情况讨论单计算节点感知器的功能。

① 设输入向量 $\boldsymbol{X} = (x_1, x_2)^{\mathrm{T}}$，则两个输入分量在几何上构成一个二维平面，输入样本可以用该平面上的一个点表示。节点 j 的输出为

$$o_j = \begin{cases} 1, w_{1j}x_1 + w_{2j}x_2 - T_j > 0 \\ -1, w_{1j}x_1 + w_{2j}x_2 - T_j < 0 \end{cases}$$

则由方程

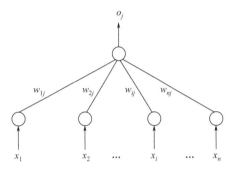

图 3.2　单计算节点感知器

$$w_{1j}x_1 + w_{2j}x_2 - T_j = 0 \qquad (3.3)$$

确定的直线成为二维输入样本空间上的一条分界线。线上方的样本用"＊"表示，它们使 $\text{net}_j > 0$，从而使输出为 1；线下方的样本用"o"表示，它们使 $\text{net}_j < 0$，从而使输出为 −1，见图 3.3。显然，由感知器权值和阈值确定的直线方程规定了分界线在样本空间的位置，从而也体现了如何将输入样本分为两类。假如分界线的初始位置不能将"＊"类样本同"o"类样本正确分开，改变权值和阈值，分界线也会随之改变，因此总可以将其调整到正确分类的位置。

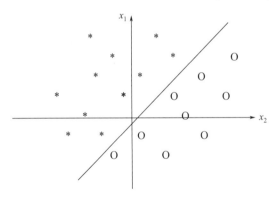

图 3.3　单计算节点感知器对二维样本的分类

② 设输入向量 $\boldsymbol{X} = (x_1, x_2, x_3)^{\mathrm{T}}$，则 3 个输入分量在几何上构成一个三维空间。节点 j 的输出为

$$o_j = \begin{cases} 1, w_{1j}x_1 + w_{2j}x_2 + w_{3j}x_3 - T_j > 0 \\ -1, w_{1j}x_1 + w_{2j}x_2 + w_{3j}x_3 - T_j < 0 \end{cases}$$

则由方程

$$w_{1j}x_1 + w_{2j}x_2 + w_{3j}x_3 - T_j = 0 \qquad (3.4)$$

确定的平面成为三维输入样本空间上的一个分界平面。平面上方的样本用"＊"表示，它们使 $\text{net}_j > 0$，从而使输出为 1；平面下方的样本用"o"表示，它们使 $\text{net}_j < 0$，从而使

输出为－1。同样，由感知器权值和阈值确定的平面方程规定了分界平面在样本空间的方向与位置，从而也确定了如何将输入样本分为两类。假如分界平面的初始位置不能将"＊"类样本同"o"类样本正确分开，改变权值和阈值即改变了分界平面的方向与位置，因此总可以将其调整到正确分类的位置。

③ 将上述两个特例推广到 n 维输入空间的一般情况，设输入向量 $\boldsymbol{X}=(x_1,x_2,x_3,\cdots,x_n)^{\mathrm{T}}$，则 n 个输入分量在几何上构成一个 n 维空间。由方程

$$w_{1j}x_1+w_{2j}x_2+\cdots+w_{nj}x_n-T_j=0 \tag{3.5}$$

可定义一个 n 维空间上的超平面。此平面可以将输入样本分为两类。

通过以上分析可以看出，一个最简单的单计算节点感知器具有分类功能。其分类原理是将分类知识存储于感知器的权向量（包含了阈值）中，由权向量确定的分类判决界面将输入模式分为两类。

下面研究用单计算节点感知器实现逻辑运算问题。

首先，用感知器实现逻辑"与"功能。逻辑"与"的真值表及感知器结构如下：

x_1	x_2	y
0	0	0
0	1	0
1	0	0
1	1	1

从真值表中可以看出，4 个样本的输出有两种情况，一种使输出为 0，另一种使输出为 1，因此属于分类问题。用感知器学习规则进行训练，得到的连接权值标在图 3.4 中。令净输入为零，可得到分类判决方程为

$$0.5x_1+0.5x_2-0.75=0$$

由图 3.5 可以看出，该方程确定的直线将输出为 1 的样本点"＊"和输出为 0 的样本点"o"正确分开了。从图中还可以看出，该直线并不是唯一解。

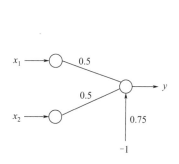

图 3.4　"与"逻辑感知器

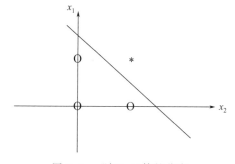

图 3.5　"与"运算的分类

同样，可以用感知器实现逻辑"或"功能。逻辑"或"的真值表如下：

x_1	x_2	y
0	0	0
0	1	1
1	0	1
1	1	1

从真值表中可以看出，4 个样本的输出也分两类，一类使输出为 0，另一类使输出为 1。用感知器学习规则进行训练，得到的连接权值为 $w_1 = w_2 = 1$，$T = -0.5$，令净输入为零，得分类判决方程为

$$x_1 + x_2 + 0.5 = 0$$

该直线能把图 3.6 中的两类样本分开，显然，该直线也不是唯一解。

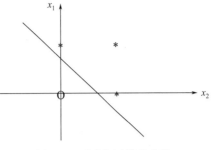

图 3.6 "或"运算的分类

【例 3.1】 考虑下面定义的分类问题

$$\left\{ \boldsymbol{X}^1 = \begin{bmatrix} -1 \\ 1 \end{bmatrix}, d^1 = 1 \right\} \quad \left\{ \boldsymbol{X}^2 = \begin{bmatrix} -1 \\ -1 \end{bmatrix}, d^2 = 1 \right\} \quad \left\{ \boldsymbol{X}^3 = \begin{bmatrix} 0 \\ 0 \end{bmatrix}, d^3 = -1 \right\} \quad \left\{ \boldsymbol{X}^4 = \begin{bmatrix} 1 \\ 0 \end{bmatrix}, d^4 = -1 \right\}$$

其中，$\boldsymbol{X}^i = (x_1^i, x_2^i)$ 为样本的输入，d^i 为样本的目标输出（$i = 1, 2, 3, 4$）。能否用单节点感知器求解这个问题？试设计该感知器解决分类问题，用以上 4 个输入向量验证该感知器分类的正确性，并对以下 4 个输入向量进行分类。

$$\boldsymbol{X}^5 = \begin{bmatrix} -2 \\ 0 \end{bmatrix} \quad \boldsymbol{X}^6 = \begin{bmatrix} 1 \\ 1 \end{bmatrix} \quad \boldsymbol{X}^7 = \begin{bmatrix} 0 \\ 1 \end{bmatrix} \quad \boldsymbol{X}^8 = \begin{bmatrix} -1 \\ -2 \end{bmatrix}$$

解：首先将 4 个输入样本标在图 3.7 所示的输入平面上，立即看出可以找到一条直线将这两类样本分开，因此可以用单节点感知器解决该问题。设分界线方程为：$\mathrm{net}_i = \sum_{n=1}^{2} w_{ni} x_{in} - T_i = 0$，其中权值和阈值可以用下一节介绍的感知器学习算法进行训练而得到，也可以采用求解联立方程的方法。

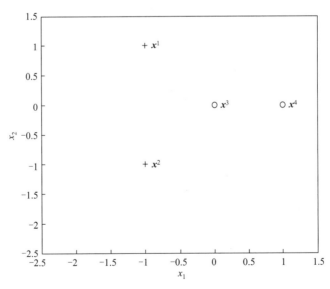

图 3.7 例 3.1 中 4 个输入样本的分布

取直线上的两个点分别代入方程，如对于本例可取 $(-0.5, 0)$ 和 $(-0.5, 1)$，得到

$$\begin{cases} -0.5 \times w_{1i} - T_i = 0 \\ -0.5 \times w_{1i} + w_{2i} - T_i = 0 \end{cases}$$

此方程可有无穷多组解。取 $w_{1i} = -1$，则有 $w_{2i} = 0$，$T_i = 0.5$，分别将 4 个输入向量

代入感知器的输出表达式 $o = \mathrm{sgn}(\boldsymbol{W}^{\mathrm{T}}\boldsymbol{X} - \boldsymbol{T})$，可得网络的输出分别为 1，1，−1，−1，即感知器的输出和教师信号相符，可以进行正确分类。

分别将 5～8 号待分类样本输入设计好的感知器，可以得到感知器的输出分别为 1，−1，−1，1；因此在 8 个样本中，如图 3.8 所示，$\boldsymbol{X}^1$、$\boldsymbol{X}^2$、$\boldsymbol{X}^5$、$\boldsymbol{X}^8$ 属于一类，$\boldsymbol{X}^3$、$\boldsymbol{X}^4$、$\boldsymbol{X}^6$、$\boldsymbol{X}^7$ 属于另一类。此外，从图 3.8 中还可以看出，样本 $\boldsymbol{X}^5$、$\boldsymbol{X}^6$ 的分类不依赖于权值和阈值的选择，而样本 $\boldsymbol{X}^7$、$\boldsymbol{X}^8$ 的分类则依赖于权值和阈值的选择。

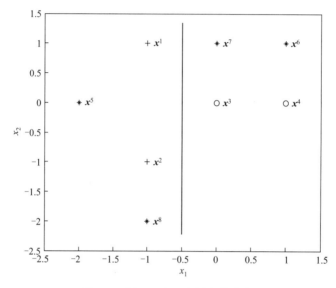

图 3.8 例 3.1 中 8 个样本的分布

【**例 3.2**】 考虑以下 4 类线性可分样本的分类问题：

第一类：$\boldsymbol{X}^1 = \begin{bmatrix} 1 \\ 1 \end{bmatrix}, \boldsymbol{X}^2 = \begin{bmatrix} 1 \\ 2 \end{bmatrix}$ 　　　第二类：$\boldsymbol{X}^3 = \begin{bmatrix} 2 \\ -1 \end{bmatrix}, \boldsymbol{X}^4 = \begin{bmatrix} 2 \\ 0 \end{bmatrix}$

第三类：$\boldsymbol{X}^5 = \begin{bmatrix} -1 \\ 2 \end{bmatrix}, \boldsymbol{X}^6 = \begin{bmatrix} -2 \\ 1 \end{bmatrix}$ 　　　第四类：$\boldsymbol{X}^7 = \begin{bmatrix} -1 \\ -1 \end{bmatrix}, \boldsymbol{X}^8 = \begin{bmatrix} -2 \\ -2 \end{bmatrix}$

试设计一种感知器网络求解该问题。

解：首先画出 8 个输入样本在平面上的分布如图 3.9（a）所示。图中第一类样本用空心圆〇表示，第二类样本用空心方块□表示，第三类样本用实心圆●表示，第四类样本用实心

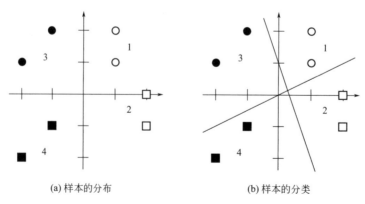

(a) 样本的分布　　　　　　　　(b) 样本的分类

图 3.9 例 3.2 中 4 类样本的分类

方块■表示。从图中可以看出，可以用两条直线将全部样本分为 4 类：先用一条分界线将 8 个样本分为两组，即第一、三类为一组，第二、四类为另一组；然后再用一条分界线将四类分开，其结果如图 3.9(b)所示。

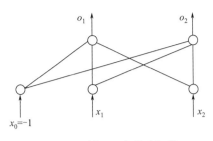

图 3.10 例 3.2 中的感知器

由于每个感知器中的每个计算节点对应的权值和阈值确定了样本空间的一个线性判决边界，本例中的感知器应有 2 个节点，如图 3.10 所示，对应于各样本的期望输出为

第一类：$\boldsymbol{d}^1 = \begin{bmatrix} 0 \\ 0 \end{bmatrix}, \boldsymbol{d}^2 = \begin{bmatrix} 0 \\ 0 \end{bmatrix}$ 第二类：$\boldsymbol{d}^3 = \begin{bmatrix} 0 \\ 1 \end{bmatrix}, \boldsymbol{d}^4 = \begin{bmatrix} 0 \\ 1 \end{bmatrix}$

第三类：$\boldsymbol{d}^5 = \begin{bmatrix} 1 \\ 0 \end{bmatrix}, \boldsymbol{d}^6 = \begin{bmatrix} 1 \\ 0 \end{bmatrix}$ 第四类：$\boldsymbol{d}^7 = \begin{bmatrix} 1 \\ 1 \end{bmatrix}, \boldsymbol{d}^8 = \begin{bmatrix} 1 \\ 1 \end{bmatrix}$

可以推知，具有 M 个节点的单层感知器可对 2^M 个线性可分类别进行分类。

3.3 感知器的学习算法

感知器采用第 2 章介绍的感知器学习规则。考虑到训练过程是感知器权值随每一步调整改变的过程，为此用 t 表示学习步的序号，权值看作 t 的函数。$t=0$ 对应于学习开始前的初始状态，此时对应的权值为初始化值。训练可按如下步骤进行：

① 对各权值 $w_{0j}(0)$，$w_{1j}(0)$，$\cdots$，$w_{nj}(0)$，$j=1, 2, \cdots, m$（m 为计算层的节点数）赋予较小的非零随机数；

② 输入样本对 $\{\boldsymbol{X}^p, \boldsymbol{d}^p\}$，其中 $\boldsymbol{X}^p = (-1, x_1^p, x_2^p, \cdots, x_n^p)$、$\boldsymbol{d}^p = (d_1^p, d_2^p, \cdots, d_m^p)$ 为期望的输出向量（导师信号），上标 p 代表样本对的模式序号，设样本集中的样本总数为 P，则 $p=1,2,\cdots,P$；

③ 计算各节点的实际输出 $o_j^p(t) = \text{sgn}[\boldsymbol{W}_j^{\text{T}}(t)\boldsymbol{X}^p]$，$j=1, 2, \cdots, m$；

④ 调整各节点对应的权值，$\boldsymbol{W}_j(t+1) = \boldsymbol{W}_j(t) + \eta[d_j^p - o_j^p(t)]\boldsymbol{X}^p$，$j=1,2,\cdots,m$，其中 η 为学习率，用于控制调整速度，η 值太大会影响训练的稳定性，太小则使训练的收敛速度变慢，一般取 $0 < \eta \leqslant 1$；

⑤ 返回到步骤②输入下一对样本。

以上步骤周而复始，直到感知器对所有样本的实际输出与期望输出相等。

许多学者已经证明，如果输入样本线性可分，无论感知器的初始权向量如何取值，经过有限次调整后，总能够稳定到一个权向量，该权向量确定的超平面能将两类样本正确分开。应当看到，能将样本正确分类的权向量并不是唯一的，一般初始权向量不同，训练过程和所得到的结果也不同，但都能满足误差为零的要求。

【例 3.3】 某单计算节点感知器有 3 个输入。给定 3 对训练样本如下：

$$\boldsymbol{X}^1 = (-1, 1, -2, 0)^{\text{T}} \qquad d^1 = -1$$
$$\boldsymbol{X}^2 = (-1, 0, 1.5, -0.5)^{\text{T}} \qquad d^2 = -1$$
$$\boldsymbol{X}^3 = (-1, -1, 1, 0.5)^{\text{T}} \qquad d^3 = 1$$

设初始权向量 $\boldsymbol{W}(0) = (0.5, 1, -1, 0)^{\text{T}}$，$\eta = 0.1$。注意，输入向量中第一个分量 x_0 恒

等于 -1，权向量中第一个分量为阈值，试根据以上学习规则训练该感知器。

解：

第一步　输入 $\boldsymbol{X}^1$，得

$$\boldsymbol{W}^{\mathrm{T}}(0)\boldsymbol{X}^1=(0.5,1,-1,0)(-1,1,-2,0)^{\mathrm{T}}=2.5$$

$$o_1(0)=\mathrm{sgn}(2.5)=1$$

$$\boldsymbol{W}(1)=\boldsymbol{W}(0)+\eta[d_1-o_1(0)]\boldsymbol{X}^1$$

$$=(0.5,1,-1,0)^{\mathrm{T}}+0.1(-1-1)(-1,1,-2,0)^{\mathrm{T}}$$

$$=(0.7,0.8,-0.6,0)^{\mathrm{T}}$$

第二步　输入 $\boldsymbol{X}^2$，得

$$\boldsymbol{W}^{\mathrm{T}}(1)\boldsymbol{X}^2=(0.7,0.8,-0.6,0)(-1,0,1.5,-0.5)^{\mathrm{T}}=-1.6$$

$$o_2(1)=\mathrm{sgn}(-1.6)=-1$$

$$\boldsymbol{W}(2)=\boldsymbol{W}(1)+\eta[d_2-o_2(1)]\boldsymbol{X}^2$$

$$=(0.7,0.8,-0.6,0)^{\mathrm{T}}+0.1[-1-(-1)](-1,0,1.5,-0.5)^{\mathrm{T}}$$

$$=(0.7,0.8,-0.6,0)^{\mathrm{T}}$$

由于 $d_2=o_2(1)$，所以 $\boldsymbol{W}(2)=\boldsymbol{W}(1)$。

第三步　输入 $\boldsymbol{X}^3$，得

$$\boldsymbol{W}^{\mathrm{T}}(2)\boldsymbol{X}^3=(0.7,0.8,-0.6,0)(-1,-1,1,0.5)^{\mathrm{T}}=-2.1$$

$$o_3(2)=\mathrm{sgn}(-2.1)=-1$$

$$\boldsymbol{W}(3)=\boldsymbol{W}(2)+\eta[d_3-o_3(2)]\boldsymbol{X}^3$$

$$=(0.7,0.8,-0.6,0)^{\mathrm{T}}+0.1[1-(-1)](-1,-1,1,0.5)^{\mathrm{T}}$$

$$=(0.5,0.6,-0.4,0.1)^{\mathrm{T}}$$

第四步　继续输入 $\boldsymbol{X}$ 进行训练，直到 $d^p-o^p=0$，$p=1,2,3$。

3.4　感知器的局限性及解决途径

3.4.1　感知器的局限性

以上两例说明单计算节点感知器具有逻辑"与"和逻辑"或"的功能。那么它是否也具有"异或"功能呢？请看下一个例子。

【例 3.4】 用感知器实现"异或"功能。

"异或"的真值表如下：

x_1	x_2	y
0	0	0
0	1	1
1	0	1
1	1	0

解： 表中的 4 个样本也分为两类，但把它们标在图 3.11 的平面坐标系中可以发现，任何直线都不可能把两类样本分开。

如果两类样本可以用直线、平面或超平面分开，称为线性可分，否则为线性不可分。由感知器分类的几何意义可知，由于净输入为零确定的分类判决方程是线性方程，因而它只能解决线性可分问题而不可能解决线性不可分问题。由此可知，单计算层感知器的局限性是：仅对线性可分问题具有分类能力。

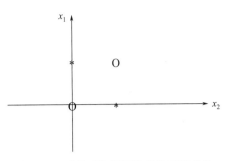

图 3.11　"异或"问题的线性不可分性

【例 **3.5**】　证明下面的问题对于两输入单输出感知器而言是不可解的。

$$\left\{ \boldsymbol{X}^1 = \begin{bmatrix} -1 \\ 1 \end{bmatrix}, d^1 = 1 \right\} \quad \left\{ \boldsymbol{X}^2 = \begin{bmatrix} -1 \\ -1 \end{bmatrix}, d^2 = -1 \right\} \quad \left\{ \boldsymbol{X}^3 = \begin{bmatrix} 1 \\ -1 \end{bmatrix}, d^3 = 1 \right\} \quad \left\{ \boldsymbol{X}^4 = \begin{bmatrix} 1 \\ 1 \end{bmatrix}, d^4 = -1 \right\}$$

解：两输入单输出感知器输出方程为 $o = \text{sgn}(\boldsymbol{W}^T \boldsymbol{X} - T)$，将 4 个样本分别代入 $\boldsymbol{W}^T \boldsymbol{X} - T$，并根据相应的 d 值可以得到

$$\begin{cases} -1 \times w_1 + w_2 - T > 0 & (1) \\ -1 \times w_1 - w_2 - T < 0 & (2) \\ 1 \times w_1 - w_2 - T > 0 & (3) \\ 1 \times w_1 + w_2 - T < 0 & (4) \end{cases}$$

将式（1）与式（3）相加，可得 $T < 0$，将式（2）与式（4）相加，可得 $T > 0$，两个结论是矛盾的，因此用两输入单输出感知器无法解决该问题。

3.4.2　解决途径

前面的分析表明，单计算层感知器只能解决线性可分问题，而大量的分类问题是线性不可分的。克服单计算层感知器这一局限性的有效办法是在输入层与输出层之间引入隐层作为输入模式的"内部表示"，将单计算层感知器变成多（计算）层感知器。多层感知器是否可以解决线性不可分问题？下面通过一个例子进行分析。

【例 **3.6**】　用两计算层感知器解决"异或"问题。

解：图 3.12 给出一个具有单隐层的感知器，其中隐层的两个节点相当于两个独立的符号单元（单计算节点感知器）。根据上节所述，这两个符号单元可分别在 $x_1 - x_2$ 平面上确定两条分界直线 S_1 和 S_2，从而构成图 3.13 所示的开放式凸域。显然，通过适当调整两条直线的位置，可使两类线性不可分样本分别位于该开放式凸域内部和外部。此时对隐节点 1 来说，直线 S_1 下面的样本使其输出为 $y_1 = 1$，而直线上面的样本使其输出为 $y_1 = 0$；而对隐节点 2 来说，直线 S_2 上面的样本使其输出为 $y_2 = 1$，而直线下面的样本使其输出为 $y_2 = 0$。

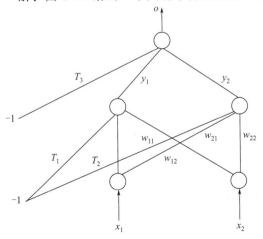

图 3.12　具有两个计算层的感知器

当输入样本为 ○ 类时，其位置处于开放

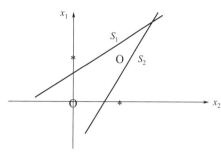

图 3.13   "异或"问题分类

式凸域内部，即同时处在直线 S_1 下方和直线 S_2 上方。根据以上分析，应有 $y_1=1$，$y_2=1$。

当输入样本为 * 类时，其位置处于开放式凸域外部，即或者同时处在两直线 S_1、S_2 上方，使 $y_1=0$，$y_2=1$；或者同时处在两直线 S_1、S_2 下方，使 $y_1=1$，$y_2=0$。

输出层节点以隐层两节点的输出 y_1、y_2 作为输入，其结构也相当于一个符号单元。如果经过训练，使其具有逻辑"与非"功能，则异或问题即可得到解决。根据"与非"逻辑，当隐节点输出为 $y_1=1$，$y_2=1$ 时，该节点输出为 $o=0$；当隐节点输出为 $y_1=1$，$y_2=0$ 时，或 $y_1=0$，$y_2=1$ 时，该节点输出为 $o=1$。将 4 种输入样本与各节点的输出情况列于表 3.1，可以看出单隐层感知器确实可以解决异或问题，因此具有解决线性不可分问题的能力。

表 3.1   输入样本与各节点输出情况

样本	x_1	x_2	y_1	y_2	o
X^1	0	0	1	1	0
X^2	0	1	0	1	1
X^3	1	0	1	0	1
X^4	1	1	1	1	0

表 3.1 给出的是单隐层感知器的一般形式。根据上述原理，不难想象，当输入样本为二维向量时，隐层中的每个节点确定了二维平面上的一条分界直线。多条直线经输出节点组合后会构成图 3.14 所示的各种形状的凸域（所谓凸域是指其边界上任意两点之连线均在域内）。通过训练调整凸域的形状，可将两类线性不可分样本分为域内和域外。输出层节点负责将域内外的两类样本进行分类。

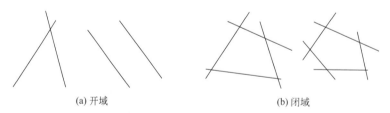

(a) 开域   (b) 闭域

图 3.14   二维平面上的凸域

当单隐层感知器具有多个节点时，节点数量增加可以使多边形凸域的边数增加，从而在输入空间构建出任意形状的凸域。如果在此基础上再增加一层，成为第二个隐层，则该层的每个节点确定一个凸域，各种凸域经输出层节点组合后成为图 3.15 中的任意形状域。由图中可以看出，由凸域组合成任意形状后，意味着双隐层的分类能力比单隐层大大提高。分类问题越复杂，不同类别样本在样本空间的布局越趋于"犬牙交错"，因而隐层需要的神经元节点数也越多。Kolmogorov 理论指出：双隐层感知器足以解决任何复杂的分类问题。该结论已经过严格的数学证明。

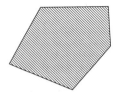
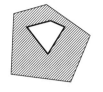

图 3.15 凸域组合的任意形状

表 3.2 给出具有不同隐层数的感知器的分类能力对比。

表 3.2 不同隐层数感知器的分类能力

感知器结构	异或问题	复杂问题	判决域形状	判决域
无隐层				半平面
单隐层				凸域
双隐层				任意复杂形状域

为便于直观描述感知器的分类能力,在上述分析中,将转移函数限定为符号函数或单位阶跃函数。实际上,提高感知器分类能力的另一个途径是,采用非线性连续函数作为神经元节点的转移函数。这样做的好处是能使区域边界线的基本线素由直线变成曲线,从而使整个边界线变成连续光滑的曲线。

关于感知器中增加隐层后可以解决非线性可分问题,也可以从非线性映射的角度来理解。若将表 3.1 中的数据点分别放置在由 x_1-x_2 构成的输入空间以及由 y_1-y_2 构成的隐(藏)空间,可以看出由于样本 X^1 和样本 X^4 被映射到隐空间的同一位置,从而使在输入空间非线性可分的 4 个样本点映射到隐空间后成为线性可分,因而由输出层节点确定的分类判决界可将映射到隐空间的两类样本分开。

3.5 本章小结

本章介绍了由线性阈值单元组成的单层感知器。在感知器研究中首次提出了自组织、自学习的思想,而且对所能解决的问题存在着收敛算法,并能从数学上严格证明,因而对神经网络的研究起了重要推动作用。本章学习重点如下:

① 单层感知器可以解决线性可分样本的分类问题。如果输入样本线性可分，无论感知器的初始权向量如何取值，经过有限次调整后，总能够稳定到一个权向量，该权向量确定的超平面能将两类样本正确分开。

② 在感知器的输入层与输出层之间引入隐层作为输入模式的"内部表示"，即将单层感知器变成多层感知器。多层感知器可解决线性不可分的分类问题，感知器的每个隐节点可构成一个线性分类判决界，多个节点构成样本空间的凸域，输出节点可将凸域内外样本进行分类。

？思考与练习

3.1 考虑下面的分类问题：

$$\left\{\boldsymbol{X}^1 = \begin{bmatrix} 1 \\ -1 \end{bmatrix}, d^1=1\right\} \left\{\boldsymbol{X}^2 = \begin{bmatrix} 0 \\ 0 \end{bmatrix}, d^2=1\right\} \left\{\boldsymbol{X}^3 = \begin{bmatrix} -1 \\ 1 \end{bmatrix}, d^3=1\right\} \left\{\boldsymbol{X}^4 = \begin{bmatrix} 1 \\ 0 \end{bmatrix}, d^4=0\right\} \left\{\boldsymbol{X}^5 = \begin{bmatrix} 0 \\ 1 \end{bmatrix}, d^5=0\right\}$$

① 画出能求解此问题的单节点感知器结构图。

② 画出输入数据点的分布图，并根据目标值对其进行标记。

③ 给分类问题能否用单节点感知器求解。

3.2 请画出图 3.16 中三个简单分类问题的分类判决界，并求出相应的权值和阈值。

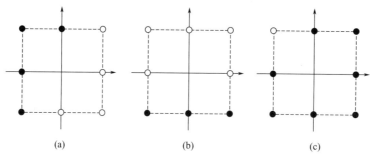

| (a) | (b) | (c) |

图 3.16 习题 3.2 附图

3.3 用感知器学习规则训练一分类器，算法中 $\eta=1$，初始权值 $\boldsymbol{W}=\boldsymbol{0}$，写出训练后的权值和阈值。训练样本如下：

1 类：$\boldsymbol{X}^1=(0.8,0.5,0)^{\mathrm{T}}$，$\boldsymbol{X}^2=(0.9,0.7,0.3)^{\mathrm{T}}$，$\boldsymbol{X}^3=(1,0.8,0.5)^{\mathrm{T}}$

2 类：$\boldsymbol{X}^4=(0,0.2,0.3)^{\mathrm{T}}$，$\boldsymbol{X}^5=(0.2,0.1,1.3)^{\mathrm{T}}$，$\boldsymbol{X}^6=(0.2,0.7,0.8)^{\mathrm{T}}$

3.4 用感知器学习规则对例 3.1 中的感知器进行训练，并考察该感知器对 8 个样本的分类情况。

3.5 已知以下样本分属于两类

1 类：$\boldsymbol{X}^1=(5,1)^{\mathrm{T}}$，$\boldsymbol{X}^2=(7,3)^{\mathrm{T}}$，$\boldsymbol{X}^3=(3,2)^{\mathrm{T}}$，$\boldsymbol{X}^4=(5,4)^{\mathrm{T}}$

2 类：$\boldsymbol{X}^5=(0,0)^{\mathrm{T}}$，$\boldsymbol{X}^6=(-1,-3)^{\mathrm{T}}$，$\boldsymbol{X}^7=(-2,3)^{\mathrm{T}}$，$\boldsymbol{X}^8=(-3,0)^{\mathrm{T}}$

① 判断两类样本是否线性可分；

② 试确定一直线，并使该线与两类样本重心连线相垂直；

③ 设计一单节点感知器，如用上述直线方程作为其分类判决方程 net=0，写出感知器的权值与阈值；

④ 用上述感知器对以下 3 个样本进行分类：

$$\boldsymbol{X}^1 = (4,2)^{\mathrm{T}}, \quad \boldsymbol{X}^2 = (0,5)^{\mathrm{T}}, \quad \boldsymbol{X}^3 = \left(\frac{36}{13},0\right)^{\mathrm{T}}$$

3.6　将下面定义的问题转换为由一组不等式约束的权值和阈值所定义的等价问题。

$$\left\{\boldsymbol{X}^1 = \begin{bmatrix} 0 \\ 2 \end{bmatrix}, d^1 = 1 \right\} \quad \left\{\boldsymbol{X}^2 = \begin{bmatrix} 1 \\ 0 \end{bmatrix}, d^2 = 1 \right\} \quad \left\{\boldsymbol{X}^3 = \begin{bmatrix} 0 \\ -2 \end{bmatrix}, d^3 = 0 \right\} \quad \left\{\boldsymbol{X}^4 = \begin{bmatrix} 2 \\ 0 \end{bmatrix}, d^4 = 0 \right\}$$

3.7　试设计一个单隐层感知器将图3.17所示的三角形凸域内外的样本分开。设凸域内样本的期望输出为1，凸域外样本的期望输出为0。

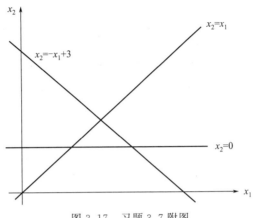

图3.17　习题3.7附图

3.8　试利用感知器学习规则训练本章例3.2中的感知器，使其能对4类样本正确分类。训练集为：

第一类：$\boldsymbol{X}^1 = \begin{bmatrix} 1 \\ 1 \end{bmatrix}, \boldsymbol{X}^2 = \begin{bmatrix} 1 \\ 2 \end{bmatrix}$ 　　　$\boldsymbol{d}^1 = \begin{bmatrix} 0 \\ 0 \end{bmatrix}, \boldsymbol{d}^2 = \begin{bmatrix} 0 \\ 0 \end{bmatrix}$

第二类：$\boldsymbol{X}^3 = \begin{bmatrix} 2 \\ -1 \end{bmatrix}, \boldsymbol{X}^4 = \begin{bmatrix} 2 \\ 2 \end{bmatrix}$ 　　　$\boldsymbol{d}^3 = \begin{bmatrix} 0 \\ 1 \end{bmatrix}, \boldsymbol{d}^4 = \begin{bmatrix} 0 \\ 1 \end{bmatrix}$

第三类：$\boldsymbol{X}^5 = \begin{bmatrix} -1 \\ 2 \end{bmatrix}, \boldsymbol{X}^6 = \begin{bmatrix} -2 \\ 1 \end{bmatrix}$ 　　　$\boldsymbol{d}^5 = \begin{bmatrix} 1 \\ 0 \end{bmatrix}, \boldsymbol{d}^6 = \begin{bmatrix} 1 \\ 0 \end{bmatrix}$

第四类：$\boldsymbol{X}^7 = \begin{bmatrix} -1 \\ -1 \end{bmatrix}, \boldsymbol{X}^8 = \begin{bmatrix} -2 \\ -2 \end{bmatrix}$ 　　　$\boldsymbol{d}^7 = \begin{bmatrix} 1 \\ 1 \end{bmatrix}, \boldsymbol{d}^8 = \begin{bmatrix} 1 \\ 1 \end{bmatrix}$

初始权值和阈值分别为：

$$\boldsymbol{W}(0) = \begin{bmatrix} 1 & 0 \\ 0 & 1 \end{bmatrix}, \boldsymbol{T}(0) = \begin{bmatrix} 1 \\ 1 \end{bmatrix}$$

训练结束后请将最终的分类判决边界画在输入平面上，并与图3.9中的结果进行比较。

3.9　下面给出的训练集由玩具兔和玩具熊组成。输入样本向量的第一个分量代表玩具的重量，第二个分量代表玩具耳朵的长度，教师信号为-1表示玩具兔，教师信号为1表示玩具熊。

$$\left\{\boldsymbol{X}^1 = \begin{bmatrix} 1 \\ 4 \end{bmatrix}, d^1 = -1 \right\} \quad \left\{\boldsymbol{X}^2 = \begin{bmatrix} 1 \\ 5 \end{bmatrix}, d^2 = -1 \right\} \quad \left\{\boldsymbol{X}^3 = \begin{bmatrix} 2 \\ 4 \end{bmatrix}, d^3 = -1 \right\} \quad \left\{\boldsymbol{X}^4 = \begin{bmatrix} 2 \\ 5 \end{bmatrix}, d^4 = -1 \right\}$$

$$\left\{\boldsymbol{X}^5 = \begin{bmatrix} 3 \\ 1 \end{bmatrix}, d^5 = 1 \right\} \quad \left\{\boldsymbol{X}^6 = \begin{bmatrix} 3 \\ 2 \end{bmatrix}, d^6 = 1 \right\} \quad \left\{\boldsymbol{X}^7 = \begin{bmatrix} 4 \\ 1 \end{bmatrix}, d^7 = 1 \right\} \quad \left\{\boldsymbol{X}^8 = \begin{bmatrix} 4 \\ 2 \end{bmatrix}, d^8 = 1 \right\}$$

① 训练一个感知器，求解此分类问题；

② 用输入样本对所训练的感知器进行验证。

3.10 单节点感知器如图 3.18 所示，$w_1=1$，$w_2=-1$，$T=0$。考虑模为 1 的分布在单位圆周的输入向量 $\boldsymbol{X}=(x_1,x_2)^{\mathrm{T}}$：

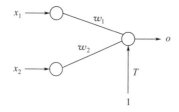

图 3.18 习题 3.10 附图

① 哪些输出向量与权向量得到正内积？哪些输出向量与权向量得到负内积？

② 从上述结果可以看出，该单节点感知器确定的分界线将输入平面对分为两半：一半对应于正内积样本，另一半对应于负内积样本。请画出对应于零内积的输入样本的轨迹。

③ 如果 $T=0.5$，结果将如何改变？

第4章 基于误差反传的多层感知器

感知器神经网络是一种典型的前馈神经网络，具有分层结构，信息从输入层进入网络，逐层向前传递至输出层。根据感知器神经元转移函数、隐层数以及权值调整规则的不同，可以形成具有各种功能特点的神经网络。

Minsky 和 Papert 在颇具影响的 *Perceptron* 一书中指出，简单的感知器只能求解线性问题，能够求解非线性问题的网络应具有隐层，但对隐层神经元的学习规则尚无所知。的确，多层感知器从理论上可解决线性不可分问题，但从前面介绍的感知器学习规则看，其权值调整量取决于感知器期望输出与实际输出之差，即 $\Delta W_j(t) = \eta[d_j - o_j(t)]X$。对于各隐层节点来说，不存在期望输出，因而该学习规则对隐层权值不适用。

前面已指出，含有隐层的多层感知器能大大提高网络的分类能力，但长期以来没有提出解决权值调整问题的有效算法。1986 年，Rumelhart 和 McCelland 领导的科学家小组在 *Parallel Distributed Processing* 一书中，对具有非线性连续转移函数的多层感知器的误差反向传播（error back proragation，BP）算法进行了详尽的分析，实现了 Minsky 关于多层网络的设想。由于多层感知器的训练经常采用误差反向传播算法，人们也常把多层感知器直接称为 BP 网络。

4.1 BP 网络模型与算法

BP 算法的基本思想是，学习过程由信号的正向传播与误差的反向传播两个过程组成。正向传播时，输入样本从输入层传入，经各隐层逐层处理后，传向输出层。若输出层的实际输出与期望的输出（教师信号）不符，则转入误差的反向传播阶段。误差反传是将输出误差以某种形式通过隐层向输入层逐层反传，并将误差分摊给各层的所有单元，从而获得各层单元的误差信号，此误差信号即作为修正各单元权值的依据。这种信号正向传播与误差反向传播的各层权值调整过程，是周而复始地进行的。权值不断调整的过程，也就是网络的学习训练过程。此过程一直进行到网络输出的误差减小到可接受的程度，或进行到预先设定的学习次数为止。

4.1.1 BP 网络模型

采用 BP 算法的多层感知器是至今为止应用最广泛的神经网络，在多层感知器的应用中，以图 4.1 所示的单隐层网络的应用最为普遍。一般习惯将单隐层感知器称为三层感知器，所谓三层包括了输入层、隐层和输出层。

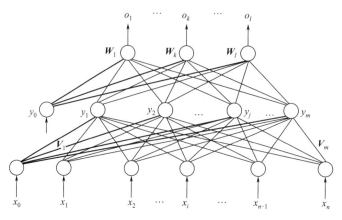

图 4.1　三层 BP 网

三层感知器中，输入向量为 $\boldsymbol{X}=(x_1,x_2,\cdots,x_i,\cdots,x_n)^{\mathrm{T}}$，图中 $x_0=-1$ 是为隐层神经元引入阈值而设置的；隐层输出向量为 $\boldsymbol{Y}=(y_1,y_2,\cdots,y_j,\cdots,y_m)^{\mathrm{T}}$，图中 $y_0=-1$ 是为输出层神经元引入阈值而设置的；输出层输出向量为 $\boldsymbol{O}=(o_1,o_2,\cdots,o_k,\cdots,o_l)^{\mathrm{T}}$；期望输出向量为 $\boldsymbol{d}=(d_1,d_2,\cdots,d_k,\cdots,d_l)^{\mathrm{T}}$。输入层到隐层之间的权值矩阵用 $\boldsymbol{V}$ 表示，$\boldsymbol{V}=(\boldsymbol{V}_1,\boldsymbol{V}_2,\cdots,\boldsymbol{V}_j,\cdots,\boldsymbol{V}_m)$，其中列向量 $\boldsymbol{V}_j$ 为隐层第 j 个神经元对应的权向量；隐层到输出层之间的权值矩阵用 $\boldsymbol{W}$ 表示，$\boldsymbol{W}=(\boldsymbol{W}_1,\boldsymbol{W}_2,\cdots,\boldsymbol{W}_k,\cdots,\boldsymbol{W}_l)$，其中列向量 $\boldsymbol{W}_k$ 为输出层第 k 个神经元对应的权向量。下面分析各层信号之间的数学关系。

对于输出层，有

$$o_k=f(\mathrm{net}_k) \qquad k=1,2,\cdots,l \tag{4.1}$$

$$\mathrm{net}_k=\sum_{j=0}^{m} w_{jk}y_j \qquad k=1,2,\cdots,l \tag{4.2}$$

对于隐层，有

$$y_j=f(\mathrm{net}_j) \qquad j=1,2,\cdots,m \tag{4.3}$$

$$\mathrm{net}_j=\sum_{i=0}^{n} v_{ij}x_i \qquad j=1,2,\cdots,m \tag{4.4}$$

以上两式中，转移函数 $f(x)$ 均为单极性 sigmoid 函数

$$f(x)=\frac{1}{1+\mathrm{e}^{-x}} \tag{4.5}$$

$f(x)$ 具有连续、可导的特点，且有

$$f'(x)=f(x)[1-f(x)] \tag{4.6}$$

根据应用需要，也可以采用双极性 sigmoid 函数（或称双曲线正切函数）

$$f(x)=\frac{1-\mathrm{e}^{-x}}{1+\mathrm{e}^{-x}}$$

式（4.1）～式（4.6）共同构成了三层感知器的数学模型。

4.1.2　BP 学习算法

下面以三层感知器为例介绍 BP 学习算法，然后将所得结论推广到一般多层感知器的情况。

4.1.2.1　网络误差定义与权值调整思路

当网络输出与期望输出不等时，存在输出误差 E，定义如下

$$E = \frac{1}{2}(\boldsymbol{d} - \boldsymbol{O})^2 \tag{4.7}$$

$$= \frac{1}{2}\sum_{k=1}^{l}(d_k - o_k)^2$$

将以上误差定义式展开至隐层，有

$$E = \frac{1}{2}\sum_{k=1}^{l}[d_k - f(\mathrm{net}_k)]^2 \tag{4.8}$$

$$= \frac{1}{2}\sum_{k=1}^{l}\Big[d_k - f\Big(\sum_{j=0}^{m}w_{jk}y_j\Big)\Big]^2$$

进一步展开至输入层，有

$$E = \frac{1}{2}\sum_{k=1}^{l}\Big\{d_k - f\Big[\sum_{j=0}^{m}w_{jk}f(\mathrm{net}_j)\Big]\Big\}^2 \tag{4.9}$$

$$= \frac{1}{2}\sum_{k=1}^{l}\Big\{d_k - f\Big[\sum_{j=0}^{m}w_{jk}f\Big(\sum_{i=0}^{n}v_{ij}x_i\Big)\Big]\Big\}^2$$

由上式可以看出，网络误差是各层权值 w_{jk}、v_{ij} 的函数，因此调整权值可改变误差 E（从最小化误差函数的角度看，误差函数也称为目标函数或代价函数）。

显然，调整权值的原则是使误差不断地减小，因此应使权值的调整量与误差的梯度下降成正比，即

$$\Delta w_{jk} = -\eta\frac{\partial E}{\partial w_{jk}} \qquad j=0,1,2,\cdots,m; k=1,2,\cdots,l \tag{4.10a}$$

$$\Delta v_{ij} = -\eta\frac{\partial E}{\partial v_{ij}} \qquad i=0,1,2,\cdots,n; j=1,2,\cdots,m \tag{4.10b}$$

式中，负号表示梯度下降；常数 $\eta\in(0,1)$ 表示比例系数，在训练中反映了学习速率。可以看出 BP 算法属于 δ 学习规则类，这类算法常被称为误差的梯度下降（gradient descent）算法。

4.1.2.2　BP 算法推导

式(4.10) 仅是对权值调整思路的数学表达，而不是具体的权值调整计算式。下面推导三层 BP 算法权值调整的计算式。事先约定，在全部推导过程中，对输出层均有 $j=0,1,2,\cdots,m$，$k=1,2,\cdots,l$；对隐层均有 $i=0,1,2,\cdots,n$，$j=1,2,\cdots,m$。

对于输出层，式(4.10a) 可写为

$$\Delta w_{jk} = -\eta\frac{\partial E}{\partial w_{jk}} = -\eta\frac{\partial E}{\partial \mathrm{net}_k}\times\frac{\partial \mathrm{net}_k}{\partial w_{jk}} \tag{4.11a}$$

对隐层，式(4.10b) 可写为

$$\Delta v_{ij} = -\eta\frac{\partial E}{\partial v_{ij}} = -\eta\frac{\partial E}{\partial \mathrm{net}_j}\times\frac{\partial \mathrm{net}_j}{\partial v_{ij}} \tag{4.11b}$$

对输出层和隐层各定义一个误差信号，令

$$\delta_k^o = -\frac{\partial E}{\partial \mathrm{net}_k} \tag{4.12a}$$

$$\delta_j^y = -\frac{\partial E}{\partial \mathrm{net}_j} \tag{4.12b}$$

综合应用式(4.2) 和式(4.12a)，可将式(4.11a) 的权值调整式改写为

$$\Delta w_{jk} = \eta \delta_k^o y_j \tag{4.13a}$$

综合应用式(4.4) 和式(4.12b)，可将式(4.11b) 的权值调整式改写为

$$\Delta v_{ij} = \eta \delta_j^y x_i \tag{4.13b}$$

可以看出，只要计算出式(4.13) 中的误差信号 δ_k^o 和 δ_j^y，权值调整量的计算推导即可完成。下面继续推导如何求 δ_k^o 和 δ_j^y。

对于输出层，δ_k^o 可展开为

$$\delta_k^o = -\frac{\partial E}{\partial \mathrm{net}_k} = -\frac{\partial E}{\partial o_k} \times \frac{\partial o_k}{\partial \mathrm{net}_k} = -\frac{\partial E}{\partial o_k} f'(\mathrm{net}_k) \tag{4.14a}$$

对于隐层，δ_j^y 可展开为

$$\delta_j^y = -\frac{\partial E}{\partial \mathrm{net}_j} = -\frac{\partial E}{\partial y_j} \times \frac{\partial y_j}{\partial \mathrm{net}_j} = -\frac{\partial E}{\partial y_j} f'(\mathrm{net}_j) \tag{4.14b}$$

下面求式(4.14) 中网络误差对各层输出的偏导。

对于输出层，利用式(4.7)，可得

$$\frac{\partial E}{\partial o_k} = -(d_k - o_k) \tag{4.15a}$$

对于隐层，利用式(4.8)，可得

$$\frac{\partial E}{\partial y_j} = -\sum_{k=1}^{l}(d_k - o_k) f'(\mathrm{net}_k) w_{jk} \tag{4.15b}$$

将以上结果代入式(4.14)，并应用式(4.6)，得

$$\delta_k^o = (d_k - o_k) o_k (1 - o_k) \tag{4.16a}$$

$$\delta_j^y = \left[\sum_{k=1}^{l}(d_k - o_k) f'(\mathrm{net}_k) w_{jk}\right] f'(\mathrm{net}_j) \tag{4.16b}$$

$$= \left(\sum_{k=1}^{l} \delta_k^o w_{jk}\right) y_j (1 - y_j)$$

至此两个误差信号的推导已完成，将式(4.16) 代回到式(4.13)，得到三层感知器的 BP 学习算法权值调整计算公式为

$$\begin{cases} \Delta w_{jk} = \eta \delta_k^o y_j = \eta(d_k - o_k) o_k (1 - o_k) y_j & (4.17a) \\ \Delta v_{ij} = \eta \delta_j^y x_i = \eta\left(\sum_{k=1}^{l} \delta_k^o w_{jk}\right) y_j (1 - y_j) x_i & (4.17b) \end{cases}$$

对于一般多层感知器，设共有 h 个隐层，按前向顺序各隐层节点数分别记为 m_1，m_2，$\cdots$，m_h，各隐层输出分别记为 y^1，y^2，$\cdots$，y^h，各层权值矩阵分别记为 $\boldsymbol{W}^1$，$\boldsymbol{W}^2$，$\cdots$，$\boldsymbol{W}^h$，$\boldsymbol{W}^{h+1}$，则各层权值调整计算公式为

输出层

$$\Delta w_{jk}^{h+1} = \eta \delta_k^{h+1} y_j^h = \eta(d_k - o_k) o_k (1 - o_k) y_j^h, \quad j = 0,1,2,\cdots,m_h; \ k = 1,2,\cdots,l$$

第 h 隐层

$$\Delta w_{ij}^h = \eta \delta_j^h y_i^{h-1} = \eta\left(\sum_{k=1}^{l} \delta_k^o w_{jk}^{h+1}\right) y_j^h (1 - y_j^h) y_i^{h-1}, \quad i = 0,1,2,\cdots,m_{h-1}; \ j = 1,2,\cdots,m_h$$

按以上规律逐层类推，则第一隐层权值调整计算公式

$$\Delta w_{pq}^1 = \eta \delta_q^1 x_p = \eta \Big(\sum_{r=1}^{m_2} \delta_r^2 w_{qr}^2 \Big) y_q^1 (1 - y_q^1) x_p \quad , p = 0, 1, 2, \cdots, n \,; j = 1, 2, \cdots, m_1$$

三层感知器的 BP 学习算法也可以写成向量形式

对于输出层，设 $\boldsymbol{Y} = (y_0, y_1, y_2, \cdots, y_j, \cdots, y_m)^{\mathrm{T}}$，$\boldsymbol{\delta}^o = (\delta_1^o, \delta_2^o, \cdots, \delta_k^o, \cdots, \delta_l^o)^{\mathrm{T}}$，则

$$\Delta \boldsymbol{W} = \eta (\boldsymbol{\delta}^o \boldsymbol{Y}^{\mathrm{T}})^{\mathrm{T}} \tag{4.18a}$$

对于隐层，设 $\boldsymbol{X} = (x_0, x_1, x_2, \cdots, x_i, \cdots, x_n)^{\mathrm{T}}$，$\boldsymbol{\delta}^y = (\delta_1^y, \delta_2^y, \cdots, \delta_j^y, \cdots, \delta_m^y)^{\mathrm{T}}$，则

$$\Delta \boldsymbol{V} = \eta (\boldsymbol{\delta}^y \boldsymbol{X}^{\mathrm{T}})^{\mathrm{T}} \tag{4.18b}$$

容易看出，BP 学习算法中，各层权值调整公式形式上都是一样的，均由 3 个因素决定，即：学习率 η、本层输出的误差信号 $\boldsymbol{\delta}$ 以及本层输入信号 $\boldsymbol{Y}$（或 $\boldsymbol{X}$）。其中输出层误差信号与网络的期望输出与实际输出之差有关，直接反映了输出误差，而各隐层的误差信号与前面各层的误差信号都有关，是从输出层开始逐层反传过来的。

4.1.2.3　BP 算法的信号流向

BP 算法的特点是信号的前向计算和误差的反向传播，图 4.2 清楚地表达了算法的信号流向特点。

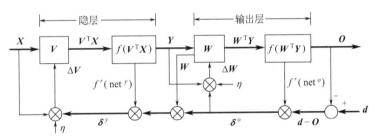

图 4.2　BP 算法的信号流向

由图中可以看出，前向过程是：输入信号 $\boldsymbol{X}$ 从输入层进入后，通过隐层各节点的内星权向量 $\boldsymbol{V}_j$ 得到该层的输出信号 $\boldsymbol{Y}$；该信号向前输入输出层，通过其各节点内星权向量 $\boldsymbol{W}_k$ 得到该层输出 $\boldsymbol{O}$。反向过程是：在输出层期望输出 $\boldsymbol{d}$ 与实际输出 $\boldsymbol{O}$ 相比较得到误差信号 $\boldsymbol{\delta}^o$，由此可计算出输出层权值的调整量；误差信号 $\boldsymbol{\delta}^o$ 通过隐层各节点的外星向量反传至隐层各节点，得到隐层的误差信号 $\boldsymbol{\delta}^y$，由此可计算出隐层权值的调整量。

4.2　BP 网络的能力与局限

4.2.1　BP 网络的主要能力

BP 网络是目前应用最多的神经网络，这主要归结于基于 BP 算法的多层感知器具有以下一些重要能力。

（1）非线性映射能力　BP 网络能学习和存储大量输入-输出模式映射关系，而无须事先了解描述这种映射关系的数学方程。只要能提供足够多的样本模式对供 BP 网络进行学习训练，它便能完成由 n 维输入空间到 m 维输出空间的非线性映射。在工程上及许多技术领域中经常遇到这样的问题：对某输入-输出系统已经积累了大量相关的输入-输出数据，但对其内部蕴含的规律仍未掌握，因此无法用数学方法来描述该规律。这一类问题的共同特点是：①难以得到解析解；②缺乏专家经验；③能够表示和转化为模式识别或非线性映射问题。对

于这类问题，多层感知器具有无可比拟的优势。

（2）泛化能力　BP 网络训练后将所提取的样本对中的非线性映射关系存储在权值矩阵中，在其后的工作阶段，当向网络输入训练时未曾见过的非样本数据时，网络也能完成由输入空间向输出空间的正确映射。这种能力称为多层感知器的泛化能力，它是衡量多层感知器性能优劣的一个重要能力。

（3）容错能力　BP 网络的魅力还在于，允许输入样本中带有较大的误差甚至个别错误。因为对权矩阵的调整过程也是从大量的样本对中提取统计特性的过程，反映正确规律的知识来自全体样本，个别样本中的误差不能左右对权矩阵的调整。

4.2.2　误差曲面与 BP 算法的局限性

BP 网络的误差是各层权值和输入样本对的函数，因而可表达为

$$E = F(\mathbf{X}^p, \mathbf{W}, \mathbf{V}, \mathbf{d}^p)$$

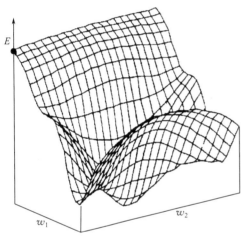

图 4.3　二维权空间的误差曲面

从式(4.9)可以看出，误差函数可调整参数的个数 n_w 等于各层权值数加上阈值数，即：$n_w = m \times (n+1) + l \times (m+1)$。所以，误差 E 是 $n_w + 1$ 维空间中一个形状极为复杂的曲面，该曲面上的每个点的"高度"对应于一个误差值，每个点的坐标向量对应着 n_w 个权值，因此称这样的空间为误差的权空间。为了直观描述误差曲面在权空间的起伏变化，图 4.3 给出二维权空间的误差曲面分布情况。通过这样一种简单的情况可以看出或想到，误差曲面的分布有以下两个特点。

（1）存在平坦区域　从图中可以看出，误差曲面上有些区域比较平坦，在这些区域中，误差的梯度变化很小，即使权值的调整量很大，误差仍然下降缓慢。造成这种情况的原因与各节点的净输入过大有关。以输出层为例，由误差梯度表达式知

$$\frac{\partial E}{\partial w_{ik}} = -\delta_k^o y_j$$

因此，误差梯度小意味着 δ_k^o 接近零。而从 δ_k^o 的表达式

$$\delta_k^o = (d_k - o_k) o_k (1 - o_k)$$

可以看出，δ_k^o 接近零有 3 种可能：第一种可能是 o_k 充分接近 d_k，此时对应着误差的某个谷点；第二种可能是 o_k 始终接近 0；第三种可能是 o_k 始终接近 1。在后两种情况下误差 E 可以是任意值，但梯度很小，这样误差曲面上就出现了平坦区。o_k 接近 0 或 1 的原因在于 sigmoid 转移函数具有饱和特性，当净输入（即转移函数的自变量）的绝对值 $\left| \sum_{j=0}^{m} w_{jk} y_j \right| > 3$ 时，o_k 将处于接近 1 或 0 的饱和区内，此时对权值的变化不太敏感。BP 算法是严格遵从误差梯度降的原则调整权值的，训练进入平坦区后，尽管 $d_k - o_k$ 仍然很大，但由于误差梯度小而使权值调整力度减小，训练只能以增加迭代次数为代价缓慢进行。只要调整方向正确，调整时间足够长，总可以退出平坦区而进入某个谷点。

（2）存在多个极小点　二维权空间的误差曲面像一片连绵起伏的山脉，其低凹部分就是误差函数的极小点。可以想象，高维权空间的误差曲面"山势"会更加复杂，因而会有更多的极小点。多数极小点都是局部极小，即使是全局极小往往也不是唯一的，但其特点都是误差梯度为零。误差曲面的这一特点使以误差梯度降为权值调整依据的 BP 算法无法辨别极小点的性质，因而训练经常陷入某个局部极小点而不能自拔。图 4.4 以单权值调整为例描述了局部极小问题。

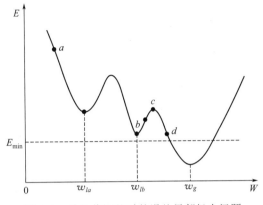

图 4.4　单权值调整时的误差局部极小问题

误差曲面的平坦区域会使训练次数大大增加，从而影响了收敛速度；而误差曲面的多极小点会使训练陷入局部极小，从而使训练无法收敛于给定误差。以上两个问题都是 BP 算法的固有缺陷，其根源在于其基于误差梯度降的权值调整原则每一步求解都取局部最优［该调整原则即所谓贪心（greedy）算法的原则］。此外，对于较复杂的多层感知器，标准 BP 算法能否收敛是无法预知的，因为训练最终进入局部极小还是全局极小与网络权值的初始状态有关，而初始权值是随机确定的。

4.3　基于 Python 的 BP 算法实现

4.3.1　BP 算法流程

前面推导出的算法是 BP 算法的基础，称为标准 BP 算法。由于目前神经网络的实现仍以软件编程为主，下面介绍标准 BP 算法的编程步骤。

（1）初始化　对权值矩阵 $\boldsymbol{W}$、$\boldsymbol{V}$ 赋随机数，将样本模式计数器 p 和训练次数计数器 q 置为 1，误差 E 置 0，学习率 η 设为（0,1］区间内的小数，网络训练后达到的精度 $E_{\min}$ 设为一正的小数；

（2）输入训练样本对，计算各层输出　用当前样本 $\boldsymbol{X}^p$、$\boldsymbol{d}^p$ 对向量数组 $\boldsymbol{X}$、$\boldsymbol{d}$ 赋值，用式（4.3）和式（4.1）计算 $\boldsymbol{Y}$ 和 $\boldsymbol{O}$ 中各分量；

（3）计算网络输出误差　设共有 P 对训练样本，网络对于不同的样本具有不同的误差 $E^p = \sqrt{\sum_{k=1}^{l} (d_k^p - o_k^p)^2}$，可将全部样本输出误差的平方 $(E^p)^2$ 进行累加再开方，作为总输出误差，也可用诸误差中的最大者 $E_{\max}$ 代表网络的总输出误差，实验中更多采用均方根误差 $E_{\mathrm{RME}} = \sqrt{\dfrac{1}{P} \sum_{p-1}^{P} (E^p)^2}$ 作为网络的总误差；

（4）计算各层误差信号　应用式（4.16a）和式（4.16b）计算 δ_k^o 和 δ_j^y；

（5）调整各层权值　应用式（4.17a）和式（4.17b）计算 $\Delta \boldsymbol{W}$、$\Delta \boldsymbol{V}$ 中各分量；

（6）检查是否对所有样本完成一次轮训　若 $p < P$，计数器 p、q 增 1，返回步骤（2），否则转步骤（7）；

（7）检查网络总误差是否达到精度要求　　例如，当用 E_{RME} 作为网络的总误差时，若满足 $E_{RME}<E_{min}$，训练结束，否则 E 置 0，p 置 1，返回步骤（2）。

标准 BP 算法流程如图 4.5 所示。

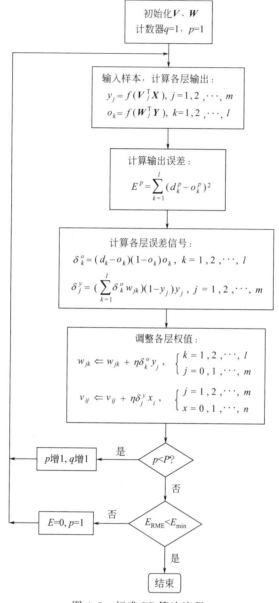

图 4.5　标准 BP 算法流程

目前在实际应用中有两种权值调整方法。从以上步骤可以看出，在标准 BP 算法中，每输入一个样本，都要回传误差并调整权值，这种对每个样本轮训的权值调整方法又称为单样本训练。单样本训练遵循的是只顾眼前的"本位主义"原则，只针对每个样本产生的误差进行调整，难免顾此失彼，使整个训练的次数增加，导致收敛速度过慢。另一种方法是在所有样本输入之后，计算网络的总误差 $E_{总}$

$$E_{总} = \frac{1}{2}\sum_{p=1}^{P}\sum_{k=1}^{l}(d_k^p - o_k^p)^2 \tag{4.19}$$

然后根据总误差计算各层的误差信号并调整权值，这种累积误差的批处理方式称为批（batch）训练或周期（epoch）训练。由于批训练遵循了以减小全局误差为目标的"集体主义"原则，因而可以保证总误差向减小方向变化。在样本数较多时，批训练比单样本训练时的收敛速度快。批训练流程参见图 4.6。

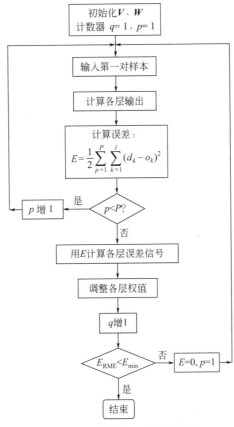

图 4.6 批训练 BP 算法流程

4.3.2 基于 Python 的 BP 算法实现

根据 2.6 节的介绍，一个神经网络的计算机程序实现途径是：用合适的数据类型存储输入、输出、权值参数等变量以描述网络结构，用算术式所建立的数学关系表征网络节点的连接情况，网络的训练过程则是用循环结构实现权值参数的迭代调整。目前大多数程序都是采用面向对象的方式实现。

4.3.2.1 面向过程的 BP 算法程序实现

本节将基于 Python 语言，首先介绍如何用面向过程的程序设计方法实现标准的 BP 算法，之后的程序大多采用面向对象的实现方法。标准 BP 算法的实现包括 5 个部分：

① 初始化网络。

② 前向传播。

③ 计算反向传播误差。

④ 训练网络。

⑤ 预测。

（1）BP 网络的初始化　　BP 网络的初始化包括输入层、隐层和输出层节点以及权值参数的初始化等。这里将 BP 网络设计为一个嵌套列表的数据结构，保持一定的封装性（如果采用类进行设计会更加直观，后续介绍）。整个网络视为由隐层权值和输出层权值组成的列表，每一层的权值参数为一个字典列表，即：

$$network = [元素 1, 元素 2]$$

元素 1：是一个列表类型，存储输入层到隐层节点的权值参数（含偏置）[元素 a1, 元素 b1, …, 元素 n1]，每个元素是一个字典。

元素 2：是一个列表类型，存储隐层到输出节点的权值参数（含偏置）[元素 a2, 元素 b2, …, 元素 n2]，每个元素是一个字典。

按照以上方式进行存储，若一个网络可以表达为如下形式：

$$network = [[\{'weights':[0.5, 0.9, 0.8]\}, \{'weights':[0.9, 0.6, 0.3]\},$$
$$\{'weights':[0.5, 0.4\ 0.2]\}], [\{'weights':[0.4, 0.5, 0.6, 0.8]\}]]$$

则表明网络有 2 个输入节点，3 个隐层节点（元素 1 有三个子项），1 个输出节点（元素 2 有 1 个子项），是一个 2-3-1 的结构。下面给出一个通用的程序定义，定义一个函数 initialize_network() 对网络进行初始化，其中 n_inputs，n_hidden，n_outputs 分别代表输入层、隐层和输出层的节点个数，network 代表 BP 网络。

```python
# Initialize a network
def initialize_network(n_inputs, n_hidden, n_outputs):
    network = list()
    hidden_layer = [{'weights':[random() for i in range(n_inputs + 1)]}
for i in range(n_hidden)]
    network.append(hidden_layer)
    output_layer = [{'weights':[random() for i in range(n_hidden + 1)]}
for i in range(n_outputs)]
    network.append(output_layer)
    return network
```

（2）前向传播　　根据 BP 算法，前向传播计算可以拆分为三部分，分别用三个函数实现，一是计算净输入 activation()，二是实现转移函数 transfer()，三是计算输出 forward_propagate()。

activate() 函数是权值参数 inputs 和输入 inputs 的加权求和，计算净输入 activation。

```python
# Calculate neuron activation for an input
def activate(weights, inputs):
    activation = weights[-1]
    for i in range(len(weights)-1):
        activation += weights[i] * inputs[i]
    return activation
```

transfer() 函数是实现转移函数（例如 sigmoid 函数），即净输入 activation 通过转移函数后的输出。

```
# Transfer neuron activation
def transfer(activation):
    return 1.0 / (1.0 + exp(-activation))
```

forward_propagate()函数就是利用前两个函数计算净输入 activation 后，通过转移函数 transfer 来计算每一层神经元的输出 neuron['output']，并作为下一层的输入 new_inputs。

```
# Forward propagate input to a network output
def forward_propagate(network, row):
    inputs = row
    for layer in network:
        new_inputs = []
        for neuron in layer:
            activation = activate(neuron['weights'], inputs)
            neuron['output'] = transfer(activation)
            new_inputs.append(neuron['output'])
        inputs = new_inputs
    return inputs
```

（3）误差反传 误差反传算法需要计算预期输出和从网络传播的输出之间的误差，并将这个误差传到隐层以调节权值参数，用函数 backward_propagate_error()实现，其中计算传递函数的导数用 transfer_derivative()实现。

```
# Calculate the derivative of an neuron output
def transfer_derivative(output):
    return output * (1.0 - output)
# Backpropagate error and store in neurons
def backward_propagate_error(network, expected):
    for i in reversed(range(len(network))):
        layer = network[i]
        errors = list()
        if i != len(network)-1:
            for j in range(len(layer)):
                error = 0.0
                for neuron in network[i + 1]:
                    error += (neuron['weights'][j] * neuron['delta'])
                errors.append(error)
        else:
            for j in range(len(layer)):
                neuron = layer[j]
                errors.append(expected[j] - neuron['output'])
        for j in range(len(layer)):
            neuron = layer[j]
            neuron['delta'] = errors[j] * transfer_derivative(neuron
['output'])
```

（4）训练　采用随机梯度下降方法，权值的调整为 weight＝weight＋learning_rate * error * input，learning_rate 为学习率，error 为隐层或输出层误差，input 为隐层或输出层的输入。下面定义 update_weights()实现权值的调整。

```python
# Update network weights with error
def update_weights(network, row, l_rate):
    for i in range(len(network)):
        inputs = row[:-1]
        if i != 0:
            inputs = [neuron['output'] for neuron in network[i - 1]]
        for neuron in network[i]:
            for j in range(len(inputs)):
                neuron['weights'][j] += l_rate * neuron['delta'] * inputs[j]
            neuron['weights'][-1] += l_rate * neuron['delta']
```

在此基础上，设计函数 train_network()实现迭代调整，这里采用的是每来一个样本就调整一次的方式，也可以通过累加误差来批量调节。

```python
# Train a network for a fixed number of epochs
def train_network(network, train, l_rate, n_epoch, n_outputs):
    for epoch in range(n_epoch):
        sum_error = 0
        for row in train:
            outputs = forward_propagate(network, row)
            expected = [0 for i in range(n_outputs)]
            expected[row[-1]] = 1
            sum_error += sum([(expected[i]-outputs[i])**2 for i in
range(len(expected))])
            backward_propagate_error(network, expected)
            update_weights(network, row, l_rate)
        print('>epoch=%d, lrate=%.3f, error=%.3f' % (epoch, l_rate,
sum_error))
```

（5）预测　当网络训练好之后就可以用它来进行预测，下面设计 predict()实现。

```python
# Make a prediction with a network
def predict(network, row):
    outputs = forward_propagate(network, row)
    return outputs.index(max(outputs))
```

这样一个完整的程序架构如下所示：

```python
from math import exp
from random import seed
from random import random
```

```
# 初始化网络
def initialize_network(n_inputs, n_hidden, n_outputs):（略）
# 计算净输入
def activate(weights, inputs):（略）
# 计算激活函数的输出
def transfer(activation):（略）
# 计算网络输出
def forward_propagate(network, row):（略）
# 计算导数
def transfer_derivative(output):（略）
# 反传误差
def backward_propagate_error(network, expected):（略）
# 更新权值
def update_weights(network, row, l_rate):（略）
# 训练网络
def train_network(network, train, l_rate, n_epoch, n_outputs):（略）
# 网络预测
def predict(network, row):（略）
```

下面是程序测试和应用：

```
seed(1)
dataset = [[2.7810836,2.550537003,0],
[1.465489372,2.362125076,0],
[3.396561688,4.400293529,0],
[1.38807019,1.850220317,0],
[3.06407232,3.005305973,0],
[7.627531214,2.759262235,1],
[5.332441248,2.088626775,1],
[6.922596716,1.77106367,1],
[8.675418651,-0.242068655,1],
[7.673756466,3.508563011,1]]
n_inputs = len(dataset[0]) - 1
n_outputs = len(set([row[-1] for row in dataset]))
network = initialize_network(n_inputs, 2, n_outputs)
train_network(network, dataset, 0.5, 20, n_outputs)
for layer in network:
print(layer)
for row in dataset:
prediction = predict(network, row)
print('Expected=%d, Got=%d' % (row[-1], prediction))
```

运行结果如下：

```
>epoch=0,  lrate=0.500,  error=6.350
>epoch=1,  lrate=0.500,  error=5.531
>epoch=2,  lrate=0.500,  error=5.221
>epoch=3,  lrate=0.500,  error=4.951
>epoch=4,  lrate=0.500,  error=4.519
>epoch=5,  lrate=0.500,  error=4.173
>epoch=6,  lrate=0.500,  error=3.835
>epoch=7,  lrate=0.500,  error=3.506
>epoch=8,  lrate=0.500,  error=3.192
>epoch=9,  lrate=0.500,  error=2.898
>epoch=10,  lrate=0.500,  error=2.626
>epoch=11,  lrate=0.500,  error=2.377
>epoch=12,  lrate=0.500,  error=2.153
>epoch=13,  lrate=0.500,  error=1.953
>epoch=14,  lrate=0.500,  error=1.774
>epoch=15,  lrate=0.500,  error=1.614
>epoch=16,  lrate=0.500,  error=1.472
>epoch=17,  lrate=0.500,  error=1.346
>epoch=18,  lrate=0.500,  error=1.233
>epoch=19,  lrate=0.500,  error=1.132
[[{'weights': [-1.4688375095432327, 1.850887325439514, 1.0858178629550297], 'output': 0.029980305604426185, 'delta':
-0.0059546604162323625}, {'weights': [0.37711098142462157, -0.0625909894552989, 0.2765123702642716], 'output': 0.945
6229000211323, 'delta': 0.0026279652850863837}]
[[{'weights': [2.515394649397849, -0.3391927502445985, -0.9671565426390275], 'output': 0.23648794202357587, 'delta':
-0.0427005927836587}, {'weights': [-2.5584149848484263, 1.0036422106209202, 0.42383086467582715], 'output': 0.77905
35202438367, 'delta': 0.03803132596437354}]]
Expected=0, Got=0
Expected=0, Got=0
Expected=0, Got=0
Expected=0, Got=0
Expected=1, Got=1
Expected=1, Got=1
Expected=1, Got=1
Expected=1, Got=1
>>>|
```

程序结果中给出了运行状态，权值参数调整的结果，并给出预测值。

4.3.2.2　基于面向对象的 BP 算法实现

面向过程的方法程序结构简单，但为了程序的封装和可重用，目前大多数的神经网络程序包采用面向对象的设计方法，将神经网络封装成一个类。以下给出一个范例，该程序将 BP 网络设计为一个类，并设计相应的函数。

如图 4.7 所示，BP 网络设计为一个名为 NeuralNetwork 的类，在类中设计初始化函数 _init_()、权值初始化函数 create_weight_matrices()、训练函数 train() 和预测函数 run()，并在类外设计一些辅助函数如激活函数 sigmoid() 以及归一化函数 truncated_normal()，基本代码如下：

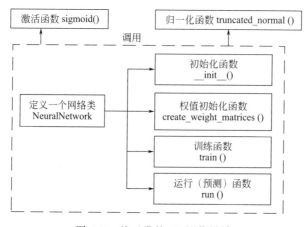

图 4.7　基于类的 BP 网络设计

```
def sigmoid(x): (代码略)
def truncated_normal(mean=0, sd=1, low=0, upp=10): (代码略)
class NeuralNetwork:
    def __init__(self,
                 no_of_in_nodes,
                 no_of_out_nodes,
                 no_of_hidden_nodes,
                 learning_rate):
        self.no_of_in_nodes = no_of_in_nodes
        self.no_of_out_nodes = no_of_out_nodes
        self.no_of_hidden_nodes = no_of_hidden_nodes
        self.learning_rate = learning_rate
        self.create_weight_matrices()

    def create_weight_matrices(self): (代码略)
    def train(self, input_vector, target_vector): (代码略)
    def run(self, input_vector): (代码略)
```

4.3.2.3　基于 Scikit-learn 的 BP 网络实现

另外，在许多软件包中也已经编写好相应的库函数或类，可以直接调用，此时无须编写 BP 网络的实现函数或类，只需要直接调用即可。首先安装 sklearn 包，然后从 sklearn.neural_network 导入 MLPClassifier（用于分类）或者 MLPRegressor（用于回归分析），然后输入训练样本对 **X** 和 **y**，然后生成一个具体的多层前馈网络 clf，设定相应的参数，通过 fit()函数进行网络训练，训练完毕后，采用 predict()函数进行预测。

```
from sklearn.neural_network import MLPClassifier
#输入样本对（X,y），可对应 3 个输入节点，2 个输出节点
X = [[0., 0.,1], [1., 1.,2]]
y = [[0, 1], [1, 1]]
"""
设计 BP 网络，hidden_layer_sizes 可以设计为单层和多层，例如(15,)为单层 15 个神经元，#（15,3）为双隐层
"""
clf = MLPClassifier(solver='lbfgs', alpha=1e-5,hidden_layer_sizes=(15,),
random_state=1)
#训练网络
clf.fit(X, y)
#预测输出
clf.predict([[1., 2.,2]])
clf.predict([[0., 0.,0]])
#查看网络结构 coef.shape
[coef.shape for coef in clf.coefs_]
```

运行结果：

```
>>> clf
MLPClassifier(activation='relu', alpha=1e-05, batch_size='auto', beta_1=0.9,
        beta_2=0.999, early_stopping=False, epsilon=1e-08,
        hidden_layer_sizes=(15,), learning_rate='constant',
        learning_rate_init=0.001, max_iter=200, momentum=0.9,
        n_iter_no_change=10, nesterovs_momentum=True, power_t=0.5,
        random_state=1, shuffle=True, solver='lbfgs', tol=0.0001,
        validation_fraction=0.1, verbose=False, warm_start=False)
>>> clf.predict([[1., 2.,2]])
array([[1, 1]])
>>> clf.predict([[0., 0.,0]])
array([[0, 1]])
>>> [coef.shape for coef in clf.coefs_]
[(3, 15), (15, 2)]
```

4.4 BP算法的改进

将 BP 算法用于具有非线性转移函数的三层感知器，可以以任意精度逼近任何非线性函数，这一非凡优势使多层感知器得到越来越广泛的应用。然而标准的 BP 算法在应用中暴露出不少内在的缺陷：

① 易形成局部极小而得不到全局最优；

② 训练次数多使得学习效率低，收敛速度慢；

③ 隐节点的选取缺乏理论指导；

④ 训练时学习新样本有遗忘旧样本的趋势。

针对上述问题，国内外已提出不少有效的改进算法，下面仅介绍其中 3 种较常用的方法。

4.4.1 增加动量项

一些学者于 1986 年提出，标准 BP 算法在调整权值时，只按 t 时刻误差的梯度降方向调整，而没有考虑 t 时刻以前的梯度方向，从而常使训练过程发生振荡，收敛缓慢。为了提高网络的训练速度，可以在权值调整公式中增加一动量项。若用 W 代表某层权矩阵，X 代表某层输入向量，则含有动量项的权值调整向量表达式为

$$\Delta W(t) = \eta \delta X + \alpha \Delta W(t-1) \tag{4.20}$$

可以看出，增加动量项即从前一次权值调整量中取出一部分叠加到本次权值调整量中，α 称为动量系数，一般有 $\alpha \in (0,1)$。动量项反映了以前积累的调整经验，对于 t 时刻的调整起阻尼作用。当误差曲面出现骤然起伏时，可减小振荡趋势，提高训练速度。目前，BP 算法中都增加了动量项，有动量项的 BP 算法成为一种新的标准算法。

4.4.2 自适应调节学习率

学习率 η 也称为步长，在标准 BP 算法中定为常数，然而在实际应用中，很难确定一个从始至终都合适的最佳学习率。从误差曲面可以看出，在平坦区域内 η 太小会使训练次数增加，因而希望增大 η 值；而在误差变化剧烈的区域，η 太大会因调整量过大而跨过较窄的"坑凹"处，使训练出现振荡，反而使迭代次数增加。为了加速收敛过程，一个较好的思路是自适应改变学习率，使其该大时增大，该小时减小。

改变学习率的办法很多，其目的都是使其在整个训练过程中得到合理调节。这里介绍其中一种方法：

设一初始学习率，若经过一批次权值调整后使总误差 $E_{总}$ ↑，则本次调整无效，且 $\eta(t+1)=\beta\eta(t)(\beta<0)$；若经过一批次权值调整后使总误差 $E_{总}$ ↓，则本次调整有效，且 $\eta(t+1)=\theta\eta(t)(\theta>0)$。

4.4.3 引入陡度因子

前面的分析指出，误差曲面上存在着平坦区域。权值调整进入平坦区的原因是神经元输出进入了转移函数的饱和区。如果在调整进入平坦区后，设法压缩神经元的净输入，使其输出退出转移函数的饱和区，就可以改变误差函数的形状，从而使调整脱离平坦区。实现这一思路的具体做法是，在原转移函数中引入一个陡度因子 λ

$$o_k=\frac{1}{1+\mathrm{e}^{-\mathrm{net}_k/\lambda}} \tag{4.21}$$

当发现 ΔE 接近零而 d_k-o_k 仍较大时，可判断已进入平坦区，此时令 $\lambda>1$；当退出平坦区后，再令 $\lambda=1$。从图 4.8 可以看出，当 $\lambda>1$ 时，net_k 坐标压缩了 λ 倍，神经元转移函数曲线的敏感区段变长，从而可使绝对值较大的 net_k 退出饱和值。当 $\lambda=1$ 时，转移函数恢复原状，对较小的 net_k 具有较高的灵敏度。应用结果表明该方法对于提高 BP 算法的收敛速度十分有效。

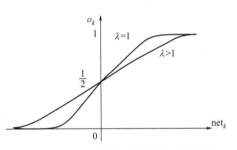

图 4.8　net_k 压缩前后的转移函数曲线

4.5　BP 网络设计基础

尽管神经网络的研究与应用已经取得巨大的成功，但是在网络的开发设计方面至今还没有一套完善的理论作为指导。应用中采用的主要设计方法是：在充分了解待解决问题的基础上将经验与试探相结合，通过多次改进性试验，最终选出一个较好的设计方案。许多人原以为只要掌握了几种神经网络的结构和算法，就能直接应用了，但真正用神经网络解决问题时才会发现，应用原来不是那么简单。为帮助读者在神经网络应用方面尽快入门，本节介绍多层感知器开发设计中常用的基本方法与实用技术，其中关于数据准备等内容设计的原则与方法也适合于后面将要介绍的其它网络。

4.5.1 网络信息容量与训练样本数

多层感知器的分类能力与网络信息容量相关。如用网络的权值和阈值总数 n_{W} 表征网络信息容量，研究表明，训练样本数 P 与给定的训练误差 ε 之间应满足以下匹配关系

$$P\approx\frac{n_{\mathrm{W}}}{\varepsilon}$$

上式表明网络的信息容量与训练样本数之间存在着合理匹配关系。在解决实际问题时，训练样本数常常难以满足以上要求。对于确定的样本数，网络参数太少则不足以表达样本中

蕴含的全部规律，而网络参数太多则由于样本信息少而得不到充分训练。因此，当实际问题不能提供较多的训练样本时，必须设法减少样本维数，从而降低 n_W。

4.5.2 训练样本集的准备

训练数据的准备工作是网络设计与训练的基础，数据选择的科学合理性以及数据表示的合理性对于网络设计具有极为重要的影响。数据准备包括原始数据的收集、数据分析、变量选择和数据预处理等诸多步骤，下面分几个方面介绍有关的知识。

4.5.2.1 输入输出量的选择

一个待建模系统的输入-输出就是神经网络的输入输出变量。这些变量可能是事先确定的，也可能不够明确，需要进行一番筛选。一般来讲，输出量代表系统要实现的功能目标，其选择确定相对容易一些，例如系统的性能指标、分类问题的类别归属、非线性函数的函数值等。输入量必须选择那些对输出影响大且能够检测或提取的变量，此外还要求各输入变量之间互不相关或相关性很小，这是输入量选择的两条基本原则。如果对某个变量是否适合作网络输入没有把握，可分别训练含有和不含有该输入的两个网络，对其效果进行对比。

从输入、输出量的性质来看，可分为两类：一类是数值变量，一类是语言变量。数值变量的值是数值确定的连续量或离散量。语言变量是用自然语言表示的概念，其"语言值"是用自然语言表示的事物的各种属性。例如，颜色、性别、规模等都是语言变量，其语言值可分别取为红、绿、蓝，男、女，大、中、小等。当选用语言变量作为网络的输入或输出变量时，需将其语言值转换为离散的数值量。

4.5.2.2 输入量的提取与表示

很多情况下，神经网络的输入量无法直接获得，常常需要用信号处理与特征提取技术从原始数据中提取能反映其特征的若干特征参数作为网络的输入。提取的方法与待解决的问题密切相关，下面仅讨论几种典型的情况。

（1）文字符号输入　在各类字符识别的应用中，均以字符为输入的原始对象。BP 网络的输入层不能直接接收字符输入，必须先对其进行编码，变成网络可接收的形式。下面举一个简单的例子进行说明。

【例 4.1】　识别英文字符 C、I、T。

如图 4.9 所示，将每个字符纳入 3×3 网格，用数字 1～9 表示网格的序号。设计一个具有 9 个分量的输入向量 $\boldsymbol{X}$，其中每一个分量的下标与网格的序号相对应，其取值为 1 或 0 代表网格内字符笔迹的有无。则代表 3 个字符样本的输入向量分别为：$\boldsymbol{X}^C = (111100111)^T$、$\boldsymbol{X}^I = (010010010)^T$ 和 $\boldsymbol{X}^T = (111010010)^T$，对应的期望输出应为：C 类、I 类和 T 类。关于输出量的表示稍后讨论。

图 4.9　字符的网格表示

当字符较复杂或要区分的类型较多时，网格数也需增加。此外，对于有笔锋的字符，可用 0～1 之间的小数表达其充满网格的情况，从而反映字符笔画在不同位置的粗细情况。

（2）曲线输入 多层感知器在模式识别类应用中常被用来识别各种设备输出的波形曲线，对于这类输入模式，常用的表示方法是提取波形在各区间分界点的值，以其作为网络输入向量的分量值。各输入分量的下标表示输入值在波形中的位置，因此分量的编号是严格有序的。

【例 4.2】 控制系统过渡过程曲线。

为了将图 4.10 的曲线表示为神经网络能接收的形式，将该过程按一定的时间间隔采样，整个过渡过程共采得 n 个样本值，于是某输入向量可表示为

$$\boldsymbol{X}^p = (x_1^p, x_2^p, \cdots, x_i^p, \cdots, x_n^p)^{\mathrm{T}} \qquad p = 1, 2, \cdots, P$$

其中，P 为网络要学习的曲线类型总数。

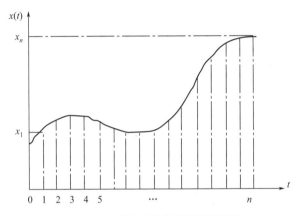

图 4.10 过渡过程曲线的区间划分

采样周期的大小应满足香农采样定理的要求，周期越小，对输入曲线的表达也越精确，但要求网络输入层节点数也越多。采样区间的划分也可以采用不等分的方法，对于曲线变化较大的部分或能提供重要信息的部分，可以将区间分得较细，而对于曲线较平缓的部分，可将区间放宽。

（3）函数自变量输入 用多层感知器建立系统的数学模型属于典型的非线性映射问题。一般当系统已有大量输入-输出数据对时，建模的目的是提取其中隐含的映射规则（即函数关系）。这类应用的输入表示比较简单，一般有几个输入量就设几个分量，1 个输入分量对应 1 个输入层节点。

【例 4.3】 用 BP 网络实现环境舒适程度测量。

舒适程度无法直接测量，该应用是利用 BP 网络进行多传感器数据融合，得出关于舒适程度的综合结果，属于多自变量函数的建模问题。影响环境舒适程度的变量有很多，可选温度、湿度、风向和风速等影响较大的参数作为输入量，这样网络的输入向量应有 4 个分量，各代表一个影响参数。显然，这种情况下，各分量具有不同的物理意义和量纲。

（4）图像输入 当需要对物体的图像进行识别时，很少直接将每个像素点的灰度值作为网络的输入。因为图像的像素点常数以万计，不适合作为网络的输入，而且难以从中提取有价值的输入-输出规律。在这类应用中，一般先根据识别的具体目的从图像中提取一些有用的特征参数，再根据这些参数对输入的贡献进行筛选，这种特征提取属于图像分析的范畴。

【例 4.4】 天然皮革的外观效果分类。

在真皮服装的制作中，要求做一件成衣所用的数张皮料外观效果一致。如用 BP 网络对

天然皮革的外观效果进行分类，不能直接用皮料图像作为网络输入量。在实际应用中，应用图像分析技术从皮革图像中提取了 6 个特征参数，其中 3 个参数描述其纹理特征，另外 3 个描述其颜色特征。一幅像素点为 150×150 的图像只用了 6 个输入分量便可描述其视觉特征。

4.5.2.3 输出量的表示

所谓输出量实际上是指为网络训练提供的期望输出，一个网络可以有多个输出变量，其表示方法通常比输入量容易得多，而且对网络的精度和训练时间影响也不大。输出量可以是数值变量，也可以是语言变量。对于数值类的输出量，可直接用数值量来表示，但由于网络实际输出只能是 0～1 或 −1～1 之间的数，所以需要将期望输出进行尺度变换处理，有关的方法在样本的预处理中介绍。下面介绍几种语言变量的表示方法。

（1）"n 中取 1"表示法 分类问题的输出变量多用语言变量类型，如质量可分为优、良、中、差 4 个类别。"n 中取 1"是令输出向量的分量数等于类别数，输入样本被判为哪一类，对应的输出分量取 1，其余 $n-1$ 个分量全取 0。例如，用 0001、0010、0100 和 1000 分别表示优、良、中、差 4 个类别。这种方法的优点是比较直观，当分类的类别数不是太多时经常采用。

（2）"$n-1$"表示法 上述方法中没有用到编码全为 0 的情况，如果用 $n-1$ 个全为 0 的输出向量表示某个类别，则可以节省一个输出节点。如上面提到的 4 个类别也可以用 000、001、010 和 100 表示。特别是当输出只有两种可能时，只用一个二进制数便可以表达清楚。如用 0 和 1 代表性别的男和女，考察结果的合格与不合格，性能的好和差等。

（3）数值表示法 二值分类只适于表示两类对立的分类，而对于有些渐近式的分类，可以将语言值转化为二值之间的数值表示。例如，质量的差与好可以用 0 和 1 表示，而较差和较好这样的渐近类别可用 0 和 1 之间的数值表示，如用 0.25 表示较差、0.5 表示中等、0.75 表示较好等。数值的选择要注意保持由小到大的渐近关系，并要根据实际意义拉开距离。

4.5.2.4 输入输出数据的预处理

（1）尺度变换 尺度变换也称归一化或标准化，是指通过变换处理将网络的输入、输出数据限制在［0，1］或［−1，1］区间内。进行尺度变换的主要原因有：①网络的各个输入数据常常具有不同的物理意义和不同的量纲，如某输入分量在 $0～1×10^5$ 范围内变化，而另一输入分量则在 $0～1×10^{-5}$ 范围内变化，尺度变换使所有分量都在 0～1 或 −1～1 之间变化，从而使网络训练一开始就给各输入分量以同等重要的地位；②BP 网络的神经元均采用 sigmoid 转移函数，变换后可防止因净输入的绝对值过大而使神经元输出饱和，继而使权值调整进入误差曲面的平坦区；③sigmoid 转移函数的输出在 0～1 或 −1～1 之间，作为教师信号的输出数据如不进行变换处理，势必使数值大的输出分量绝对误差大，数值小的输出分量绝对误差小，网络训练时只针对输出的总误差调整权值，其结果是在总误差中占份额小的输出分量相对误差较大，对输出量进行尺度变换后这个问题可迎刃而解。此外，当输入或输出向量的各分量量纲不同时，应对不同的分量在其取值范围内分别进行变换；当各分量物理意义相同且为同一量纲时，应在整个数据范围内确定最小值 x_{min} 和最大值 x_{max}，进行统一的变换处理。

将输入输出数据变换为［0，1］区间的值常用以下变换式

$$\bar{x}_i = \frac{x_i - x_{min}}{x_{max} - x_{min}} \tag{4.22}$$

式中，x_i 代表输入或输出数据；x_{min} 代表数据变化范围的最小值；x_{max} 代表数据变化范围的最大值。

将输入输出数据变换为 $[-1，1]$ 区间的值常用以下变换式

$$x_{mid} = \frac{x_{max} + x_{min}}{2}$$

$$\bar{x}_i = \frac{x_i - x_{mid}}{\frac{1}{2}(x_{max} - x_{min})} \tag{4.23}$$

式中，x_{mid} 代表数据变化范围的中间值。按上述方法变换后，处于中间值的原始数据转化为零，而最大值和最小值分别转换为 1 和 -1。当输入或输出向量中的某个分量取值过于密集时，对其进行以上预处理可将数据点拉开距离。

（2）分布变换 尺度变换是一种线性变换，当样本的分布不合理时，线性变换只能统一样本数据的变化范围，而不能改变其分布规律。适于网络训练的样本分布应比较均匀，相应的样本分布曲线应比较平坦。当样本分布不理想时，最常用的变换是对数变换，其它常用的还有平方根、立方根等。由于变换是非线性的，其结果不仅压缩了数据变化的范围，而且改善了其分布规律。

4.5.2.5 训练集的设计

网络的性能与训练用的样本密切相关，设计一个好的训练样本集既要注意样本规模，又要注意样本质量，下面讨论这两个问题。

（1）训练样本数的确定 一般来说训练样本数越多，训练结果越能正确反映其内在规律，但样本的收集整理往往受到客观条件的限制。此外，当样本数多到一定程度时，网络的精度也很难再提高，训练误差与样本数之间的关系如图 4.11 所示。实践表明，网络训练所需的样本数取决于输入-输出非线性映射关系的复杂程度，映射关系越复杂，样本中含的噪声越大，为保证一定映射精度所需要的样本数就越多，而且网络的规模也越大。因此，可以参考这样一个经验规则，即：训练样本数是网络连接权总数的 5～10 倍。

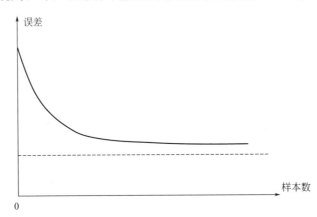

图 4.11 网络误差与训练样本数的关系

（2）样本的选择与组织 网络训练中提取的规律蕴含在样本中，因此样本一定要有代表性。样本的选择要注意样本类别的均衡，尽量使每个类别的样本数量大致相等。即使是同一类样本也要照顾样本的多样性与均匀性。按这种"平均主义"原则选择的样本能使网络在训

练时"见多识广",而且可以避免网络对样本数量多的类别"印象深",而对出现次数少的类别"印象浅"。样本的组织要注意将不同类别的样本交叉输入,或从训练集中随机选择输入样本。因为同类样本太集中会使网络训练时倾向于只建立与其匹配的映射关系,当另一类样本集中输入时,权值的调整又转向新的映射关系而将前面的训练结果否定。当各类样本轮流集中输入时,网络的训练会出现振荡使训练时间延长。

4.5.3 初始权值的设计

网络权值的初始化决定了网络的训练从误差曲面的哪一点开始,因此初始化方法对缩短网络的训练时间至关重要。神经元的转移函数都是关于零点对称的,如果每个节点的净输入均在零点附近,则其输出均处在转移函数的中点。这个位置不仅远离转移函数的两个饱和区,而且是其变化最灵敏的区域,必然使网络的学习速度较快。从净输入的表达式(2.5)可以看出,为了使各节点的初始净输入在零点附近,有两种办法可以采用。一种办法是使初始权值足够小;另一种办法是使初始值为+1和-1的权值数相等。应用中对隐层权值可采用第一种办法,而对输出层可采用第二种办法。因为从隐层权值调整公式(4.17b)来看,如果输出层权值太小,会使隐层权值在训练初期的调整量变小,因此采用第二种权值与净输入兼顾的办法。按以上方法设置的初始权值可使每个神经元一开始都工作在其转移函数变化最大的位置。

4.5.4 BP网络结构设计

网络的训练样本问题解决以后,网络的输入层节点数和输出层节点数便已确定。因此,BP网络的结构设计主要是解决设几个隐层和每个隐层设几个隐节点的问题。对于这类问题,不存在通用性的理论指导,但神经网络的设计者们通过大量的实践已经积累了不少经验,下面进行简要介绍以供读者借鉴。

4.5.4.1 隐层数的设计

理论分析证明,具有单隐层的感知器可以映射所有连续函数,只有当学习不连续函数(如锯齿波等)时,才需要两个隐层,所以BP网络最多只需两个隐层。在设计BP网络时,一般先考虑设一个隐层,当一个隐层的隐节点数很多仍不能改善网络性能时,才考虑再增加一个隐层。经验表明,采用两个隐层时,如在第一个隐层设置较多的隐节点而第二个隐层设置较少的隐节点,则有利于改善BP网络的性能。此外,对于有些实际问题,采用双隐层所需要的隐节点总数可能少于单隐层所需的隐节点数。所以,对于增加隐节点仍不能明显降低训练误差的情况,应该想到尝试一下增加隐层数。

4.5.4.2 隐节点数的设计

隐节点的作用是从样本中提取并存储其内在规律,每个隐节点有若干个权值,而每个权值都是增强网络映射能力的一个参数。隐节点数量太少,网络从样本中获取信息的能力就差,不足以概括和体现训练集中的样本规律;隐节点数量过多,又可能把样本中非规律性的内容如噪声等也学会记牢,从而出现所谓"过度吻合"问题,反而降低了泛化能力。此外隐节点数太多还会增加训练时间。

设置多少个隐节点取决于训练样本数的多少、样本噪声的大小以及样本中蕴含规律的复杂程度。一般来说,波动次数多、幅度变化大的复杂非线性函数要求网络具有较多的隐节点来增强其映射能力。

确定最佳隐节点数的一个常用方法称为试凑法，可先设置较少的隐节点训练网络，然后逐渐增加隐节点数，用同一样本集进行训练，从中确定网络误差最小时对应的隐节点数。在用试凑法时，可用一些确定隐节点数的经验公式。这些公式计算出来的隐节点数只是一种粗略的估计值，可作为试凑法的初始值。下面介绍几个公式

$$m = \sqrt{n+l} + \alpha \tag{4.24}$$

$$m = \log_2 n \tag{4.25}$$

$$m = \sqrt{nl} \tag{4.26}$$

式中，m 为隐层节点数；n 为输入层节点数；l 为输出节点数；α 为 1~10 之间的常数。

试凑法的另一种做法是先设置较多的隐节点，进行训练时采用以下误差代价函数

$$E_f = E_总 + \varepsilon \sum_{h,j,i} |w_{ij}^h| \quad h=1,2; \; j=1,2,\cdots,m; \; i=1,2,\cdots,n$$

式中，$E_总$ 为式(4.19) 所定义的网络输出误差的平方和，对于单隐层 BP 网，第二项中 n 表示输入层节点数，m 为隐层节点数，其作用相当于引入一个遗忘项，其目的是使训练后的连接权值尽量小。为此求 E_f 对 w_{ij}^h 的偏导为

$$\frac{\partial E_f}{\partial w_{ij}^h} = \frac{\partial E_总}{\partial w_{ij}^h} + \varepsilon \, \mathrm{sgn}(w_{ij}^h)$$

利用上式，仿照 4.1.2.2 小节的推导过程可得出相应的学习算法。根据该算法，在训练过程中影响小的权值将逐渐衰减到零，因此可以去掉相应的节点，最后保留下来的即为最佳隐节点数。

4.5.5 网络训练与测试

网络设计完成后，要应用设计值进行训练。训练时对所有样本正向运行一轮并反向修改权值一次称为一次训练。在训练过程中要反复使用样本集数据，但每一轮最好不要按固定的顺序取数据。通常训练一个网络需要成千上万次。

网络的性能好坏主要看其是否具有很好的泛化能力，而对泛化能力的测试不能用训练集的数据进行，而要用训练集以外的测试数据来进行检验。一般的做法是，将收集到的可用样本随机地分为两部分，一部分作为训练集，另一部分作为测试集。如果网络对训练集样本的误差很小，而对测试集样本的误差很大，说明网络已被训练得过度吻合，因此泛化能力很差。如用 ∗ 代表训练集数据，用○代表测试集数据，过度训练的极端情况下网络实现的是类似查表的功能，如图 4.12 所示。

在隐节点数一定的情况下，为获得好的泛化能力，存在着一个最佳训练次数 t_o。为了说明这个问题，训练时将训练与测试交替进行，每训练一次记录一个训练均方误差，然后保持网络权值不变，用测试数据正向运行网络，记录测试均方误差。利用两种误差数据可绘出图 4.13 中的两条均方误差随训练次数变化的曲线。

从误差曲线可以看出，在某一个训练次数 t_o 之前，随着训练次数的增加，两条误差曲线同时下降。当超过这个训练次数时，训练误差继续减小而测试误差则开始上升。因此，该训练次数 t_o 即为最佳训练次数，在此之前停止训练称为训练不足，在此之后则称为训练过度。

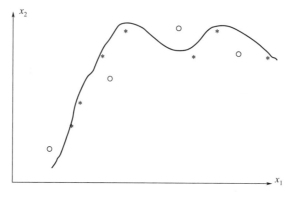

图 4.12　训练误差小而测试误差大

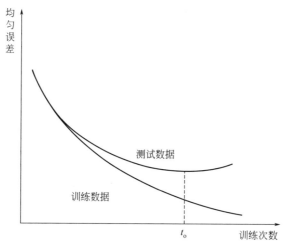

图 4.13　两种均方误差曲线

4.6　BP 网络应用与设计实例

采用 BP 算法的多层感知器网络是神经网络在各个领域中应用最广泛的一类网络，已经成功地解决了大量实际问题。本节介绍几例应用，通过了解例子中解决问题的思路可以进一步掌握应用 BP 网络解决实际问题的设计方法和技巧。

4.6.1　BP 网络用于催化剂配方建模

随着化工技术的发展，各种新型催化剂不断问世，在产品的研制过程中，需要制定优化指标并设法找出使指标达到最佳值的优化因素组合，因此属于典型的非线性优化问题。目前常用的方法是采用正交设计法安排实验，利用实验数据建立指标与因素间的回归方程，然后采用某种寻优法，求出优化配方与优化指标。这种方法的缺陷是数学模型粗糙，难以描述优化指标与各因素之间的非线性关系，以其为基础的寻优结果误差较大。

理论上已经证明，三层前馈神经网络可以任意精度逼近任意连续函数。本例采用 BP 神经网络对脂肪醇催化剂配方的实验数据进行学习，以训练后的网络作为数学模型映射配方与优化指标之间的复杂非线性关系，获得了较高的精度。网络设计方法与建模效果如下：

（1）网络结构设计与训练　　首先利用正交表安排实验，得到一批准确的实验数据作为神经网络的学习样本。根据配方的因素个数和优化指标的个数设计神经网络的结构，然后用实验数据对神经网络进行训练。完成训练之后的多层前馈神经网络，其输入与输出之间形成了一种能够映射配方与优化指标内在联系的连接关系，可作为仿真实验的数学模型。图4.14给出针对五因素、三指标配方的实验数据建立的三层前馈神经网络。5维输入向量与配方组成因素相对应，3维输出向量与三个待优化指标：脂肪酸甲酯转化率$TR\%$、脂肪醇产率$Y_{OH}\%$和脂肪醇选择性$S_{OH}\%$相对应。通过试验确定隐层结点数为4。正交表安排了18组实验，从而得到18对训练样本。训练时采用了式(4.22)中的改进BP算法。

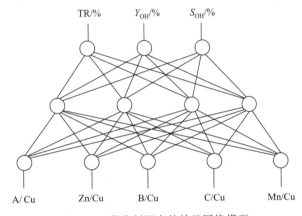

图 4.14　催化剂配方的神经网络模型

（2）BP网络模型与回归方程仿真结果的对比　　表4.1给出BP网络配方模型与回归方程建立的配方模型的仿真结果对比。其中回归方程为经二次多元逐步回归分析，在一定置信水平下经过F检验而确定的最优回归方程。从表中可以看出，采用BP算法训练的多层前馈神经网络具有较高的仿真精度。

表 4.1　催化剂配方的神经网络模型与回归方程模型输出结果对比

序号	A/Cu	Zn/Cu	B/Cu	C/Cu	Mn/Cu	$TR_1\%$	$TR_2\%$	$TR_3\%$	$Y_{OH1}\%$	$Y_{OH2}\%$	$Y_{OH3}\%$	$S_{OH1}\%$	$S_{OH2}\%$	$S_{OH3}\%$
1	0.0500	0.130	0.080	0.140	0.040	94.50	94.62	83.83	96.30	96.56	95.98	97.80	97.24	102.83
2	0.0650	0.070	0.120	0.160	0.020	88.05	88.05	92.43	75.50	75.97	76.50	86.50	86.67	79.65
3	0.0800	0.190	0.080	0.060	0.000	60.25	60.43	82.03	40.21	41.43	44.87	96.25	95.36	81.92
4	0.0950	0.110	0.060	0.160	0.040	93.05	93.11	94.31	97.31	96.29	105.11	99.30	99.39	103.08
5	0.1100	0.050	0.020	0.060	0.020	94.65	94.72	85.79	88.55	88.06	77.89	95.20	97.49	87.12
6	0.1250	0.170	0.000	0.140	0.020	96.05	95.96	97.08	95.50	96.69	105.43	99.50	99.52	104.71
7	0.1400	0.090	0.160	0.040	0.040	61.00	61.13	65.39	59.72	58.90	54.76	67.35	69.10	73.52
8	0.155	0.030	0.120	0.140	0.020	70.40	70.39	80.44	37.50	41.83	46.36	52.25	51.38	71.45
9	0.1700	0.150	0.100	0.040	0.000	83.30	83.32	70.22	82.85	82.48	59.50	99.20	96.53	74.30
10	0.0500	0.070	0.060	0.120	0.050	84.50	85.27	70.22	90.90	90.46	91.51	95.90	97.87	92.75

序号	A/Cu	Zn/Cu	B/Cu	C/Cu	Mn/Cu	TR_1 %	TR_2 %	TR_3 %	Y_{OH1} %	Y_{OH2} %	Y_{OH3} %	S_{OH1} %	S_{OH2} %	S_{OH3} %
11	0.0650	0.190	0.040	0.020	0.030	69.50	69.45	80.77	61.80	65.03	55.22	88.20	92.41	98.44
12	0.0800	0.130	0.000	0.120	0.010	94.55	94.60	94.75	97.60	95.74	92.44	103.40	97.93	101.65
13	0.095	0.050	0.160	0.020	0.050	70.95	69.51	92.88	62.54	60.40	52.50	60.10	62.63	68.12
14	0.110	0.170	0.140	0.100	0.030	87.20	87.16	78.64	91.00	89.19	76.92	103.60	99.36	92.22
15	0.125	0.110	0.100	0.100	0.010	64.20	64.08	69.59	58.30	59.12	54.02	58.90	60.22	72.50
16	0.140	0.030	0.080	0.100	0.050	86.15	86.15	82.40	75.65	61.43	29.93	86.50	78.07	79.28
17	0.155	0.150	0.040	0.100	0.030	77.15	77.17	75.23	71.90	71.72	83.94	91.80	91.74	94.23
18	0.170	0.090	0.020	0.080	0.010	96.05	96.00	87.05	94.60	94.62	94.61	98.00	99.12	90.35

注：表中，下标 1 表示实测结果，下标 2 表示神经网络输出结果，下标 3 表示回归方程计算结果。

4.6.2　BP 网络用于汽车变速器最佳挡位判定

汽车在不同状态参数下运行时，能获得最佳动力性与经济性的挡位称为最佳挡位。最佳挡位与汽车运行状态参数之间具有某种非线性关系，称为换挡规律。通常获得换挡规律有两种方法：一是通过学习优秀驾驶员的换挡经验，提取最佳换挡规律；二是根据汽车自动变速理论，在一定约束条件下按某种目标函数通过优化实验获取换挡规律。无论哪种方法，所获得的换挡规律都是离散数据，需要用各种数据处理的方法建立数学模型来表达蕴藏在其中的内在规律。在汽车运动状态的参数较多而要求挡位判定精度又较高的情况下，用传统的函数拟合等方法非常费事。

从神经网络角度看，汽车最佳换挡问题是一个十分简单的非线性分类问题。可以直接用过去积累的数据对 BP 网络进行离线训练，也可以让 BP 网络在线向优秀驾驶员学习。网络设计方法如下：

（1）输入输出设计　汽车运行状态参数包括车速 v、油门开度 α 和加速度 a 等三个参数，因此输入向量 X 有 3 个分量，分别代表 3 个状态参数。对应于汽车的 4 个挡位，输出层应设 4 个节点，网络输出的挡位信号可用 "n 中取 1" 法编码，即 1000 代表 1 挡，0100代表 2 挡，0010 代表 3 挡，0001 代表 4 挡。

（2）隐层设计　前已述及，BP 网络隐层及隐层节点数的设计与样本中蕴含规律的复杂程度相关。汽车运行状态参数与最佳挡位之间的规律是分段非线性的，为简单直观，图4.15 给出某车型的两参数换挡规律。由于图中换挡规律曲线不连续，BP 网络需要设两个隐层。通过试验比较，确定该 BP 网络各层节点数为 3-3-3-4。

4.6.3　BP 网络用于图像压缩编码

Ackley 和 Hinton 等人 1985 年提出了利用多层前馈神经网络的模式变换能力实现数据编码的基本思想。其原理是，把一组输入模式通过少量的隐层节点映射到一组输出模式，并使输出模式等同于输入模式。当中间隐层的节点数比输入模式维数少时，就意味着隐层能更有效地表达输入模式，并把这种表达传给输出层。在这个过程中，输入层和隐层的变换可以看成是压缩编码的过程，而隐层和输出层的变换可以看成是解码过程。

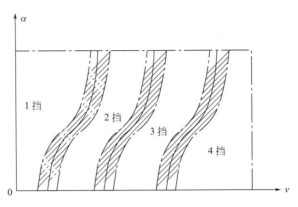

图 4.15　两参数换挡规律

用 BP 网络实现图像数据压缩时，只需一个隐层，网络结构如图 4.16 所示。输入层和输出层均含有 $n \times n$ 个神经元，每个神经元对应于 $n \times n$ 图像分块中的一个像素。隐层神经元的数量由图像压缩比决定，如 $n = 16$ 时，取隐层神经元数为 $m = 8$，则可将 256 像素的图像块压缩为 8 像素。设用于学习的图像有 $N \times N$ 个像素，训练时从中随机抽取 $n \times n$ 图像块作为训练样本，并使教师模式和输入模式相等。通过调整权值使训练集图像的重建误差达到最小。训练后的网络就可以用来执行图像的数据压缩任务了，此时隐层输出向量便是数据压缩结果，而输出层的输出向量便是图像重建的结果。

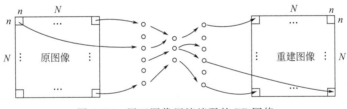

图 4.16　用于图像压缩编码的 BP 网络

4.6.4　BP 网络用于水库优化调度

对水库进行优化调度的目的是有效地利用水资源。其中一个重要问题是建立水库调度模型。常规的方法是选用广义线性函数作为调度函数，但由于选择基函数和求解系数方面的困难，求得的调度函数难以表达水库调度决策变量及其影响因子之间固有的复杂非线性关系。多层前馈神经网络作为调度函数，可以克服常规方法的缺陷，具有良好的应用前景。

水库群调度属于优化问题，其约束条件为时段发电量约束、保证供水量约束、水量平衡约束、渠道输水能力约束、变量可行域约束和弃水约束等。优化的目标函数是调度期供水量最大。

水库群选北方某严重缺水地区的 3 个并联供水水库。训练样本集的数据来自 1919～1984 年共 66 年的实测径流资料，将每年划分为 18 个时段，对应于每个时段设计一个神经网络，共 18 个网络，各获得 66 个训练样本。每个网络的输入层有 18 个神经元，分别对应于本时段和前两个时段 3 个水库的入库流量和库存水量。输出层有 3 个神经元，对应于 3 个水库的供水量。

训练后的网络作为水库群调度函数模型应用于该水库群 1985～1990 年联合调度模拟运行，较准确地反映出调度函数中因变量和自变量之间的非线性关系。表 4.2 列出 BP 网络模型与关联平衡（IBM）法所得结果的对比。

表 4.2 IBM 法和神经网络法（ANN 法）时段供水量对比

时段	A 库供水量		B 库供水量		C 库供水量	
	IBM 法	ANN 法	IBM 法	ANN 法	IBM 法	ANN 法
1.000	0.674	0.651	0.763	0.748	0.275	0.290
2.000	0.821	0.813	0.541	0.545	0.280	0.293
3.000	1.327	1.307	0.872	0.865	0.284	0.280
4.000	0.992	0.971	1.406	1.309	0.776	0.790
5.000	1.420	1.320	1.112	1.137	0.721	0.712
...	...	...	...	...	...	...
17.000	0.476	0.473	0.573	0.554	0.395	0.383
18.000	0.621	0.639	0.687	0.665	0.417	0.392

4.6.5 BP 网络用于证券预测

在证券预测研究中，常采用基本面分析和技术面分析两种方法。基本面分析是一种宏观分析法，重点考察影响证券走势的宏观因素、产业因素、市场因素及企业因素等最基本的因素；技术面分析是一种微观分析法，它使用技术手段分析证券市场交易数量和价格走势，从而预测证券市场行情变动趋势。传统的技术面分析方法多采用图表与指标作为工具，依靠主观判断及经验理论，很大程度降低了证券交易的可靠性。由于神经网络能够自动抽取数据集中的非线性关系并进行模拟，常用于分析类似于股价预测等多因素、不确定、非线性的时间序列数据。

下面简要介绍用 BP 算法预测证券指数短期变动趋势的一则实例。

（1）预测模型的设计 选取前日收盘价、前日成交量、昨日收盘价、昨日成交量、本日收盘价、本日成交量及与系统状态有关的两个指数 RSI 和 DMA 共 8 个参数作为网络的输入，明日收盘价作为网络的输出。采用 3 层感知器结构，经试验确定隐节点数为 4，网络结构为 8-4-1。初始权值利用随机函数生成。动量因子是 BP 算法改进后增加的参数，其值在（0，1）范围内取偏小值。转移函数中增加了调整参数 r

$$f(x,r)=\frac{1-\mathrm{e}^{-2rx}}{1+\mathrm{e}^{-2x}}$$

r 在每次运算时按以下规则进行调整

$$\Delta r=\eta\frac{\delta x}{r}$$

（2）预测模型实证分析 股票指数是股票市场总体的反映，对某年 4 月 11、12、15、16、17 日的上证指数进行预测。基于 BP 算法的预测模型预测结果与其它算法的预测结果如表 4.3 所示。BP 算法的预测结果比回归预测提高了 0.39%，比指数预测提高了 0.29%，比灰色预测提高了 0.13%。

表 4.3 BP 算法与传统算法的证券预测结果

日期	实际值	预测值			
		BP 网络	回归预测	指数预测	灰色预测
4 月 11 日	1649.53	1648.736	1622.38	1635.24	1633.52
4 月 12 日	1658.98	1654.430	1635.47	1647.55	1635.64
4 月 15 日	1649.50	1661.290	1673.25	1665.55	1662.35
4 月 16 日	1640.29	1657.046	1677.63	1671.63	1668.28
4 月 17 日	1644.40	1634.778	1679.83	1660.25	1667.56
平均相对误差/%		0.87	1.34	1.12	1.06
相对误差的标准差/%		0.67	0.95	0.92	0.87
最大相对误差/%		1.03	4.66	3.57	2.85

4.6.6 BP 网络用于信用评价模型及预警

利用 BP 网络建立神经网络信用评价模型，用来对我国 2000 年 106 家上市公司进行信用评级，并进一步对我国 2001 年公布的 13 家预亏公司进行预警研究。仿真结果表明，神经网络信用评价模型有很高的分类准确率，且有很强的适应能力，因而可以进一步用来对企业的财务危机进行预警研究。信用评价网络模型设计与应用效果如下。

（1）评价模型的设计　按照各上市公司的经营状况分为"好"和"差"两类，每一类由53 家上市公司构成数据样本。对于每家上市公司，考虑反映其经营状况的主要 4 个财务指标：每股收益、每股净资产、净资产收益率和每股现金流量，因此网络输入层设 4 个节点分别接收 4 个财务指标，输出层设 1 个节点以 1 或 0 表示经营状况评为"好"或"差"。定义第一类错误为将经营"差"的企业误判为经营"好"的企业，第二类错误为将经营"好"的企业误判为经营"差"的企业。由表 4.4 知，当隐层节点的个数为 4 时，误判率最低，故评价模型的网络结构为 4-4-1。在 106 个样本中，选择 32 家亏损企业和 31 家不亏损企业作为"好"和"差"两类的训练样本，其余 43 个样本作为测试样本。

表 4.4 训练样本的误判率

隐层节点数	训练样本集			
	第一类错误/个	第二类错误/个	总误判	
			个数	百分比/%
1	32	0	32	50.79
2	9	0	9	14.29
3	0	5	5	7.94
4	0	1	1	1.59
5	0	17	17	26.98
6	10	0	10	15.87
7	0	4	4	6.35
8	11	0	11	19.05

（2）评价模型的分类实证　对43个测试样本的第一类误判数为1，第二类误判数为0，因此测试样本集的分类准确率达到97.67%。总体106个样本的误判数为2，故该神经网络信用评价模型分类的准确率达到98.11%。

（3）评价模型的预警实证　利用所建立的BP网络信用评价模型对我国2001年公布的13家预亏企业进行预警实证分析。将13家企业的4项财务指标输入信用评价模型，其输出结果表明总误判率为0，预警准确率达到100%。

4.7　本章小结

本章介绍了基于误差反向传播算法的多层感知器，要点如下：

（1）标准BP算法　BP算法的实质是把一组输入输出问题转化为非线性映射问题，并通过梯度下降算法迭代求解权值。BP算法分为净输入前向计算和误差反向传播两个过程。网络训练时，两个过程交替出现直到网络的总误差达到预设精度。网络工作时各权值不再变化，对每一给定输入，网络通过前向计算给出输出响应。

（2）改进的BP算法　针对标准BP算法存在的缺陷提出许多改进算法。本章介绍了增加动量项法、变学习率法和引入陡度因子法。应用BP网络解决设计实际问题时，应尽量采用较成熟的改进算法。

（3）采用BP算法的多层前馈网络的设计　神经网络的设计涉及训练样本集设计、网络结构设计和训练与测试三个方面。训练样本集设计包括原始数据的收集整理、数据分析、变量选择、特征提取及数据预处理等多方面的工作。网络结构设计包括隐层数和隐层节点数的选择、初始权值（阈值）的选择等，目前尚缺乏理论指导，主要靠经验和试凑。训练与测试交替进行可找到一个最佳训练次数，以保证网络具有较好的泛化能力。

❓思考与练习

4.1　BP网络有哪些长处与缺陷？试各列举出三条。

4.2　什么是BP网络的泛化能力？如何保证BP网络具有较好的泛化能力？

4.3　BP网络擅长解决哪些问题？试举几例。

4.4　BP网络结构如图4.17所示，初始权值已标在图中。网络的输入模式为 $X = (-1, 1, 3)^T$，期望输出为 $d = (0.95, 0.05)^T$。试对单次训练过程进行分析，求出：

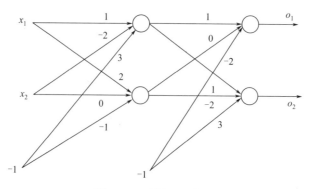

图4.17　习题4.4附图

① 隐层权值矩阵 $\boldsymbol{V}$ 和输出层权值矩阵 $\boldsymbol{W}$；

② 各层净输入和输出：net^y、$\boldsymbol{Y}$ 和 net^o、$\boldsymbol{O}$，其中上标 y 代表隐层，o 代表输出层；

③ 各层输出的一阶导数 $f'(\mathrm{net}^y)$ 和 $f'(\mathrm{net}^o)$；

④ 各层误差信号 $\boldsymbol{\delta}^o$ 和 $\boldsymbol{\delta}^y$；

⑤ 各层权值调整量 $\Delta\boldsymbol{V}$ 和 $\Delta\boldsymbol{W}$；

⑥ 调整后的权值矩阵 $\boldsymbol{V}$ 和 $\boldsymbol{W}$。

4.5 根据图 4.6 给出的流程图上机编程实现三层前馈神经网络的 BP 学习算法。要求程序具有以下功能：

① 允许选择各层节点数；

② 允许选用不同的学习率 η；

③ 能对权值进行初始化，初始化用 $[-1,1]$ 区间的随机数；

④ 允许选用单极性或双极性两种不同 sigmoid 型转移函数。

程序调试通过后，可用以下各题提供的数据进行训练。

4.6 设计一个神经网络字符分类器对图 4.18 中的英文字母进行分类。输入向量含 1 个分量，输出向量分别用 $(1,-1,-1)^\mathrm{T}$、$(-1,1,-1)^\mathrm{T}$ 和 $(-1,-1,1)^\mathrm{T}$ 代表字符 A、I 和 O。试用标准 BP 学习算法训练网络，训练时可选择不同的隐节点数及不同的学习率，对达到同一训练误差的训练次数进行对比。

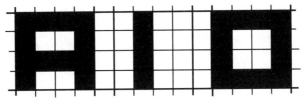

图 4.18 习题 4.6 附图

4.7 设计一个神经网络对图 4.19 中的 3 类线性不可分模式进行分类。期望输出向量分别用 $(1,-1,-1)^\mathrm{T}$、$(-1,1,-1)^\mathrm{T}$、$(-1,-1,1)^\mathrm{T}$ 代表 3 类，输入用样本坐标。要求：

① 选择合适的隐节点数；

② 用 BP 算法训练网络对图中 9 个样本进行正确分类。

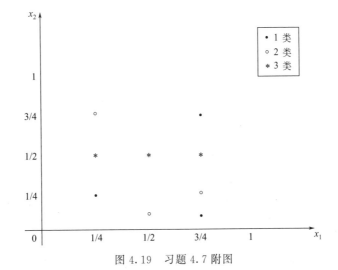

图 4.19 习题 4.7 附图

4.8 图 4.20 所示神经网络的功能是逼近某单变量 t 的连续函数。该网络使用双极性 S 型函数，具有 10 个隐节点和 1 个输出节点。训练后网络权值矩阵如下：

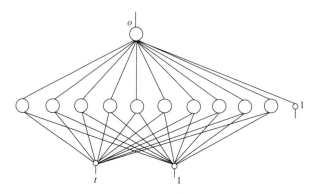

图 4.20 习题 4.8 附图

$$\boldsymbol{W}^{\mathrm{T}} = (-1.35 \quad 0.14 \quad 4.26 \quad 1.18 \quad -1.02 \quad 1.20 \quad 0.55 \quad 1.33 \quad -1.27 \quad -1.20 \quad 0.45)$$

$$\boldsymbol{V} = \begin{pmatrix} 1.12 & 2.46 & 6.11 & -1.08 & 0.96 & -1.03 & -0.58 & -1.11 & 1.13 & 1.05 \\ 0.36 & 0.27 & 0.09 & 0.28 & 0.24 & -0.29 & 0.12 & -0.34 & 0.05 & 0.06 \end{pmatrix}$$

试用 $-1 \leqslant t \leqslant 1$ 范围的输入数据测试该网络，指出其映射的是何种函数关系。

第5章 径向基函数神经网络

径向基函数（radial basis function，RBF）是一种函数值依赖于到某一中心点距离的实值函数。理解 RBF 网络的工作原理可从 2 种不同的观点出发：①当用 RBF 网络解决非线性映射问题时，用函数逼近与内插的观点来解释，对于其中存在的不适定（ill posed）问题，可用正则化理论来解决；②当用 RBF 网络解决复杂的模式分类任务时，用模式可分性观点来理解比较方便，其潜在合理性基于 Cover 关于模式可分的定理。本章主要阐述基于函数逼近与内插观点的工作原理。

5.1 基于径向基函数技术的函数逼近与内插

1963 年 Davis 提出高维空间的多变量插值理论。径向基函数技术则是 20 世纪 80 年代后期，Powell 在解决"多变量有限点严格（精确）插值问题"时引入的，目前径向基函数已成为数值分析研究中的一个重要领域。

考虑一个由 N 维输入空间到 1 维输出空间的映射。设 N 维空间有 P 个输入向量 $\boldsymbol{X}^p\,(p=1,2,\cdots,P)$，它们在输出空间相应的目标值为 $d^p\,(p=1,2,\cdots,P)$，P 对输入-输出样本构成了训练样本集。插值的目的是寻找一个非线性映射函数 $F(\boldsymbol{X})$，使其满足下述插值条件

$$F(\boldsymbol{X}^p)=d^p,\quad p=1,2,\cdots,P \tag{5.1}$$

式中，函数 F 描述了一个插值曲面。所谓严格插值或精确插值，是一种完全内插，即该插值曲面必须通过所有训练数据点。

采用径向基函数技术解决插值问题的方法是，选择 P 个基函数，每一个基函数对应一个训练数据，各基函数的形式为

$$\phi(\|X-X^p\|),\quad p=1,2,\cdots,P \tag{5.2}$$

式中，基函数 ϕ 为非线性函数，训练数据点 X^p 是 ϕ 的中心。基函数以输入空间的点 X 与中心点 X^p 的距离作为函数的自变量。由于距离是径向同性的，故函数 ϕ 被称为径向基函数。基于径向基函数技术的插值函数定义为基函数的线性组合

$$F(\boldsymbol{X})=\sum_{p=1}^{P}w^p\phi(\|\boldsymbol{X}-\boldsymbol{X}^p\|) \tag{5.3}$$

将式（5.1）的插值条件代入上式，得到 P 个关于未知系数 $w^p\,(p=1,2,\cdots,P)$ 的线性方程组

$$\sum_{p=1}^{P}w^p\phi(\|\boldsymbol{X}^1-\boldsymbol{X}^p\|)=d^1$$

$$\sum_{p=1}^{P} w^p \phi(\|\boldsymbol{X}^2 - \boldsymbol{X}^p\|) = d^2$$

$$\vdots$$

$$\sum_{p=1}^{P} w^p \phi(\|\boldsymbol{X}^P - \boldsymbol{X}^p\|) = d^P \tag{5.4}$$

令 $\phi_{ip} = \phi(\|\boldsymbol{X}^i - \boldsymbol{X}^p\|)$，$i = 1, 2, \cdots, P$，$p = 1, 2, \cdots, P$，则上述方程组可改写为

$$\begin{bmatrix} \phi_{11} & \phi_{12} & \cdots & \phi_{1P} \\ \phi_{21} & \phi_{22} & \cdots & \phi_{2P} \\ \vdots & \vdots & & \vdots \\ \phi_{P1} & \phi_{P2} & \cdots & \phi_{PP} \end{bmatrix} \begin{bmatrix} w_1 \\ w_2 \\ \vdots \\ w_P \end{bmatrix} = \begin{bmatrix} d^1 \\ d^2 \\ \vdots \\ d^P \end{bmatrix} \tag{5.5}$$

令 $\boldsymbol{\Phi}$ 表示元素为 ϕ_{ip} 的 $P \times P$ 阶矩阵，$\boldsymbol{W}$ 和 $\boldsymbol{d}$ 分别表示系数向量和期望输出向量，式(5.5)还可写成下面的向量形式

$$\boldsymbol{\Phi W} = \boldsymbol{d} \tag{5.6}$$

式中，$\boldsymbol{\Phi}$ 称为插值矩阵。若 $\boldsymbol{\Phi}$ 为可逆矩阵，就可以从式(5.6) 中解出系数向量 $\boldsymbol{W}$，即

$$\boldsymbol{W} = \boldsymbol{\Phi}^{-1} \boldsymbol{d} \tag{5.7}$$

如何保证插值矩阵的可逆性？Micchelli 定理给出了如下条件：

对于一大类函数，如果 $\boldsymbol{X}^1, \boldsymbol{X}^2, \cdots, \boldsymbol{X}^P$ 各不相同，则 $P \times P$ 阶插值矩阵是可逆的。

大量径向基函数满足 Micchelli 定理，如式(5.8)~式(5.10) 所示，其曲线形状分别如图 5.1 所示。

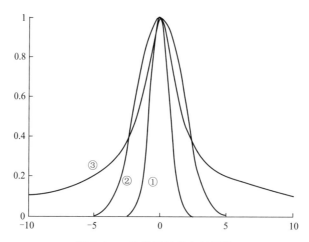

图 5.1 3 种常用的径向基函数

① Gauss（高斯）函数

$$\phi(r) = \exp\left(-\frac{r^2}{2\sigma^2}\right) \tag{5.8}$$

② Reflected sigmoidal（反演 S 型）函数

$$\phi(r) = \frac{1}{1 + \exp\left(\dfrac{r^2}{\sigma^2}\right)} \tag{5.9}$$

③ Inverse multiquadrics（拟多二次）函数

$$\phi(r) = \frac{1}{(r^2 + \sigma^2)^{\frac{1}{2}}} \qquad (5.10)$$

式(5.8)～式(5.10) 中的 σ 称为该基函数的扩展常数或宽度,从图 5.1 可以看出,径向基函数的宽度越小,就越具有选择性。

5.2 正则化 RBF 网络

5.2.1 正则化 RBF 网络的结构及特点

正则化 RBF 网络的结构如图 5.2 所示。其特点是:网络具有 N 个输入节点,P 个隐节点,1 个输出节点;网络的隐节点数等于输入样本数,隐节点的激活函数常具有式(5.8) 所示的 Gauss 形式,并将所有输入样本设为径向基函数的中心,各径向基函数取统一的扩展常数。

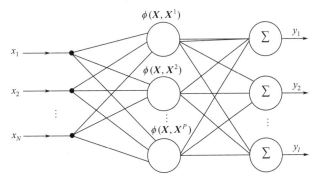

图 5.2 正则化 RBF 网络

设输入层的任一节点用 i 表示,隐层的任一节点用 j 表示,输出层的任一节点用 k 表示。对各层的数学描述如下:$\boldsymbol{X} = (x_1, x_2, \cdots, x_N)^{\mathrm{T}}$ 为网络输入向量;$\phi_j(\boldsymbol{X})(j = 1, 2, \cdots, P)$ 为任一隐节点的激活函数,称为 "基函数",一般选用 Gauss 函数;$\boldsymbol{W}$ 为输出权矩阵,其中 $w_{jk}(j = 1, 2, \cdots, P; k = 1, 2, \cdots, l)$ 为隐层第 j 个节点与输出层第 k 个节点间的突触权值;$\boldsymbol{Y} = (y_1, y_2, \cdots, y_l)^{\mathrm{T}}$ 为网络输出;输出层神经元采用线性激活函数。

当输入训练集中的某个样本 $\boldsymbol{X}^p$ 时,对应的期望输出 d^p 就是教师信号。为了确定网络隐层到输出层之间的 P 个权值,需要将训练集中的样本逐一输入一遍,从而可得到式(5.4) 中的方程组。网络的权值确定后,对训练集的样本实现了完全内插,即对所有样本误差为 0,而对非训练集的输入模式,网络的输出值相当于函数的内插,因此径向基函数网络可用作函数逼近。

正则化 RBF 网络具有以下 3 个特点:

① 正则化网络是一种通用逼近器,只要有足够的隐节点,它可以以任意精度逼近紧集上的任意多元连续函数。

② 具有最佳逼近特性,即任给一个未知的非线性函数 f,总可以找到一组权值使得正则化网络对于 f 的逼近优于所有其他可能的选择。

③ 正则化网络得到的解是最佳的,所谓 "最佳" 体现在同时满足对样本的逼近误差和逼近曲线的平滑性。

5.2.2 正则化 RBF 网络的学习算法

当采用正则化 RBP 网络结构时，隐节点数即样本数，基函数的数据中心即为样本本身，只需考虑扩展常数和输出节点的权值。

径向基函数的扩展常数可根据数据中心的散布而确定，为了避免每个径向基函数太尖或太平，一种选择方法是将所有径向基函数的扩展常数设为

$$\delta = \frac{d_{\max}}{\sqrt{2P}} \tag{5.11}$$

式中，$d_{\max}$ 是样本之间的最大距离；P 是样本的数目。

输出层的权值常采用第 2 章介绍的最小均方算法（LMS），LMS 算法的输入向量即隐节点的输出向量。权值调整公式为

$$\Delta \boldsymbol{W}_k = \eta (d_k - \boldsymbol{W}_k^{\mathrm{T}} \Phi) \Phi \tag{5.12a}$$

$\Delta \boldsymbol{W}_k$ 的各分量为

$$\Delta w_{jk} = \eta (d_k - \boldsymbol{W}_k^{\mathrm{T}} \Phi) \phi_j \quad j = 0, 1, \cdots, P; \ k = 1, 2, \cdots, l \tag{5.12b}$$

权值可初始化为任意值。

5.3 广义 RBF 神经网络

5.3.1 模式的可分性

下面通过研究模式的可分性来深入了解 RBF 网络作为模式分类器是如何工作的。

从第 3 章关于单层感知器的讨论可知，若 N 维输入样本空间的样本模式是线性可分的，总存在一个用线性方程描述的超平面，使两类线性可分样本截然分开。若两类样本是非线性可分的，则不存在一个这样的分类超平面。但根据 Cover 定理，非线性可分问题可能通过非线性变换获得解决。

Cover 定理可以定性地表述为：将复杂的模式分类问题非线性地投射到高维空间将比投射到低维空间更可能是线性可分的。

设 F 为 P 个输入模式 $\boldsymbol{X}^1, \boldsymbol{X}^2, \cdots, \boldsymbol{X}^P$ 的集合，其中每一个模式必属于两个类 F^1 和 F^2 中的某一类。若存在一个输入空间的超曲面，使得分别属于 F^1 和 F^2 的点（模式）分成两部分，就称这些点的二元划分关于该曲面是可分的；若该曲面为线性方程 $\boldsymbol{W}^{\mathrm{T}} \boldsymbol{X} = 0$ 确定的超平面，则称这些点的二元划分关于该平面是线性可分的。设有一组函数构成的向量 $\phi(\boldsymbol{X}) = [\phi_1(\boldsymbol{X}), \phi_2(\boldsymbol{X}), \cdots, \phi_M(\boldsymbol{X})]$，将原来 N 维空间的 P 个模式点映射到新的 M 空间（$M > N$）相应点上，如果在该 M 维 ϕ 空间存在 M 维向量 $\boldsymbol{W}$，使得

$$\begin{cases} \boldsymbol{W}^{\mathrm{T}} \phi(\boldsymbol{X}) > 0, \boldsymbol{X} \in F^1 \\ \boldsymbol{W}^{\mathrm{T}} \phi(\boldsymbol{X}) < 0, \boldsymbol{X} \in F^2 \end{cases}$$

则由线性方程 $\boldsymbol{W}^{\mathrm{T}} \phi(\boldsymbol{X}) = 0$ 确定了 M 维 ϕ 空间中的一个分界超平面，这个超平面使得映射到 M 维 ϕ 空间中的 P 个点在 ϕ 空间是线性可分的。而在 N 维 X 空间，方程 $\boldsymbol{W}^{\mathrm{T}} \phi(\boldsymbol{X}) = 0$ 描述的是 X 空间的一个超曲面，这个超曲面使得原来在 X 空间非线性可分的 P 个模式点分为两类，此时称原空间的 P 个模式点是可分的。

在 RBF 网络中，将输入空间的模式点非线性地映射到一个高维空间的方法是，设置一个隐层，令 $\phi(\boldsymbol{X})$ 为隐节点的激活函数，并令隐节点数 M 大于输入节点数 N 从而形成一个维数高于输入空间的高维隐（藏）空间。如果 M 够大，则在隐空间输入是线性可分的，从隐层到输出层，可采用与第 3 章单层感知器类似的解决线性可分问题的算法。

Cover 定理关于模式可分性思想的要点是"非线性映射"和"高维空间"。事实上，对于不太复杂的非线性模式分类问题，有时仅使用非线性映射就可以使模式在变换后的同维空间变得线性可分。下面通过解决 XOR 问题进一步理解模式的 ϕ 可分性。

如图 5.3(a) 所示，XOR 问题中的 4 个模式在 2 维输入空间的分布是非线性可分的。设计一个单隐层神经网络，定义其 2 个隐节点的激活函数为 Gauss 函数

$$\phi_1(\boldsymbol{X}) = \mathrm{e}^{-\|\boldsymbol{X}-C_1\|^2}, C_1 = [1,1]^{\mathrm{T}}$$

$$\phi_2(\boldsymbol{X}) = \mathrm{e}^{-\|\boldsymbol{X}-C_2\|^2}, C_2 = [0,0]^{\mathrm{T}}$$

轮流以 XOR 问题的 4 个模式作为 2 个隐节点激活函数的输入，其对应的 4 个输出为
$(0，0) \rightarrow (0.1353，1)$、$(0，1) \rightarrow (0.3678，0.3678)$、$(1，0) \rightarrow (0.3678，0.3678)$、
$(1，1) \rightarrow (1，0.1353)$。可以看出，隐节点的上述非线性映射将模式 $(0，1)$ 和 $(1，0)$ 映射为隐空间中的同一个点 $(0.3678，0.3678)$。因此，在图 5.3(a) 的输入空间中非线性可分的点映射到图 5.3(b) 的隐空间后成为线性可分的点。

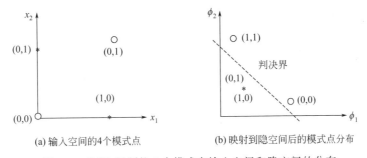

(a) 输入空间的4个模式点　　　　(b) 映射到隐空间后的模式点分布

图 5.3　XOR 问题的 4 个模式在输入空间和隐空间的分布

在本例中，隐空间的维数和输入空间的维数相同，可见仅采用 Gauss 函数进行非线性变换，就足以将 XOR 问题转化为一个线性可分问题。

5.3.2　广义 RBF 网络

由于正则化网络的训练样本与"基函数"是一一对应的，当样本数 P 很大时，实现网络的计算量将大得惊人，此外 P 很大则权值矩阵也很大，求解网络的权值时容易产生病态问题（ill conditioning）。为解决这一问题，可减少隐节点的个数，即 $N < M < P$，N 为样本维数，P 为样本个数，从而得到广义 RBF 网络。

广义 RBF 网络的基本思想是：用径向基函数作为隐单元的"基"，构成隐含层空间。隐含层对输入向量进行变换，将低维空间的模式变换到高维空间内，使得在低维空间内的线性不可分问题在高维空间内线性可分。

图 5.4 所示为 N-M-l 结构的广义 RBF 网，即网络具有 N 个输入节点，M 个隐节点，l 个输出节点，且 $M < P$。$\boldsymbol{X} = [x_1, x_2, \cdots, x_N]^{\mathrm{T}}$ 为网络输入向量；$\phi_j(\boldsymbol{X})(j=1,2,\cdots,M)$ 为任一隐节点的激活函数，称为"基函数"，一般选用格林（Green）函数；$\boldsymbol{W}$ 为输出权矩阵，

其中 $w_{jk}(j=1,2,\cdots,M;k=1,2,\cdots,l)$ 为隐层第 j 个节点与输出层第 k 个节点间的突触权值；$\boldsymbol{T}=[T_1,T_2,\cdots,T_l]^{\mathrm{T}}$ 为输出层阈值向量；$\boldsymbol{Y}=(y_1,y_2,\cdots,y_l)^{\mathrm{T}}$ 为网络输出；输出层神经元采用线性激活函数。

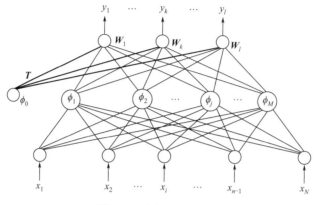

图 5.4　广义 RBF 网络

与正则化 RBF 网络相比，广义 RBF 网络有以下几点不同：

① 径向基函数的个数 M 与样本的个数 P 不相等，且 M 常常远小于 P。

② 径向基函数的中心不再限制在数据点上，而是由训练算法确定。

③ 各径向基函数的扩展常数不再统一，其值由训练算法确定。

④ 输出函数的线性中包含阈值参数，用于补偿基函数在样本集上的平均值与目标值的平均值之间的差别。

5.3.3　广义 RBF 网络的设计方法

广义 RBF 网络的设计包括结构设计和参数设计。结构设计主要解决如何确定网络隐节点数的问题，参数设计一般需考虑包括 3 种参数：各基函数的数据中心和扩展常数，以及输出节点的权值。

根据数据中心的取值方法，广义 RBF 网络的设计方法可分为两类。

第一类方法：数据中心从样本输入中选取。一般来说，样本密集的地方中心点可以适当多些，样本稀疏的地方中心点可以少些；若数据本身是均匀分布的，中心点也可以均匀分布，总之，选出的数据中心应具有代表性。径向基函数的扩展常数是根据数据中心的散布而确定的，为了避免每个径向基函数太尖或太平，一种选择方法是将所有径向基函数的扩展常数设为

$$\delta=\frac{d_{\max}}{\sqrt{2M}} \tag{5.13}$$

式中，$d_{\max}$ 是所选数据中心之间的最大距离；M 是数据中心的数目。

第二类方法：数据中心的自组织选择。常采用各种动态聚类算法对数据中心进行自组织选择，在学习过程中需对数据中心的位置进行动态调节，常用的方法是 K-means 聚类，其优点是能根据各聚类中心之间的距离确定各隐节点的扩展常数。由于 RBF 网的隐节点数对其泛化能力有极大的影响，所以寻找能确定聚类数目的合理方法，是聚类方法设计 RBF 网时需首先解决的问题。除聚类算法外，还有梯度训练方法、资源分配网络（RAN）等。

5.3.4　广义 RBF 网络数据中心的聚类算法

1989 年，Moody 和 Darken 提出一种由两个阶段组成的混合学习过程的思路。第一阶段采用 Duda 和 Hart 1973 年提出的 K-means 聚类算法，其任务是用自组织聚类方法为隐层节点的径向基函数确定合适的数据中心，并根据各中心之间的距离确定隐节点的扩展常数。第二阶段为监督学习阶段，其任务是用有监督学习算法训练输出层权值，一般采用梯度法进行训练。

在聚类确定数据中心的位置之前，需要先估计中心的个数 M（从而确定了隐节点数），一般需要通过试验来决定。由于聚类得到的数据中心不是样本数据 $\boldsymbol{X}^p$ 本身，因此用 $\boldsymbol{c}(k)$ 表示第 k 次迭代时的中心。应用 K-means 聚类算法确定数据中心的过程如下。

① 初始化。选择 M 个互不相同向量作为初始聚类中心：$\boldsymbol{c}_1(0),\boldsymbol{c}_2(0),\cdots,\boldsymbol{c}_M(0)$，选择时可采用对各聚类中心向量赋小随机数的方法。

② 计算输入空间各样本点与聚类中心点的欧氏距离

$$\|\boldsymbol{X}^p-\boldsymbol{c}_j(k)\|,\quad p=1,2,\cdots,P;\ j=1,2,\cdots,M$$

③ 相似匹配。令 j^* 代表竞争获胜隐节点的下标，对每一个输入样本 $\boldsymbol{X}^p$ 根据其与聚类中心的最小欧氏距离确定其归类 $j^*(\boldsymbol{X}^p)$，即当

$$j^*(\boldsymbol{X}^p)=\min_j\|\boldsymbol{X}^p-\boldsymbol{c}_j(k)\|,p=1,2,\cdots,P \tag{5.14}$$

时，$\boldsymbol{X}^p$ 被归为第 j^* 类，从而将全部样本划分为 M 个子集：$\boldsymbol{U}_1(k),\boldsymbol{U}_2(k),\cdots,\boldsymbol{U}_M(k)$。每个子集构成一个以聚类中心为典型代表的聚类域。

④ 更新各类的聚类中心。可采用两种调整方法，一种方法是对各聚类域中的样本取均值，令 $\boldsymbol{U}_j(k)$ 表示第 j 个聚类域，N_j 为第 j 个聚类域中的样本数，则

$$\boldsymbol{c}_j(k+1)=\frac{1}{N_j}\sum_{\boldsymbol{X}\in\boldsymbol{U}_j(k)}\boldsymbol{X} \tag{5.15}$$

另一种方法是采用竞争学习规则进行调整，即

$$\boldsymbol{c}_j(k+1)=\begin{cases}\boldsymbol{c}_j(k)+\eta[\boldsymbol{X}^p-\boldsymbol{c}_j(k)],j=j^*\\\boldsymbol{c}_j(k),\qquad\qquad\qquad j\neq j^*\end{cases} \tag{5.16}$$

式中，η 是学习率，且 $0<\eta<1$。可以看出，当 $\eta=1$ 时，该竞争规则即为 Winner-Take-All 规则。

⑤ 将 k 值加 1，转到第②步。重复上述过程直到 $\boldsymbol{c}_k$ 的改变量小于要求的值。

各聚类中心确定后，可根据各中心之间的距离确定对应径向基函数的扩展常数。令

$$\boldsymbol{d}_j=\min\|\boldsymbol{c}_j-\boldsymbol{c}_i\|$$

则扩展常数取

$$\boldsymbol{\delta}_j=\lambda\boldsymbol{d}_j \tag{5.17}$$

式中，λ 为重叠系数。

利用 K-mean 聚类算法得到各径向基函数的中心和扩展常数后，混合学习过程的第二步是用有监督学习算法得到输出层的权值，常采用 LMS 算法。更简捷的方法是用伪逆法直接计算。以单输出 RBF 网络为例，设输入为 $\boldsymbol{X}^p$ 时，第 j 个隐节点的输出为

$$\phi_{pj}=\phi(\|\boldsymbol{X}^p-\boldsymbol{c}_j\|),\quad p=1,2,\cdots,P;\ j=1,2,\cdots,M$$

则隐层输出矩阵为

$$\hat{\boldsymbol{\Phi}}=[\phi_{pj}]_{P\times M}$$

若 RBF 网络的待定输出权值为 $\boldsymbol{W}=[w_1,w_2,\cdots,w_M]$，则网络输出向量为

$$F(\boldsymbol{X})=\hat{\boldsymbol{\Phi}}\boldsymbol{W} \tag{5.18}$$

令网络输出向量等于教师信号 d，则 $\boldsymbol{W}$ 可用 $\hat{\boldsymbol{\Phi}}$ 的伪逆 $\hat{\boldsymbol{\Phi}}^+$ 求出

$$\boldsymbol{W}=\hat{\boldsymbol{\Phi}}^+\boldsymbol{d} \tag{5.19}$$

$$\hat{\boldsymbol{\Phi}}^+=(\hat{\boldsymbol{\Phi}}^{\mathrm{T}}\hat{\boldsymbol{\Phi}})^{-1}\hat{\boldsymbol{\Phi}}^{\mathrm{T}} \tag{5.20}$$

5.3.5 广义 RBF 网络数据中心的监督学习算法

关于数据中心的监督学习算法，最一般的情况是对输出层各权向量赋小随机数并进行归一化，处理隐节点 RBF 函数的中心、扩展常数和输出层权值均采用监督学习算法进行训练，即所有参数都经历一个误差修正学习过程，其方法与第 3 章采用 BP 算法训练 BP 网络的原理类似。下面以单输出 RBF 网络为例，介绍一种梯度下降算法。

定义目标函数为

$$E=\frac{1}{2}\sum_{i=1}^{P}e_i^2 \tag{5.21}$$

式中，P 为训练样本数；e_i 为输入第 i 个样本时的误差信号，定义为

$$e_i=d_i-F(\boldsymbol{X}_i)=d_i-\sum_{j-1}^{M}w_jG(\|\boldsymbol{X}_i-\boldsymbol{C}_j\|) \tag{5.22}$$

上式的输出函数中忽略了阈值。

为使目标函数最小化，各参数的修正量应与其负梯度成正比，即

$$\Delta\delta_j=-\eta\frac{\partial E}{\partial\delta_j}$$

$$\Delta\boldsymbol{c}_j=-\eta\frac{\partial E}{\partial\boldsymbol{c}_j}$$

$$\Delta w_j=-\eta\frac{\partial E}{\partial w_j}$$

具体计算式为

$$\Delta\boldsymbol{c}_j=\eta\frac{w_j}{\delta_j^2}\sum_{i=1}^{P}e_iG(\|\boldsymbol{X}_i-\boldsymbol{c}_j\|)(\boldsymbol{X}_i-\boldsymbol{c}_j) \tag{5.23}$$

$$\Delta\delta_j=\eta\frac{w_j}{\delta_j^3}\sum_{i=1}^{P}e_iG(\|\boldsymbol{X}_i-\boldsymbol{c}_j\|)\|\boldsymbol{X}_i-\boldsymbol{c}_j\|^2 \tag{5.24}$$

$$\Delta w_j=\eta\sum_{i=1}^{P}e_iG(\|\boldsymbol{X}_i-\boldsymbol{c}_j\|) \tag{5.25}$$

上述目标函数是所有训练样本引起的误差的总和，导出的参数修正公式是一种批处理式调整，即所有样本输入一轮后调整一次。目标函数也可定义为瞬时值形式，即当前输入样本引起的误差

$$E=\frac{1}{2}e_i^2 \tag{5.26}$$

使上式中目标函数最小化的参数修正式为单样本训练模式，即

$$\Delta\boldsymbol{c}_j=\eta\frac{w_j}{\delta_j^2}e_iG(\|\boldsymbol{X}-\boldsymbol{c}_j\|)(\boldsymbol{X}-\boldsymbol{c}_j) \tag{5.27}$$

$$\Delta \delta_j = \eta \frac{w_j}{\delta_j^3} e_i G(\|\boldsymbol{X} - \boldsymbol{c}_j\|) \|\boldsymbol{X} - \boldsymbol{c}_j\|^2 \tag{5.28}$$

$$\Delta w_j = \eta e_i G(\|\boldsymbol{X} - \boldsymbol{c}_j\|) \tag{5.29}$$

5.4 基于 Python 的 RBF 网络学习算法实现

以广义 RBF 神经网络为例，RBF 网络学习算法的程序设计要点包括数据中心、扩展常数和权值参数。上一节介绍的训练方法可以概括为图 5.5 所示内容。

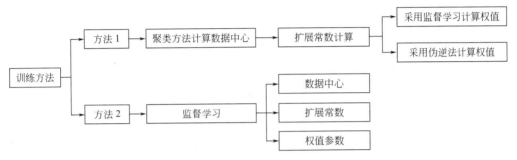

图 5.5 RBF 训练算法

5.4.1 基于聚类的数据中心及 RBF 网络程序实现

当采用面向对象的程序设计方法时，RBF 被设计成一个类 RBFNet，并设计相应方法，其中初始化函数_init_()完成网络结构的设计和权值初始化，训练函数 fit()完成取值参数的调整，predict()函数用于网络训练后给定输入时，输出结果。其它辅助函数包括 RBF 核函数和聚类函数。具体设计可以参考相关程序：

https://pythonmachinelearning.pro/using-neural-networks-for-regression-radial-basis-function-networks/

程序框架如图 5.6 所示。

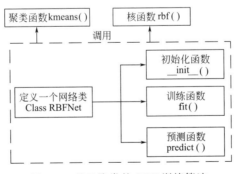

图 5.6 基于聚类的 RBF 训练算法

在设计网络之前，先导入相应模块。

```
import numpy as np
import matplotlib.pyplot as plt
```

（1）定义 RBF 核函数

```
def rbf(x, c, s):
    return np.exp(-1 / (2 * s**2) * (x-c)**2)
```

（2）采用 K-means 聚类方法实现聚类中心　定义函数 kmeans（X，k），采用 K-means 聚类方法来实现聚类中心，其中 X 为输入，k 为聚类中心数，函数返回值为聚类中心 clusters，并给出聚类中心的扩展常数 stds。

```
def kmeans(X, k):
    # 随机从输入数据中选择向量构成初始聚类中心
    clusters = np.random.choice(np.squeeze(X), size=k)
    prevClusters = clusters.copy()
    stds = np.zeros(k)
    converged = False
    while not converged:
        # 计算聚类中心到每个点之间的距离
        distances = np.squeeze(np.abs(X[:, np.newaxis] - clusters[np.newaxis, :]))
        # 找到与样本最近的聚类中心
        closestCluster = np.argmin(distances, axis=1)
        # 根据均值调整聚类中心
        for i in range(k):
            pointsForCluster = X[closestCluster == i]
            if len(pointsForCluster) > 0:
                clusters[i] = np.mean(pointsForCluster, axis=0)
        # 如果聚类中心不再移动表示收敛
        converged = np.linalg.norm(clusters - prevClusters) < 1e-6
        prevClusters = clusters.copy()
    distances = np.squeeze(np.abs(X[:, np.newaxis] - clusters[np.newaxis, :]))
    closestCluster = np.argmin(distances, axis=1)
    clustersWithNoPoints = []
    for i in range(k):
        pointsForCluster = X[closestCluster == i]
        if len(pointsForCluster) < 2:
            # 跟踪聚类样本数据很少（<2）的聚类中心
            clustersWithNoPoints.append(i)
            continue
        else:
            stds[i] = np.std(X[closestCluster == i])
    # 如果聚类样本过少，则取其它聚类中心的均值作为替换
    if len(clustersWithNoPoints) > 0:
        pointsToAverage = []
        for i in range(k):
            if i not in clustersWithNoPoints:
                pointsToAverage.append(X[closestCluster == i])
        pointsToAverage = np.concatenate(pointsToAverage).ravel()
        stds[clustersWithNoPoints] = np.mean(np.std(pointsToAverage))
    return clusters, stds
```

（3）设计 RBF 类　创建一个 RBF 类用来进行初始化，并设计相应的函数（此处设计为一维输出，若为多维则需要扩展为向量形式）。

```python
class RBFNet(object):
    """Implementation of a Radial Basis Function Network"""
    def __init__(self, k=2, lr=0.01, epochs=100, rbf=rbf, inferStds=True):
        self.k = k #隐层节点数
        self.lr = lr #学习率
        self.epochs = epochs #训练步数
        self.rbf = rbf #核函数计算
        self.inferStds = inferStds #是否根据 K-means 的聚类中心计算扩展常数
        self.w = np.random.randn(k)#权值
        self.b = np.random.randn(1)#阈值
        #定义 fit(self, X, y)函数用于计算权值和阈值
    def fit(self, X, y):
        if self.inferStds:
            # 根据 K-means 的聚类中心计算扩展常数
            self.centers, self.stds = kmeans(X, self.k)
        else:
            # 根据数据计算扩展常数（式(5.13))
            self.centers, _ = kmeans(X, self.k)
            dMax = max([np.abs(c1 - c2) for c1 in self.centers for c2 in
self.centers])
            self.stds = np.repeat(dMax / np.sqrt(2*self.k), self.k)
        # 训练
        for epoch in range(self.epochs):
            for i in range(X.shape[0]):
                # 前向计算
                a = np.array([self.rbf(X[i], c, s) for c, s, in zip(self.centers,
self.stds)])
                F = a.T.dot(self.w) + self.b
                loss = (y[i] - F).flatten() ** 2
                print('Loss: {0:.2f}'.format(loss[0]))
                # 误差计算
                error = -(y[i] - F).flatten()
                # 在线调整权值和阈值
                self.w = self.w - self.lr * a * error
                self.b = self.b - self.lr * error
#定义预测函数 predict(self, X)用于前向计算输出
    def predict(self, X):
        y_pred = []
        for i in range(X.shape[0]):
            a = np.array([self.rbf(X[i], c, s) for c, s, in zip(self.centers,
self.stds)])
            F = a.T.dot(self.w) + self.b
            y_pred.append(F)
        return np.array(y_pred)
```

下面根据 sin 函数生成 100 个样本，并且加入均一化随机噪声，采用上述 RBF 网络进行预测。

```
# 生成样本对数据（X,y），输出加入噪声
NUM_SAMPLES = 100
X = np.random.uniform(0., 1., NUM_SAMPLES)
X = np.sort(X, axis=0)
noise = np.random.uniform(-0.1, 0.1, NUM_SAMPLES)
y = np.sin(2 * np.pi * X) + noise

# 生成 RBF 网络，设计相应参数，其中聚类中心数为 2
rbfnet = RBFNet(lr=1e-2, k=2, inferStds=True)
# 拟合数据
rbfnet.fit(X, y)
# 进行预测
y_pred = rbfnet.predict(X)
#画图
plt.plot(X, y, '-o', label='true')
plt.plot(X, y_pred, '-o', label='RBF-Net')

plt.legend()
plt.tight_layout()
plt.show()
```

运行之后的结果如图 5.7 所示，可以看到 RBF 网络可以较好地拟合样本数据，并且在一定程度上过滤掉噪声，具有较好的泛化能力。读者可以通过改变参数观察 RBF 网络的性能。

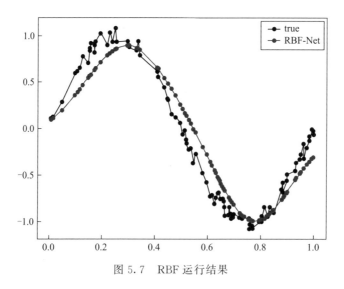

图 5.7　RBF 运行结果

5.4.2　基于监督学习的学习算法程序实现

另一种方法是参考 github 中 mrthetkhine 的相关程序，在该程序中，RBF 网络被设计

成一个类，在类中设计初始化函数、基于梯度下降法的监督学习调整各项参数的函数，并设计了若干辅助函数，例如欧氏距离函数、高斯核函数等。下面仅对程序主要部分做出说明。

（1）初始化函数的设计　将 RBF 网络设计成一个类 class RBFNetwork，定义初始化函数_init_()，将网络的各个参数如输入节点数、隐层节点数、权值向量参数、扩展常数等进行定义。

```python
class RBFNetwork:
def __init__(self, no_of_input, no_of_hidden, no_of_output, data):
    self.no_of_input = no_of_input #输入维数
    self.no_of_hidden = no_of_hidden #隐层节点数
    self.no_of_output = no_of_output #输出维数
    self.data = data #数据
    self.input = np.zeros(self.no_of_input) #输入
    self.centroid = np.zeros((self.no_of_hidden, self.no_of_ input)) #
聚类中心
    self.sigma = np.zeros(self.no_of_hidden)#扩展常数 δ
    self.hidden_output = np.zeros(self.no_of_hidden) #隐层输出
    self.hidden_to_output_weight=np.zeros((self.no_of_hidden,self.no_of_
output)) #隐层到输出层权值
    self.output = np.zeros(self.no_of_output) #网络输出
    self.output_bias = np.zeros(self.no_of_output) #输出偏置
    self.actual_target_values = [] #目标输出
    self.total = 0
    self.learningRate = 0.0262 #学习率
    self.setup_center() #设置聚类中心
    self.setup_sigma_spread_radius() #设置扩展常数
    self.set_up_hidden_to_ouput_weight() #设置隐层节点到输出的权值参数
    self.set_up_output_bias() #设置输出偏置
```

（2）学习算法相关函数的设计　之后设计了各种函数，包括计算欧氏距离的函数 euclidean_distance()，输入节点、隐层节点和输出节点的前向计算函数 pass_input_to_network()、pass_to_hidden_node()、pass_to_output_node()、训练函数 train()、梯度下降法调整数据中心参数的函数 gradient_descent()、计算训练误差的函数 get_error_for_pattern() 等。其中学习算法的核心函数如下：

```python
# 基于梯度下降法的学习算法函数
def gradient_descent(self):
  # compute the error of output layer
    self.mean_error = 0
    self.error_of_output_layer = [0 for i in range(self.no_of_output)]
    for i in range(self.no_of_output):
        self.error_of_output_layer[i] = (float)(self.actual_target_values[i]
- self.output[i])
        e = (float)(self.actual_target_values[i] - self.output[i]) ** 2 * 0.5
        self.mean_error += e
```

```
    # 调节隐层到输出层的权值
    for o in range(self.no_of_output):
        for h in range(self.no_of_hidden):
            delta_weight = self.learningRate * self.error_of_output_layer[o]
* self.hidden_output[h]
            self.hidden_to_output_weight[h][o] += delta_weight
    # 调节偏置（阈值）
    for o in range(self.no_of_output):
        delta_bias = self.learningRate * self.error_of_output_layer[o]
        self.output_bias[o] += delta_bias
    # 调节聚类中心，即输入隐层的权值
    for i in range(self.no_of_input):
        for j in range(self.no_of_hidden):
            summ = 0
            for p in range(self.no_of_output):
                summ += self.hidden_to_output_weight[j][p] * (self.actual_
target_values[p] - self.output[p])
            second_part = (float)((self.input[i] - self.centroid[j][i]) /
math.pow(self.sigma[j], 2))
            delta_weight = (float)(self.learningRate * self.hidden_output[j]
* second_part * summ)
            self.centroid[j][i] += delta_weight
    #调节扩展常数
    for i in range(self.no_of_input):
        for j in range(self.no_of_hidden):
            summ = 0
            for p in range(self.no_of_output):
                summ += self.hidden_to_output_weight[j][p] * (self.actual_
target_values[p] - self.output[p])
            second_part = (float)((math.pow((self.input[i] - self.centroid
[j][i]), 2)) / math.pow(self.sigma[j], 3));
            delta_weight = (float)(0.1 * self.learningRate * self.hidden_
output[j] * second_part * summ);
            self.sigma[j] += delta_weight
    return self.mean_error
```

下面给出程序的测试范例：

```
#首先产生一组训练对（4个训练样本）
p1 = Pattern(1, [0, 0], [1, 0])
p2 = Pattern(2, [0, 1], [0, 1])
p3 = Pattern(3, [1, 0], [0, 1])
p4 = Pattern(4, [1, 1], [1, 0])
```

```
#生成训练数据 data
patterns = [p1, p2, p3, p4]
classLabels = ['0', '1']
data = Data(patterns, classLabels)
#调用 RBFNetwork 生成输入为 2，隐层节点数为 6，输出为 2 的网络 rbftest，并计算训练的
误差 mse 和精确度 accuracy。
rbftest = RBFNetwork(2, 6, 2, data)
mse = rbftest.train(1500)
accuracy = rbftest.get_accuracy_for_training()
print("Total accuracy is ", accuracy)
print("Last MSE ",mse)
```

5.5 RBF 网络与 BP 网络的比较

RBF 网络与 BP 网络都是非线性多层前向网络，它们都是通用逼近器。对于任一个 BP 网络，总存在一个 RBF 网络可以代替它，反之亦然。但是，这两个网络也存在着很多不同点：

① RBF 网络只有一个隐层，而 BP 网络的隐层可以是一层也可以是多层。

② BP 网络的隐层和输出层其神经元模型是一样的。而 RBF 网络的隐层神经元和输出层神经元不仅模型不同，而且在网络中起到的作用也不一样。

③ RBF 网络的隐层是非线性的，输出层是线性的。然而，当用 BP 网络解决模式分类问题时，它的隐层和输出层通常选为非线性的。当用 BP 网络解决非线性回归问题时，通常选择线性输出层。

④ RBF 网络的基函数计算的是输入向量和中心的欧氏距离，而 BP 网络隐单元的激励函数计算的是输入单元和连接权值间的内积。

⑤ RBF 网络使用局部指数衰减的非线性函数（如高斯函数）对非线性输入输出映射进行局部逼近。BP 网络的隐节点采用输入模式与权向量的内积作为激活函数的自变量，而激活函数则采用 sigmoid 函数或硬限幅函数，因此 BP 网络是对非线性映射的全局逼近。RBF 网最显著的特点是隐节点采用输入模式与中心向量的距离（如欧氏距离）作为函数的自变量，并使用径向基函数（如 Gauss 函数）作为激活函数。径向基函数关于 N 维空间的一个中心点具有径向对称性，而且神经元的输入离该中心点越远，神经元的激活程度就越低。隐节点的这个特性常被称为"局部特性"。

由于 RBF 网络能够逼近任意的非线性函数，可以处理系统内在的难以解析的规律性，并且具有很快的学习收敛速度，因此 RBF 网络有较为广泛的应用。目前 RBF 网络已成功地用于非线性函数逼近、时间序列分析、数据分类、模式识别、信息处理、图像处理、系统建模、控制和故障诊断等。

5.6 RBF 网络设计应用实例

5.6.1 RBF 网络在液化气销售量预测中的应用

某液化气公司两年液化气销售量如表 5.1 所示。为预测未来年月的液化气销售量，以表 5.1 中的 24 组数据作为训练样本，再加上季节性因素、月度指数、周期系数和突发系数等，共计有 5 个影响销售量的因素，设计一个 RBF 网络作为预测模型，通过反复试验，确定隐层设 12 个数据中心，因此对于该 RBF 网络有：$P=24$、$N=5$、$M=12$，满足 $N<M<P$。

表 5.1　某液化气公司两年液化气销售量　　　　　　　　　　单位：kg

年月	销售量	年月	销售量	年月	销售量	年月	销售量
2000.1	5230	2000.7	6000	2001.1	5400	2001.7	6500
2000.2	5000	2000.8	6200	2001.2	5100	2001.8	7000
2000.3	5200	2000.9	6200	2001.3	5300	2001.9	6800
2000.4	5400	2000.10	6050	2001.4	5500	2001.10	6500
2000.5	5500	2000.11	5500	2001.5	5850	2001.11	6250
2000.6	5800	2000.12	5400	2001.6	6200	2001.12	6000

采用梯度下降算法对数据中心、扩展常数和权值等网络参数进行训练，参数调整采用式 (5.23)～式(5.25)。

训练前需要对网络参数进行初始化，对不同的参数应采用不同的方法。例如，可根据经验从输入样本中选取 12 个作为数据中心的初始值，再利用式(5.13)得到扩展常数的初始值，权重的初始化则可采用较小的随机数。

5.6.2 RBF 网络在地表水质评价中的应用

《地表水环境质量标准》（GHZB1—1999）与某市 1998 年 7 个地表水点的监测数据分别见表 5.2 和表 5.3。

表 5.2　地表水质评价标准　　　　　　　　　　单位：mg/L

评价指标	I 级	II 级	III 级	IV 级	V 级
DO *	0.1111	0.1667	0.2000	0.3333	0.5000
COD_{mn}	2	4	8	10	15
COD_{cr}	15	16	20	30	40
BOD_5	2	3	4	6	10
$NH_4\text{-}N$	0.4	0.5	0.6	1.0	1.5
挥发酚	0.001	0.003	0.005	0.010	0.100
总砷	0.01	0.05	0.07	0.10	0.11
Cr^{+6}	0.01	0.03	0.05	0.07	0.10

注：DO * 代表 DO 的倒数（表 5.3 同）。

表 5.3　地表水质监测数据　　　　　　　　　　单位：mg/L

评价指标	待 评 样 本						
	1	2	3	4	5	6	7
DO *	0.1925	0.3130	0.1587	0.1908	0.2532	0.4651	0.1653
COD_{mn}	9.175	10.375	0.925	6.120	17.910	19.940	0.810
COD_{cr}	49.6	47.84	18.68	47.33	99.40	71.31	1.65
BOD_5	7.13	14.24	2.33	9.26	17.58	6.68	0.51
NH_4-N	21.21	8.43	0.29	13.78	7.51	12.33	0.32
挥发酚	0.005	0.007	0.000	0.004	0.016	0.015	0.001
总砷	0.041	0.188	0.006	0.018	0.057	0.088	0.004
Cr^{+6}	0.023	0.030	0.012	0.018	0.040	0.034	0.017
网络输出	4.252	4.252	1.5581	4.252	4.252	4.252	1.3369
水质等级	Ⅴ级	Ⅴ级	Ⅱ级	Ⅴ级	Ⅴ级	Ⅴ级	Ⅱ级

下面采用径向基网络方法进行该市地表水质评价。

（1）训练样本集、检测样本集及其期望目标的生成

① 训练样本集。为了解决仅用评价标准作为训练样本，训练样本数过少和无法构建检测样本的问题，在各级评价标准内按随机均匀分布方式线性插生成训练样本，小于Ⅰ级标准的生成 500 个，Ⅰ、Ⅱ级标准之间的生成 500 个，其余以此类推，共形成 2500 个训练样本。

② 检测样本集。用相同的方法生成检测样本，小于Ⅰ级标准生成 100 个，Ⅰ、Ⅱ级标准之间生成 100 个，其余以此类推，共形成 500 个检测样本。

③ 期望目标。小于Ⅰ级标准的训练样本和检测样本的期望目标为 0～1 之间的数值，Ⅰ、Ⅱ级标准之间的训练样本和检测样本的期望目标为 1～2 之间的数值，Ⅱ、Ⅲ级标准之间的训练样本和检测样本的期望目标为 2～3 之间的数值，其余以此类推。根据各生成样本的内插比例可计算出其期望目标值在各取值区间的对应值。据上述思路可以确定Ⅰ、Ⅱ、Ⅲ、Ⅳ、Ⅴ各级水的网络输出范围分别为：<1、1～2、2～3、3～4、>4。

（2）原始数据的预处理　试验两种预处理方案：一种是将原始数据归一化到 -1 与 1 之间；另一种是不对原始数据进行预处理。

（3）径向基网络的设计与应用效果

① 利用 MATLAB 6.15 构建径向基网络。RBF 网络输入层神经元数取决于水质评价的指标数，据题意确定为 8，输出层神经元数设定为 1，利用 MATLAB 6.15 中的 newrb 函数训练网络，自动确定所需隐层单元数。隐层单元激励函数为 radbas，加权函数为 dist，输入函数为 netprod，输出层神经元的激励函数为纯线性函数 purelin，加权函数为 dotprod，输入函数为 netsum。

② 网络的应用效果。采用连续目标、归一化原始数据进行网络训练与测试，当训练次数等于 9 时，训练样本的均方误差为 0.0003，对于 2500 个训练样本与 500 个检测样本的错判率等于零。将该训练好的网络应用于 7 个待评点的评价，所得网络输出与评价结果见表 5.3。

5.6.3　RBF 网络在汽油干点软测量中的应用

软测量技术是工业过程分析、控制和优化的有力工具，所谓软测量就是根据可以检测的

过程变量（如温度、流量、压力等）推断出某些难以检测或根本无法检测的工艺参数。建立软测量模型可以从两个方面入手，一种是通过分析工业过程的机理得到机理模型；另一种是根据反映过程运行的数据直接建立模型。由于机理方程推导和运算的复杂性，通常采用第二种方法。在这类方法中，基于前向神经网络建立软测量模型是比较有效的一种，与其它前向网络相比，RBF 神经网络不仅具有良好的泛化能力，而且计算量少，学习速度也比其它算法快得多。

（1）混合模型设计　利用 SOFM 算法的自组织聚类特点以及 RBF 网络的非线性逼近能力，构造基于 SOFM 和 RBF 网络的混合网络模型。其中，SOFM 网络作为聚类网络，竞争层神经元以一维阵列形式排列；RBF 网络作为基础网络，采用单输出的网络结构。该模型通过 SOFM 网络对输入样本数进行粗分类，各分类中心对应的连接权值向量传递给 RBF 网络，作为 RBF 网络径向基函数中心；RBF 网络中隐层到输出层的连接权值采用有监督学习方法来确定。

混合网络的训练过程如下。首先对输入样本数据进行归一化处理，然后通过 SOFM 网络进行自组织分类，得到 M 种样本类别，样本类别个数 M 即为 RBF 神经网络径向基函数中心的个数。同时可以确定 RBF 网络隐层各个基函数的中心和宽度：第 j 个基函数的中心为 SOFM 网络的第 j 个聚类域中获胜神经元对应的权值向量，该基函数的宽度可按式（5.17）求得，也可令它们等于各自聚类中心与聚类域中训练样本间的平均距离，即

$$\delta_j = \frac{1}{N_j} \sum_{X \in U_j} (X - C_j) \tag{5.30}$$

（2）仿真应用　汽油干点值是反映炼油厂常压塔产品质量的一个重要参数。影响汽油干点的因素主要有：塔顶温度、塔顶压力和塔顶循环回流温差。建立以上述 3 个工况参数为输入、以汽油干点为输出的基于 SOFM 和 RBF 的混合网络模型。选择 160 组具有代表性的实际工况数据和对应的汽油干点化验值组成样本集，其中 80 组用于训练网络，其余 80 组用于网络泛化性能测试，测试结果如图 5.8 所示。可以看出，软测量模型的估计值与实际化验值能较好地吻合。

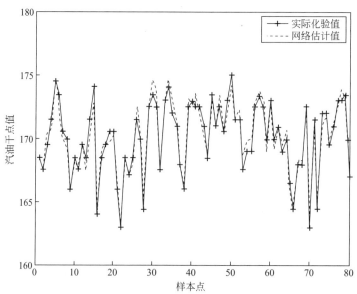

图 5.8　RBF 网络模型估计值与实际化验值的比较

5.6.4　RBF 网络在地下温度预测中的应用

由卫星热红外遥感数据反演的陆面温度、地表面温度与地表层 20cm 处的温度之间存在着较复杂的非线性关系，而地表层 20cm 以下各层的温度分布呈现出较好的规律性，因此地表层 20cm 处为温度分布规律的转折点。

通过对实测数据进行训练，可建立反映各陆面影响因素与地表层 20cm 处温度关系的神经网络模型，采用径向基函数网建模可获得满意的网络特性。利用径向基函数网络模型研究卫星热红外遥感反演陆面数据与地表层 20cm 温度 T_{-20} 的相关性，可合理地描述和解释各陆面因素对 T_{-20} 的影响。

5.6.4.1　地表层 20cm 深处温度与陆面影响因素的 RBF 网络模型

由于地表面处于多种热源叠加的环境中，如陆面气温的热传导、日光的热辐射以及地热的传导和红外辐射，等等。因此，影响地表面温度（T_0）的主要因素可包括：陆面气温（T）、地表层 20cm 温度（T_{-20}）、地质状况（g）、天气状况（w）、测定时间（t）、风速（v）、高程（h）、经纬度（e，n）等，可用下式表示为

$$T_0 = G(T, T_{-20}, g, w, t, v, h, n, e)$$

为预测地表层 20cm 深处温度 T_{-20}，通过上式可得到关于 T_{-20} 的函数关系如下

$$T_{-20} = F(T, T_0, g, w, t, v, h, n, e)$$

上式表明，地表层 20cm 深处温度 T_{-20} 是高维空间向 1 维空间的非线性映射。但事实上，该式的解析表达无法给出，因此采用 RBF 网络对上式建模。

（1）训练样本集设计　神经网络的输出为地表层 20cm 深处温度 T_{-20}，输入为影响 T_{-20} 的各个因素。各影响因素的表示方法如下：

①地质状况采用十进制；②天气状况分为晴、阴、雨三种，分别用 1、0、−1 表示；③测定时间采用二进制码；④高程编号规则为：2900～3000 编为 1，3000～3100 编为 2，3100～3200 编为 3，依次类推，直到 25；⑤其余影响因素直接用其测量值表示。

（2）训练集与测试集　对 108 个钻孔数据组进行筛选，去除测量误差过大的奇异样本和相关信息（测定时间、天气状况、高程、气温、风速）不完整的样本。在 60 组数据完整的有效钻孔温度数据中，在保证覆盖各种地质状况的条件下选出包含输入、输出最值的数据构成训练样本集，数量占总数据的 3/4，其余 1/4 钻孔温度数据作为测试集样本。

（3）基于 MATLAB 工具箱的网络设计　利用 MATLAB 的神经网络工具箱进行网络的设计和训练，其中网络训练采用 newrb 函数，自动确定所需隐层单元数。隐层单元激励函数采用 radbas，加权函数采用 dist，输入函数采用 netprod，输出层神经元激励函数采用纯线性函数 purelin，加权函数为 dotprod，输入函数为 netsum。

表 5.4 列出 6 种训练误差与测试误差的情况，可以看出第 4 种情况最好。

5.6.4.2　基于 RBF 网络模型的陆面影响因素与地表层 20cm 深处温度的相关性分析

利用已经训练好的 RBF 网络对各影响因素进行分析。在保持其它影响因素数值为平均值的情况下，令待分析因素在适当的范围内等间隔取值，利用所建立的 RBF 网络模型对 T_{-20} 进行预测，从而可绘制一组 T_{-20} 预测值随各影响因素变化的曲线，如图 5.9 所示。

由图 5.9 可以看出，各单一因素对 T_{-20} 预测值的影响分别为：

① 天气状况：雨天使 T_{-20} 预测值较晴天升高，阴天使 T_{-20} 预测值较晴天降低；

表 5.4 网络训练误差与测试误差

序号	训练集均方误差		测试集均方误差	
	℃	%	℃	%
1	0.10	0.56	1.90	10.72
2	0.50	2.79	1.70	9.41
3	0.8	4.47	1.72	9.59
4	1.00	5.59	1.20	6.89
5	1.20	6.70	1.30	7.12
6	1.41	7.90	7.76	1.40

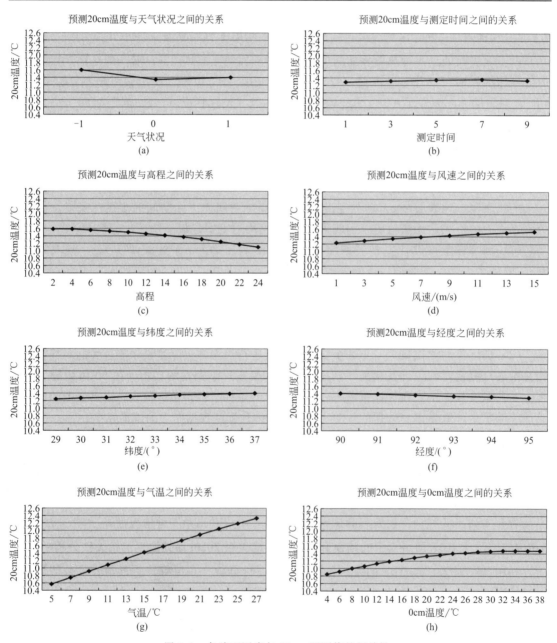

图 5.9 各陆面因素与 T_{-20} 预测值的相关性

② 测定时间：从上午 $9:00$—$10:00$（编号 1）后 T_{-20} 预测值随时间缓慢升高，午后 15：00—$16:00$（编号 7）时段 T_{-20} 预测值达到全天最高，其后逐渐降低；

③ 高程：同等陆面条件下高程值上升，则 T_{-20} 预测值降低；

④ 风速：同等陆面条件下风速值越大，T_{-20} 预测值越高；

⑤ 经度：在东经 $90°$～$95°$，随着该值上升，T_{-20} 预测值略有降低；

⑥ 纬度：在北纬 $29°$～$37°$，随着该值增大，T_{-20} 预测值略有升高；

⑦ 气温：气温越高，T_{-20} 预测值越高，是影响 T_{-20} 的主要因素之一；

⑧ 地表温度 T_0：在 T_0 较低的区段，T_{-20} 预测值随 T_0 升高而显著升高；在 T_0 较高的区段，T_{-20} 预测值随 T_0 升高而略有升高，也是影响 T_{-20} 的主要因素之一。

相关性分析结果表明，除了地质状况外，相关程度最大的 4 个因素依次为：气温 T、地表面温度 T_0、高程和风速。若仅以地质状况类型和上述 4 个因素为神经网络的输入，则网络的结构将得到进一步简化，当训练均方误差设为 $0.8℃$ 时，测试均方误差为 $1.2348℃$（6.90%）。

5.7 本章小结

本章讨论了基于径向基函数的神经网络模型，要点如下：

① 理解 RBF 网络的工作原理可从 2 种不同的观点出发：当用 RBF 网络解决非线性映射问题时，用函数逼近与内插的观点来解释，对于其中存在的不适定（ill posed）问题，可用正则化理论来解决。当用 RBF 网络解决复杂的模式分类任务时，用模式可分性观点来理解比较方便，其潜在合理性基于 Cover 关于模式可分的定理。

② 用 RBF 网络解决插值问题时，基于正则化理论的 RBF 网络称为正则化网络。其特点是隐节点数等于输入样本数，隐节点的激活函数为 Green 函数，并将所有输入样本设为径向基函数的中心，各径向基函数取统一的扩展常数。当 $N < M < P$ 时，得到广义 RBF 网络，其各径向基函数的扩展常数不再统一，且输出函数的线性中包含阈值参数。

第6章 竞争学习神经网络

采用有导师学习规则的神经网络要求对所学习的样本给出"正确答案",以便网络据此判断输出的误差,根据误差的大小改进自身的权值,提高正确解决问题的能力。然而在很多情况下,人在认知过程中没有预知的正确模式,人获得大量知识常常是靠"无师自通",即通过对客观事物的反复观察、分析与比较,自行揭示其内在规律,并对具有共同特征的事物进行正确归类。对于人的这种学习方式,基于有导师学习策略的神经网络是无能为力的。自组织神经网络的无导师学习方式更类似于人类大脑中生物神经网络的学习,其最重要特点是通过自动寻找样本中的内在规律和本质属性,自组织、自适应地改变网络参数与结构。这种学习方式大大拓宽了神经网络在模式识别与分类方面的应用。

自组织网络结构上属于层次型网络,有多种类型,其共同特点是都具有竞争层。最简单的网络结构具有一个输入层和一个竞争层,如图 6.1所示。输入层负责接收外界信息并将输入模式向竞争层传递,起"观察"作用,竞争层负责对该模式进行"分析比较",找出规律以正确归类。这种功能是通过下面要介绍的竞争机制实现的。

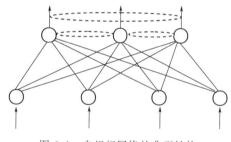

图 6.1 自组织网络的典型结构

6.1 竞争学习的概念与原理

竞争学习是自组织网络中最常采用的一种学习策略。为使后面的叙述清楚明了,首先说明与之相关的几个基本概念。

6.1.1 基本概念

6.1.1.1 模式、分类、聚类与相似性

在神经网络应用中,输入样本、输入模式和输入模式样本这类术语经常混用。一般当神经网络涉及识别、分类问题时,常用到输入模式的概念。模式是对某些感兴趣的客体的定量描述或结构描述,模式类是具有某些共同特征的模式的集合。分类是在类别知识等导师信号的指导下,将待识别的输入模式分配到各自的模式类中去。无导师指导的分类称为聚类,聚类的目的是将相似的模式样本划归一类,而将不相似的分离开,其结果实现了模式样本的

类内相似性和类间分离性。通过聚类，可以发现原始样本的分布与特性。

由于无导师学习的训练样本中不含有期望输出，因此对于某一输入模式样本应属于哪一类并没有任何先验知识。对于一组输入模式，只能根据它们之间的相似程度分为若干类，因此相似性是输入模式的聚类依据。关于聚类分析的研究，需要解决的问题是：如何决定相似度？如何决定聚类的类别数？如何决定哪种分类的结果是理想的？

6.1.1.2 相似性测量

神经网络的输入模式用向量表示，比较不同模式的相似性可转化为比较两个向量的距离，因而可用模式向量间的距离作为聚类判据。传统模式识别中常用到的两种聚类判据是欧式距离法和余弦法。下面分别予以介绍。

（1）欧氏距离法 为了描述两个输入模式的相似性，常用的方法是计算其欧氏距离，即

$$\|\boldsymbol{X}-\boldsymbol{X}_i\| = \sqrt{(\boldsymbol{X}-\boldsymbol{X}_i)^{\mathrm{T}}(\boldsymbol{X}-\boldsymbol{X}_i)} \tag{6.1}$$

两个模式向量的欧氏距离越小，两个向量越接近，因此认为这两个模式越相似，当两个模式完全相同时其欧氏距离为零。如果对同一类内各个模式向量间的欧氏距离作出规定，不允许超过某一最大值 T，则最大欧氏距离 T 就成为一种聚类判据。从图 6.2(a) 可以看出，同类模式向量的距离小于 T，两类模式向量的距离大于 T。

（2）余弦法 描述两个模式向量的另一个常用方法是计算其夹角的余弦，即

$$\cos\psi = \frac{\boldsymbol{X}^{\mathrm{T}}\boldsymbol{X}_i}{\|\boldsymbol{X}\|\|\boldsymbol{X}_i\|} \tag{6.2}$$

从图 6.2(b) 可以看出，两个模式向量越接近，其夹角越小，余弦越大。当两个模式方向完全相同时，其夹角余弦为 1。如果对同一类内各个模式向量间的夹角作出规定，不允许超过某一最大角 Ψ_T，则最大夹角 Ψ_T 就成为一种聚类判据。同类模式向量的夹角小于 Ψ_T，两类模式向量的夹角大于 Ψ_T。余弦法适合模式向量长度相同或模式特征只与向量方向相关的相似性测量。

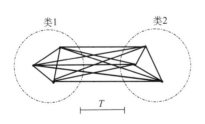
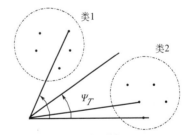

(a)基于欧氏距离法的相似性测量　　　(b)基于余弦法的相似性测量

图 6.2 聚类的相似性测量

（3）内积法 描述两个模式向量的第三种常用方法是计算其内积，即

$$\boldsymbol{X}^{\mathrm{T}}\boldsymbol{X}_i = \|\boldsymbol{X}\|\|\boldsymbol{X}_i\|\cos\psi$$

内积值越大则相似度越高，当两个模式方向完全相同且长度相等时，其相似度取最大值。

不同的相似度会导致所形成的聚类几何特性不同。如图 6.3 所示，若用欧氏距离法度量相似度，会形成大小相似且紧密的圆形聚类；若用余弦法度量相似度，将形成大体同向的狭长形聚类。倘若用内积法度量相似度，则不一定会形成大体同向的狭长形聚类，因为即使两个向量角度几乎相同，但其长度有很大差别，其内积值仍会有较大差异。

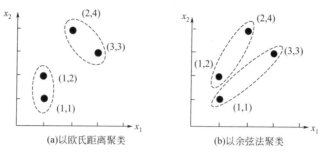

图 6.3　不同相似性测量的聚类结果

6.1.1.3　侧抑制与竞争

实验表明，在人的视网膜、脊髓和海马体中存在一种侧抑制现象，即当一个神经细胞兴奋后，会对其周围的神经细胞产生抑制作用。这种侧抑制使神经细胞之间呈现出竞争，开始时可能多个细胞同时兴奋，但一个兴奋程度最强的神经细胞对周围神经细胞的抑制作用也最强，其结果使其周围神经细胞兴奋度减弱，从而该神经细胞是这次竞争的"胜者"，而其它神经细胞在竞争中失败。为了表现这种侧抑制，图 6.1 所示的网络在竞争层各神经元之间加了许多虚线连接线，它们是模拟生物神经网络层内神经元相互抑制现象的权值。这类抑制性权值常满足一定的分布关系，如距离近的抑制强，距离远的抑制弱。由于权值一般是固定的，训练过程中不需要调整，在各类自组织网络拓扑图中一般予以省略。最强的抑制作用是竞争获胜者"唯我独兴"，不允许其它神经元兴奋，这种做法称为胜者为王。

6.1.1.4　向量归一化

不同的向量有长短和方向的区别，向量归一化的目的是将向量变成方向不变长度为 1 的单位向量。2 维和 3 维单位向量可以在单位圆和单位球上直观表示。单位向量进行比较时，只需比较向量的夹角。向量归一化按下式进行

$$\hat{\boldsymbol{X}} = \frac{\boldsymbol{X}}{\|\boldsymbol{X}\|} = \left(\frac{x_1}{\sqrt{\sum_{j=1}^{n} x_j^2}}, \cdots, \frac{x_n}{\sqrt{\sum_{j=1}^{n} x_j^2}}\right)^{\mathrm{T}} \tag{6.3}$$

式中归一化后的向量用^标记。

6.1.2　竞争学习原理

竞争学习采用的规则是胜者为王，第 2 章曾做过简单介绍，下面结合图 6.1 的网络结构和竞争学习的思想进一步学习该规则。

6.1.2.1　竞争学习规则

在竞争学习策略中采用的典型学习规则称为胜者为王（Winner-Take-All）。该算法可分为 3 个步骤：

（1）向量归一化　首先将自组织网络中的当前输入模式向量 $\boldsymbol{X}$ 和竞争层中各神经元对应的内星向量 $\boldsymbol{W}_j(j=1,2,\cdots,m)$ 全部进行归一化处理，得到 $\hat{\boldsymbol{X}}$ 和 $\hat{\boldsymbol{W}}_j(j=1,2,\cdots,m)$。

（2）寻找获胜神经元　当网络得到一个输入模式向量 $\hat{\boldsymbol{X}}$ 时，竞争层的所有神经元对应的内星权向量 $\hat{\boldsymbol{W}}_j(j=1,2,\cdots,m)$ 均与 $\hat{\boldsymbol{X}}$ 进行相似性比较，将与 $\hat{\boldsymbol{X}}$ 最相似的内星权向量判

为竞争获胜神经元，其权向量记为 $\hat{\boldsymbol{W}}_{j^*}$。测量相似性的方法是对 $\hat{\boldsymbol{W}}_j$ 和 $\hat{\boldsymbol{X}}$ 计算欧氏距离（或夹角余弦）

$$\|\hat{\boldsymbol{X}}-\hat{\boldsymbol{W}}_{j^*}\|=\min_{j\in\{1,2,\cdots,m\}}\{\|\hat{\boldsymbol{X}}-\hat{\boldsymbol{W}}_j\|\} \tag{6.4}$$

将上式展开并利用单位向量的特点，可得

$$\begin{aligned}\|\hat{\boldsymbol{X}}-\hat{\boldsymbol{W}}_{j^*}\|&=\sqrt{(\hat{\boldsymbol{X}}-\hat{\boldsymbol{W}}_{j^*})^{\mathrm{T}}(\hat{\boldsymbol{X}}-\hat{\boldsymbol{W}}_{j^*})}\\&=\sqrt{\hat{\boldsymbol{X}}^{\mathrm{T}}\hat{\boldsymbol{X}}-2\hat{\boldsymbol{W}}_{j^*}^{\mathrm{T}}\hat{\boldsymbol{X}}+\hat{\boldsymbol{W}}_{j^*}^{\mathrm{T}}\hat{\boldsymbol{W}}_{j^*}}\\&=\sqrt{2(1-\boldsymbol{W}_{j^*}^{\mathrm{T}}\hat{\boldsymbol{X}})}\end{aligned}$$

从上式可以看出，欲使两单位向量的欧氏距离最小，须使两向量的点积最大。即

$$\hat{\boldsymbol{W}}_{j^*}^{\mathrm{T}}\hat{\boldsymbol{X}}=\max_{j\in\{1,2,\cdots,m\}}(\hat{\boldsymbol{W}}_j^{\mathrm{T}}\hat{\boldsymbol{X}}) \tag{6.5}$$

于是按式（6.4）求最小欧氏距离的问题就转化为按式（6.5）求最大点积的问题，而权向量与输入向量的点积正是竞争层神经元的净输入。

（3）网络输出与权值调整 胜者为王竞争学习算法规定，获胜神经元输出为1，其余输出为零。即

$$o_j(t+1)=\begin{cases}1,& j=j^*\\0,& j\neq j^*\end{cases} \tag{6.6}$$

只有获胜神经元才有权调整其权向量 $\boldsymbol{W}_{j^*}$，调整后权向量为

$$\begin{cases}\boldsymbol{W}_{j^*}(t+1)=\hat{\boldsymbol{W}}_{j^*}(t)+\Delta\boldsymbol{W}_{j^*}=\hat{\boldsymbol{W}}_{j^*}(t)+\alpha(\hat{\boldsymbol{X}}-\hat{\boldsymbol{W}}_{j^*}),& j=j^*\\\boldsymbol{W}_j(t+1)=\hat{\boldsymbol{W}}_j(t),& j\neq j^*\end{cases} \tag{6.7}$$

式中，$\alpha\in(0,1]$ 为学习率，一般其值随着学习的进展而减小。可以看出，当 $j\neq j^*$ 时，对应神经元的权值得不到调整，其实质是"胜者"对它们进行了强侧抑制，不允许它们兴奋。

应当指出，归一化后的权向量经过调整后得到的新向量不再是单位向量，因此需要对调整后的向量重新归一化。步骤（3）完成后回到步骤（1）继续训练，直到学习率 α 衰减到0。

6.1.2.2 竞争学习原理

设输入模式为2维向量，归一化后其矢端可以看成分布在图6.4单位圆上的点，用"○"表示。设竞争层有4个神经元，对应的4个内星向量归一化后也标在同一单位圆上，用"＊"表示。从输入模式点的分布可以看出，它们大体上聚集为4簇，因而可以分为4类。然而自组织网络的训练样本中只提供了输入模式而没有提供关于分类的指导信息，网络是如何通过竞争机制自动发现样本空间的类别划分呢？

自组织网络在开始训练前先对竞争层的权向量进行随

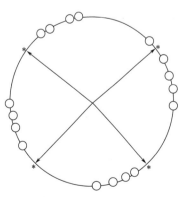

图6.4 竞争学习的几何意义

机初始化。因此在初始状态时，单位圆上的"＊"是随机分布的。前面已经证明，两个等长向量的点积越大，两者越近似，因此以点积最大获胜的神经元对应的权向量应最接近当前输入模式。从图 6.4 可以看出，如果当前输入模式用空心圆"○"表示，单位圆上各"＊"点代表的权向量依次同"○"点代表的输入向量比较距离，结果是离得最近的那个"＊"点获胜。从获胜神经元的权值调整式可以看出，调整的结果是使 $\boldsymbol{W}_m$ 进一步接近当前输入 $\boldsymbol{X}$。这一点从图 6.5 的向量合成图上可以得得很清楚。调整后，获胜"＊"点的位置进一步移向"○"点及其所在的簇。显然，当下次出现与"○"点相像的同簇内的输入模式时，上次获胜的"＊"点更容易获胜。依此方式经过充分训练后，单位圆上的 4 个"＊"点会逐渐移入各输入模式的簇中心，从而使竞争层每个神经元的权向量成为输入模式一个聚类中心。当向网络输入一个模式时，竞争层中哪个神经

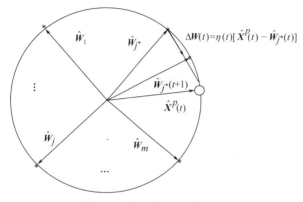

图 6.5　自组织权向量调整

元获胜使输出为 1，当前输入模式就归为哪类。

【例 6.1】　用竞争学习算法将下列各模式分为 2 类

$$\boldsymbol{X}^1=\begin{bmatrix}0.8\\0.6\end{bmatrix}\quad \boldsymbol{X}^2=\begin{bmatrix}0.1736\\-0.9848\end{bmatrix}\quad \boldsymbol{X}^3=\begin{bmatrix}0.707\\0.707\end{bmatrix}\quad \boldsymbol{X}^4=\begin{bmatrix}0.342\\-0.9397\end{bmatrix}\quad \boldsymbol{X}^5=\begin{bmatrix}0.6\\0.8\end{bmatrix}$$

解：为作图方便，将上述模式转换成极坐标形式

$$\boldsymbol{X}^1=1\angle 36.89° \quad \boldsymbol{X}^2=1\angle -80° \quad \boldsymbol{X}^3=1\angle 445° \quad \boldsymbol{X}^4=1\angle -70° \quad \boldsymbol{X}^5=1\angle 53.13°$$

竞争层设两个权向量，随机初始化为单位向量

$$\boldsymbol{W}_1(0)=\begin{bmatrix}1\\0\end{bmatrix}=1\angle 0° \quad\quad \boldsymbol{W}_2(0)=\begin{bmatrix}-1\\0\end{bmatrix}=1\angle 180°$$

取学习率 $\eta=0.5$，按 1～5 的顺序依次输入模式向量，用式（6.7）给出的算法调整权值，每次修改后重新进行归一化。前 20 次训练中两个权向量的变化情况列于表 6.1 中。

表 6.1　权向量调整过程

训练次数	W_1	W_2	训练次数	W_1	W_2
1	18.43°	−180°	11	40.5°	−100°
2	−30.8°	−180°	12	40.5°	−90°
3	7°	−180°	13	43°	−90°
4	−32°	−180°	14	43°	−81°
5	11°	−180°	15	47.5°	−81°
6	24°	−180°	16	42°	−81°
7	24°	−130°	17	42°	−80.5°
8	34°	−130°	18	43.5°	−80.5°
9	34°	−100°	19	43.5°	−75°
10	44°	−100°	20	48.5°	−75°

如将 5 个输入模式和 2 个权向量标在单位圆中，可以明显看出，$\boldsymbol{X}^1$、$\boldsymbol{X}^3$、$\boldsymbol{X}^5$ 属于同一

模式类，其中心向量应为 $\frac{1}{3}(\boldsymbol{X}^1 + \boldsymbol{X}^3 + \boldsymbol{X}^5) = 1\angle 45°$；$\boldsymbol{X}^2$、$\boldsymbol{X}^4$ 属于同一模式类，其中心向量应为 $\frac{1}{2}(\boldsymbol{X}^2 + \boldsymbol{X}^4) = 1\angle -75°$。经过 20 次训练，$\boldsymbol{W}_1$ 和 $\boldsymbol{W}_2$ 就已经非常接近 $1\angle 45°$ 和 $1\angle -75°$了。如果训练继续下去，两个权向量是否会最终收敛于两个模式类中心呢？事实上，如果训练中学习率保持为常数，$\boldsymbol{W}_1$ 和 $\boldsymbol{W}_2$ 将在 $1\angle 45°$ 和 $1\angle -75°$附近来回摆动，永远也不可能收敛。只有当学习率随训练时间不断下降，才有可能使摆动减弱至终止。下面将要介绍的自组织特征映射网就是采取了这种训练方法。

6.2 自组织特征映射神经网络

1981 年芬兰赫尔辛基大学的 T. Kohonen 教授提出一种自组织特征映射网（self-organizing feature map，SOM），又称 Kohonen 网。Kohonen 认为，一个神经网络接收外界输入模式时，将会分为不同的对应区域，各区域对输入模式具有不同的响应特征，而且这个过程是自动完成的。自组织特征映射正是根据这一看法提出来的，其特点与人脑的自组织特性相类似。

6.2.1 SOM 网的生物学基础

生物学研究的事实表明，在人脑的感觉通道上，神经元的组织原理是有序排列。因此当人脑通过感官接收外界的特定时空信息时，大脑皮层的特定区域兴奋，而且类似的外界信息在对应区域是连续映像的。例如，生物视网膜中有许多特定的细胞对特定的图形比较敏感，当视网膜中有若干个接收单元同时受特定模式刺激时，就使大脑皮层中的特定神经元开始兴奋，输入模式接近，对应兴奋神经元也相近。在听觉通道上，神经元在结构排列上与频率的关系十分密切，对于某个频率，特定的神经元具有最大的响应，位置邻近的神经元具有相近的频率特征，而远离的神经元具有的频率特征差别也较大。大脑皮层中神经元的这种响应特点不是先天安排好的，而是通过后天的自组织学习形成的。

对于某一图形或某一频率的特定兴奋过程是自组织特征映射网中竞争机制的生物学基础。而神经元的有序排列以及对外界信息的连续映象在自组织特征映射网中也有反映，当外界输入不同的样本时，网络中哪个位置的神经元兴奋开始是随机的，但自组织训练后会在竞争层形成神经元的有序排列，功能相近的神经元非常靠近，功能不同的神经元离得较远。这一特点与人脑神经元的组织原理十分相似。

6.2.2 SOM 网的拓扑结构与权值调整域

6.2.2.1 拓扑结构

SOM 网共有两层，输入层各神经元通过权向量将外界信息汇集到输出层的各神经元。输入层的形式与 BP 网相同，节点数与样本维数相等。输出层也是竞争层，神经元的排列有多种形式，如一维线阵、二维平面阵和三维栅格阵，常见的是前两种类型，下面分别予以介绍。

输出层按一维阵列组织的 SOM 网是最简单的自组织神经网络，其结构特点与图 6.1 中的网络相同，图 6.6(a) 中的一维阵列 SOM 网的输出层只标出相邻神经元间的侧向连接。

输出按二维平面组织是 SOM 网最典型的组织方式，该组织方式更具有同大脑皮层一样的形象。输出层的每个神经元同它周围的其它神经元侧向连接，排列成棋盘状平面，结构如图 6.6(b) 所示。

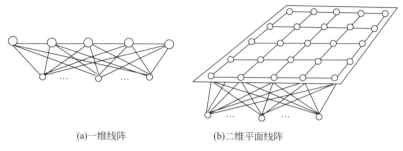

(a)一维线阵   (b)二维平面线阵

图 6.6　SOM 网的输出阵列

6.2.2.2　权值调整域

SOM 网采用的学习算法称为 Kohonen 算法，是在胜者为王算法基础上加以改进而成的，其主要区别在于调整权向量与侧抑制的方式不同。在胜者为王算法中，只有竞争获胜神经元才能调整权向量，其它任何神经元都无权调整，因此它对周围所有神经元的抑制是"封杀"式的。而 SOM 网的获胜神经元对其邻近神经元的影响是由近及远，由兴奋逐渐转变为抑制的，因此其学习算法中不仅获胜神经元本身要调整权向量，它周围的神经元在其影响下也要程度不同地调整权向量。这种调整可用图 6.7 中的三种函数表示，其中图 6.7(b) 中的函数曲线是由图 6.7(a) 中的两个正态曲线组合而成的。

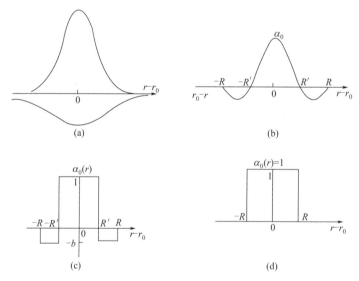

图 6.7　三种激励函数

将图 6.7(b)～(d) 中的三种函数沿中心轴旋转后可形成形状似帽子的空间曲面，按顺序分别称为墨西哥帽函数、大礼帽函数和厨师帽函数。其中墨西哥帽函数是 Kohonen 提出来的，它表明获胜节点有最大的权值调整量，邻近的节点有稍小的调整量，离获胜节点距离越大，权的调整量越小，直到某一距离 R 时，权值调整量为零。当距离再远一些时，权值调整量略负，更远时又回到零。墨西哥帽函数表现出的特点与生物系统十分相似，但其计算上的复杂性影响了网络训练的收敛性。因此在 SOM 网的应用中常使用与墨西哥函数类似的简化函数，如大礼帽函数和进一步简化的厨师帽函数。

以获胜神经元为中心设定一个邻域半径，该半径圈定的范围称为优胜邻域。在 SOM 网学习算法中，优胜邻域内的所有神经元均按其离开获胜神经元的距离远近不同程度地调整权值。优胜邻域开始定得很大，但其大小随着训练次数的增加不断收缩，最终收缩到半径为零。

6.2.3 自组织特征映射网的运行原理与学习算法

6.2.3.1 运行原理

SOM 网的运行分训练和工作两个阶段。在训练阶段，对网络随机输入训练集中的样本。对某个特定的输入模式，输出层会有某个节点产生最大响应而获胜，而在训练开始阶段，输出层哪个位置的节点将对哪类输入模式产生最大响应是不确定的。当输入模式的类别改变时，二维平面的获胜节点也会改变。获胜节点周围的节点因侧向相互兴奋作用也产生较大响应，于是获胜节点及其优胜邻域内的所有节点所连接的权向量均向输入向量的方向作程度不同调整，调整力度依邻域内各节点距获胜节点的远近而不同。网络通过自组织方式，用大量训练样本调整网络的权值，最后使输出层各节点成为对特定模式类敏感的神经细胞，对应的内星权向量成为各输入模式类的中心向量。并且当两个模式类的特征接近时，代表这两类的节点在位置上也接近，从而在输出层形成能够反映样本模式类分布情况的有序特征图。

SOM 网训练结束后，输出层各节点与各输入模式类的特定关系就完全确定了，因此可用作模式分类器。当输入一个模式时，网络输出层代表该模式类的特定神经元将产生最大响应，从而将该输入自动归类。应当指出的是，当向网络输入的模式不属于网络训练时见过的任何模式类时，SOM 网只能将它归入最接近的模式类。

6.2.3.2 学习算法

对应于上述运行原理的学习算法称为 Kohonen 算法，按以下步骤进行：

（1）初始化 对输出层各权向量赋小随机数并进行归一化处理，得到 $\hat{W}_j$，$j=1,2,\cdots,m$；建立初始优胜邻域 $N_{j*}(0)$；学习率 η 赋初始值。

（2）接收输入 从训练集中随机选取一个输入模式并进行归一化处理，得到 $\hat{X}^p$，$p\in\{1,2,\cdots,P\}$。

（3）寻找获胜节点 计算 $\hat{X}^p$ 与 $\hat{W}_j$ 的点积，$j=1,2,\cdots,m$，从中选出点积最大的获胜节点 j^*；如果输入模式未经归一化，应按式(6.4)计算欧氏距离，从中找出距离最小的获胜节点。

（4）定义优胜邻域 $N_{j*}(t)$ 以 j^* 为中心确定 t 时刻的权值调整域，一般初始邻域 $N_{j*}(0)$ 较大，训练过程中 $N_{j*}(t)$ 随训练时间逐渐收缩，如图 6.8 所示。

（5）调整权值 对优胜邻域 $N_{j*}(t)$ 内的所有节点调整权值：

$$w_{ij}(t+1)=w_{ij}(t)+\eta(t,N)[x_i^p-w_{ij}(t)], \quad i=1,2,\cdots,n; j\in N_{j*}(t) \qquad (6.8)$$

式中，$\eta(t,N)$ 是训练时间 t 和邻域内第 j 个神经元与获胜神经元 j^* 之间的拓扑距离 N 的函数，该函数一般有以下规律：

$$t\uparrow\to\eta\downarrow, N\uparrow\to\eta\downarrow$$

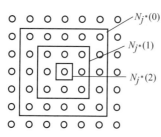
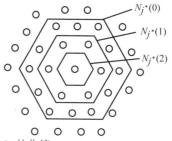

图 6.8 邻域 $N_{j^*}(t)$ 的收缩

很多函数都能满足以上规律，例如可构造如下函数：

$$\eta(t,N)=\eta(t)\mathrm{e}^{-N} \tag{6.9}$$

式中，$\eta(t)$ 可采用 t 的单调下降函数，图 6.9 给出几种可用的类型。这种随时间单调下降的函数也称为退火函数。

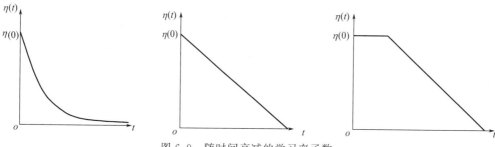

图 6.9 随时间衰减的学习率函数

（6）结束检查　SOM 网的训练不存在类似 BP 网中的输出误差概念，训练何时结束是以学习率 $\eta(t)$ 是否衰减到零或某个预定的正小数为条件的，不满足结束条件则回到步骤（2）。

Kohonen 学习算法的程序流程图如图 6.10 所示。

6.2.3.3　功能分析

（1）SOM 网的功能特点之一是保序映射。即能将输入空间的样本模式类有序地映射在输出层上，下面通过一个例子进行说明。

【例 6.2】　动物属性特征映射。

1989 年 Kohonen 给出一个 SOM 网的著名应用实例，即把不同的动物按其属性特征映射到二维输出平面上，使属性相似的动物在 SOM 网输出平面上的位置也相近。该例训练集中共有 16 种动物，每种动物用一个 29 维向量来表示，其中前 16 个分量构成符号向量，对不同的动物进行"16 取 1"编码；后 13 个分量构成属性向量，描述动物的 13 种属性，用 1 或 0 表示某动物该属性的有或无。表 6.2 中的各列给出 16 种动物的属性列向量。

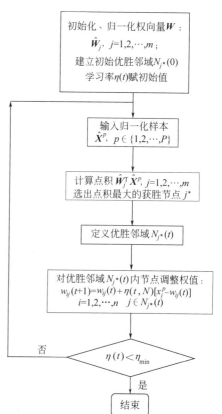

图 6.10　Kohonen 学习算法程序流程

表 6.2　16 种动物的属性列向量

属性	鸽子	母鸡	鸭	鹅	猫头鹰	隼	鹰	狐狸	狗	狼	猫	虎	狮	马	斑马	牛
小	1	1	1	1	1	1	0	0	0	0	1	0	0	0	0	0
中	0	0	0	0	0	0	1	1	1	1	0	0	0	0	0	0
大	0	0	0	0	0	0	0	0	0	0	0	1	1	1	1	1
2 只腿	1	1	1	1	1	1	1	0	0	0	0	0	0	0	0	0
4 只腿	0	0	0	0	0	0	0	1	1	1	1	1	1	1	1	1
毛	0	0	0	0	0	0	0	1	1	1	1	1	1	1	1	1
蹄	0	0	0	0	0	0	0	0	0	0	0	0	0	1	1	1
鬃毛	0	0	0	0	0	0	0	0	0	1	0	0	1	1	1	0
羽毛	1	1	1	1	1	1	1	0	0	0	0	0	0	0	0	0
猎	0	0	0	0	1	1	1	1	0	1	1	1	1	0	0	0
跑	0	0	0	0	0	0	0	0	1	1	0	1	1	1	1	0
飞	1	0	0	1	1	1	1	0	0	0	0	0	0	0	0	0
泳	0	0	1	1	0	0	0	0	0	0	0	0	0	0	0	0

　　SOM 网的输出平面上有 10×10 个神经元，用 16 个动物模式轮番输入进行训练，最后输出平面上出现图 6.11 所示的情况。可以看出，属性相似的动物在输出平面上挨在一起，实现了特征的有序分布。

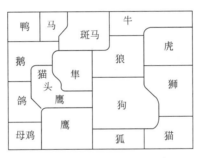

图 6.11　动物属性特征映射

　　（2）SOM 网的功能特点之二是数据压缩。数据压缩是指将高维空间的样本在保持拓扑结构不变的条件下投影到低维空间。在这方面，SOM 网具有明显的优势。无论输入样本空间是多少维的，其模式样本都可以在 SOM 网输出层的某个区域得到响应。SOM 网经过训练后，在高维空间相近的输入样本，其输出响应节点的位置也接近。因此对于任意 n 维输入空间的样本，均可通过投影到 SOM 网的一维或二维输出层上完成数据压缩。如上例中的输入样本空间为 29 维，通过 SOM 网后压缩为二维平面的数据。

　　（3）SOM 网的功能特点之三是特征抽取。从特征抽取的角度看高维空间样本向低维空间的映射，SOM 网的输出层相当于低维特征空间。在高维模式空间，很多模式的分布具有复杂的结构，从数据观察很难发现其内在规律。当通过 SOM 网映射到低维输出空间后，其规律往往一目了然，因此这种映射就是一种特征抽取。高维空间的向量经过特征抽取后可以在低维特征空间更加清晰地表达，因此映射的意义不仅仅是单纯的数据压缩，更是一种规律发现。下面以字符排序为例进行分析。

　　【例 6.3】　SOM 网用于字符排序。

　　用 32 个字符作为 SOM 网的输入样本，包括 26 个英文字母和 6 个数字（1～6）。每个字符对应于一个 5 维向量，各字符与相应向量 X 的 5 个分量的对应关系见表 6.3。由表 6.3

可以看出，代表 A、B、C、D、E 的各向量中有 4 个分量相同，即 $x_i^A = x_i^B = x_i^C = x_i^D = x_i^E = 0 (i=1,2,3,4)$，因此应为一类；代表 F、G、H、I、J 的向量中有 3 个分量相同，同理也应归为一类；其它类推。这样就可根据表 6.3 中输入向量的相似关系，将对应的字符标在图 6.12 所示的树形结构图中。

表 6.3 字符与对应向量

分量	A	B	C	D	E	F	G	H	I	J	K	L	M	N	O	P	Q	R	S	T	U	V	W	X	Y	Z	1	2	3	4	5	6
x_0	1	2	3	4	5	3	3	3	3	3	3	3	3	3	3	3	3	3	3	3	3	3	3	3	3	3	3	3	3	3	3	3
x_1	0	0	0	0	0	1	2	3	4	5	3	3	3	3	3	3	3	3	3	3	3	3	3	3	3	3	3	3	3	3	3	3
x_2	0	0	0	0	0	0	0	0	0	0	1	2	3	4	5	6	7	8	3	3	3	6	6	6	6	6	6	6	6	6	6	6
x_3	0	0	0	0	0	0	0	0	0	0	0	0	0	0	0	0	0	0	1	2	3	4	1	2	3	4	2	2	2	2	2	2
x_4	0	0	0	0	0	0	0	0	0	0	0	0	0	0	0	0	0	0	0	0	0	0	0	0	0	0	1	2	3	4	5	6

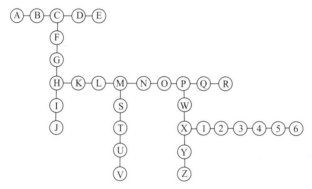

图 6.12 字符相似关系的树形结构

SOM 网络输出阵列为二维平面阵，该阵列由 70 个神经元组成，每个神经元用 5 维内星向量与 5 维输入模式相连。将训练集中代表各字符的输入向量 $\boldsymbol{X}^p$ 随机选取后送入网络进行训练，经过 10000 步训练，各权向量趋于稳定，此时可对该网络输出进行校准，即根据输出阵列神经元与训练集的已知模式向量的对应关系贴标号。例如，当输入向量 B 时，输出平面的左上角神经元在整个阵列中产生最强的响应，于是该神经元被标为 B。在输出层的 70 个神经元中，有 32 个神经元有标号而另外 38 个为未用神经元。

图 6.13 给出通过自组织学习后的输出结果。SOM 网完成训练后，对于每一个输入字符，输出平面中都有一个特定的神经元对其最敏感，这种输入-输出的映射关系在输出特征平面中表现得非常清楚。SOM 网经自组织学习后在输出层形成了有规则的拓扑结构，在神经元阵列中各字符之间的相互位置关系与它们在树状结构中的相互位置关系相当类似，两者结构特征上的一致性是非常明显的。输出平面上的·号表示处于自由状态的神经元，它们对任何输入样本都不会发生兴奋。

```
B C D E  ·  Q R  ·  Y Z
A · · ·  P  ·  X ·
·  F  ·  N O  ·  W · · 1
·  G  M  ·  ·  ·  · · 2
H K L  ·  T U  ·  3
·  I  ·  ·  ·  ·  · · 4
·  J  ·  S  ·  V  ·  5 6
```

图 6.13 SOM 网字符排序输出阵列

6.3　基于 Python 的 SOM 网络设计与实现

本节首先基于 Vettigli，G. 的程序包 Minisom 介绍 SOM 网络的程序设计思路，然后给出基于 neupy 扩展库的 SOM 设计方法。

6.3.1　SOM 网络的程序设计思路

Minisom 采用基于类的方式，首先将 SOM 网络设计成一个名为 MiniSom 的类，在类中定义各种参数和方法，完成相应功能。

整个程序的设计思路如图 6.14 所示：

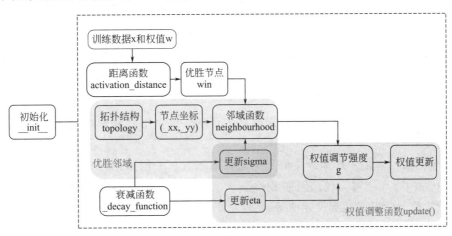

图 6.14　SOM 网络程序设计思路

下面重点介绍_init_()初始化函数和权值调整函数 update()。其中_init_()初始化函数的主要参数有输出层的最大坐标(x,y)、邻域范围参数 sigma、学习率 learning_rate、用于调节 sigma 和 learning_rate 的衰减函数 decay_function、邻域函数（即图 6.7 中的权值调整域的激励函数）neighborhood_function、拓扑结构（矩形或六边形）topology，用于确定各个节点的位置坐标。

```
class MiniSom(object):
    """初始化 SOM 网络."""
    def __init__(self, x, y, input_len, sigma=1.0, learning_rate=0.5,
                 decay_function=asymptotic_decay,
                 neighborhood_function='gaussian',
topology='rectangular',
                 activation_distance='euclidean', random_seed=None):
```

而 update()则是权值参数调整的核心函数，其中涉及的参数有:._weights 为权值参数，x 为当前训练样本；win 为获胜神经元的位置；t 为迭代步数；max_iteration 为最大训练步数；eta 为学习率 η，随着时间衰减；确定邻域范围的参数 sigma 也随着时间进行衰减；g 为根据激励函数的形状不同以及学习率，邻域内神经元节点的最终调整强度。这些参数的调节需要调用衰减函数 decay_function 和激励函数 neighborhood_function，而不同的拓扑结构

topology 将决定各节点的坐标，节点坐标影响邻域优胜节点对其它节点的影响 g。

```python
def update(self, x, win, t, max_iteration):
        eta = self._decay_function(self._learning_rate, t,
max_iteration)
        sig = self._decay_function(self._sigma, t, max_ite
ration)
        g = self.neighborhood(win, sig)*eta
        # w_new = eta * neighborhood_function * (x-w)
        self._weights += einsum('ij, ijk->ijk', g, x-self.
_weights)
```

程序的其它重点部分如寻找获胜神经元以及优胜邻域对调节权值的作用在设计中可以参考以下方式：

① 寻找获胜神经元：获胜神经元是与当前样本距离最近的神经元，因此程序设计要点是首先定义距离函数，例如欧氏距离；其次是对所有计算出的距离进行排序，找出距离最小的，其对应的神经元即为获胜神经元。程序设计时，可以设计两个函数，一是距离函数，一个是排序寻找优胜神经元的函数。

② 定义优胜邻域：首先要设计输出网格的形状，这个形状和影响范围可以通过节点的坐标来确定。

③ 权值参数的调整：这部分主要是更新权值参数，一般采用迭代的方式实现，因此在程序设计中采用循环结构实现，例如 for 循环，因此需要设计循环终止条件，例如步数 epoch 达到设定值、学习率达到设定值等。

6.3.2　基于 neupy 扩展模块的 SOM 网络程序设计

除了专门用于设计 SOM 的开源程序之外，还有一些通用神经网络扩展模块中也有关于 SOM 的设计，例如 neupy 扩展模块。

在这个程序中，安装 neupy 扩展模块后（pip install neupy），调用函数 algorithms. SOFM()即可创建 SOM 网络，这个函数的参数涵盖了设计 SOM 网络的各个方面，包括邻域设计、输出节点设计、学习率设计等，下面对主要参数进行说明：

n_inputs：输入数据的维度。

n_outputs：输出数据的维度。

learning_radius：优胜邻域半径，数值越大表示调整的神经元越多，如果为 0 则不调整任何邻域的神经元。

std：控制邻域内权值调整的大小。

features_grid：控制输出神经元的排列方式，例如一维线阵、二维平面阵等。

grid_type:{rect,hexagon}定义邻域内神经元的连接方式，是矩形还是六边形等，默认采用 rect 矩形方式。

distance:{euclid,dot_product,cos}，计算距离的方式，包括欧氏距离、点积以及向量夹角的 cos 值，默认采用欧氏距离。

weight：权值参数。

step：学习率，默认为 0.1。

show_epoch：训练状态显示步长。

shuffle_data：是否打乱训练数据的顺序。

verbose：控制最终的详细信息是否输出，默认为 False，禁止输出。

下面是一个测试程序：

```python
import numpy as np #导入相关的数值运算模块 numpy
import matplotlib.pyplot as plt #导入绘图模块 matplotlib
from neupy import algorithms, utils #导入 neupy

plt.style.use('ggplot')
#输入样本
X = np.array([
    [0.1961, 0.9806],
    [-0.1961, 0.9806],
    [0.9806, 0.1961],
    [0.9806, -0.1961],
    [-0.5812, -0.8137],
    [-0.8137, -0.5812],
    ])
#网络设计
sofmnet = algorithms.SOFM(
n_inputs=2,
n_outputs=3,

step=0.5,
show_epoch=20,
shuffle_data=True,
verbose=True,

learning_radius=0,
features_grid=(3, 1),
    )

plt.plot(X.T[0:1, :], X.T[1:2, :], 'ko')
sofmnet.train(X, epochs=100)

print("> Start plotting")
plt.xlim(-1, 1.2)
plt.ylim(-1, 1.2)

plt.plot(sofmnet.weight[0:1, :], sofmnet.weight[1:2, :], 'bx')
plt.show()

for data in X:
    print(sofmnet.predict(np.reshape(data, (2, 1)).T))
```

运行结果如下：

```
Main information

[ALGORITHM] SOFM

[OPTION] verbose = True
[OPTION] epoch_end_signal = None
[OPTION] show_epoch = 20
[OPTION] shuffle_data = True
[OPTION] step = 0.5
[OPTION] train_end_signal = None
[OPTION] n_inputs = 2
[OPTION] distance = euclid
[OPTION] features_grid = [3, 1]
[OPTION] grid_type = rect
[OPTION] learning_radius = 0
[OPTION] n_outputs = 3
[OPTION] reduce_radius_after = 100
[OPTION] reduce_std_after = 100
[OPTION] reduce_step_after = 100
[OPTION] std = 1
[OPTION] weight = Normal(mean=0, std=0.01)


Start training

[TRAINING DATA] shapes: (6, 2)
[TRAINING] Total epochs: 100
```

Epoch	Train err	Valid err	Time
1	0.50154	-	10 ms
20	0.12655	-	998 μs
40	0.12384	-	2 ms
60	0.12162	-	2 ms
80	0.11939	-	2 ms
100	0.11676	-	3 ms

> Start plotting

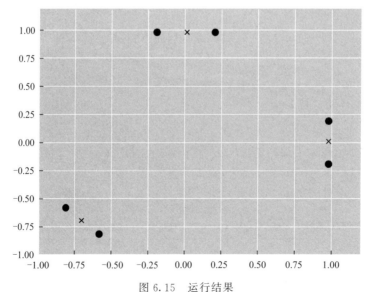

图 6.15　运行结果

由图 6.15 可以看出，输入的 6 个样本被聚为 3 类，聚类中心处于所属类别样本的中心附近，具有典型的代表性。

6.4 自组织特征映射网络的设计与应用

6.4.1 SOM 网的设计基础

SOM 网输入层的设计与 BP 网相似，而输出层的设计以及网络参数的设计比 BP 网复杂得多，是网络设计的重点。下面分几个方面讨论。

6.4.1.1 输出层设计

输出层的设计有两个问题，一个是节点数的设计，一个是节点排列的设计。节点数与训练集样本有多少模式类有关。如果节点数少于模式类数，则不足以区分全部模式类，训练的结果势必将相近的模式类合并为一类。这种情况相当于对输入样本进行"粗分"。如果节点数多于模式类数，一种可能是将类别分得过细，而另一种可能是出现"死节点"，即在训练过程中，某些节点从未获胜过且远离其它获胜节点，因此它们的权向量从未得到过调整。在解决分类问题时，如果对类别数没有确切信息，宁可先设置较多的输出节点，以便较好地映射样本的拓扑结构，如果分类过细再酌情减少输出节点。"死节点"问题一般可通过重新初始化权值得到解决。

输出层的节点排列成哪种形式取决于实际应用的需要，排列形式应尽量直观反映出实际问题的物理意义。例如，对于旅行路径类的问题，二维平面比较直观；对于一般的分类问题，一个输出节点就能代表一个模式类，用一维线阵意义明确且结构简单；而对于机器人手臂控制问题，按三维栅格排列的输出节点更能反映出手臂运动轨迹的空间特征。

6.4.1.2 权值初始化问题

SOM 网的权值一般初始化为较小的随机数，这样做的目的是使权向量充分分散在样本空间。但在某些应用中，样本整体上相对集中于高维空间的某个局部区域，权向量的初始位置却随机地分散于样本空间的广阔区域，训练时必然是离整个样本群最近的权向量被不断调整，并逐渐进入全体样本的中心位置，而其它权向量因初始位置远离样本群而永远得不到调整。如此训练的结果可能使全部样本聚为一类。解决这类问题的思路是尽量使权值的初始位置与输入样本的大致分布区域重合。图 6.16 给出两种初始权值的分布情况，显然，当初始权向量与输入模式向量整体上呈混杂状态时，不仅不会出现所有样本聚为一类的情况，而且会大大提高训练速度。

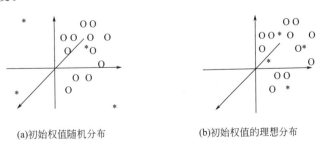

(a)初始权值随机分布   (b)初始权值的理想分布

图 6.16 权向量的初始化

根据上述思路，一种简单易行的方法是从训练集中随机抽出 m 个输入样本作为初始权值，即

$$W_j(0)=X^{k_{\text{ram}}},j=1,2,\cdots,m \tag{6.10}$$

式中，k_{ram} 是输入样本的顺序随机数，$k_{\text{ram}}\in\{1,2,\cdots,P\}$。因为任何 $X^{k_{\text{ram}}}$ 一定是输入空间某个模式类的成员，各个权向量按上式初始化后从训练一开始就分别接近了输入空间的各模式类，占据了十分有利的"地形"。另一种可行的办法是先计算出全体样本的中心向量

$$\bar{X}=\frac{1}{P}\sum_{p=1}^{P}X^p \tag{6.11}$$

在该中心向量基础上叠加小随机数作为权向量初始值，也可将权向量的初始位置确定在样本群中。

6.4.1.3　优胜邻域 $N_{j*}(t)$ 的设计

优胜邻域 $N_{j*}(t)$ 的设计原则是使邻域不断缩小，这样输出平面上相邻神经元对应的权向量之间既有区别又有相当的相似性，从而保证当获胜节点对某一类模式产生最大响应时，其邻近节点也能产生较大响应。邻域的形状可以是正方形、六边形或圆形。

优胜邻域的大小用邻域半径表示，$r(t)$ 的设计目前还没有一般化的数学方法，通常凭借经验选择。下面给出两种计算式

$$r(t)=C_1\left(1-\frac{t}{t_{\text{m}}}\right) \tag{6.12}$$

$$r(t)=C_1\exp(-B_1t/t_{\text{m}}) \tag{6.13}$$

式中，C_1 为与输出层节点数 m 有关的正常数；B_1 为大于 1 的常数；t_{m} 为预先选定的最大训练次数。

6.4.1.4　学习率 $\eta(t)$ 的设计

$\eta(t)$ 是网络在时刻 t 的学习率，在训练开始时 $\eta(t)$ 可以取值较大，之后以较快的速度下降，这样有利于很快捕捉到输入向量的大致结构。然后 $\eta(t)$ 又在较小的值上缓降至 0 值，这样可以精细地调整权值使之符合输入空间的样本分布结构，按此规律变化的 $\eta(t)$ 表达式如下

$$\eta(t)=C_2\left(1-\frac{t}{t_{\text{m}}}\right) \tag{6.14}$$

还有一种 $\eta(t)$ 随训练时间线性下降至 0 值的规律

$$\eta(t)=C_2\exp(-B_2t/t_{\text{m}}) \tag{6.15}$$

式中，C_2 为 0～1 的常数；B_2 为大于 1 的常数。

SOM 网的功能特色明显，但也存在以下局限性：

① 隐层神经元数目难以确定，因此隐层神经元往往未能充分利用，某些距离学习向量远的神经元不能获胜，从而成为死节点；

② 聚类网络的学习速率需人为确定，学习终止往往需要人为控制，影响学习精度；

③ 隐层的聚类结果与初始权值有关。

6.4.2 设计与应用实例

6.4.2.1 SOM网用于物流中心城市分类评价

近年来，随着现代物流理念在国内的普及，北京、天津、上海、广州、深圳、苏州、厦门、芜湖、武汉等发达城市纷纷投资，积极筹建各类不同层次、规模和功能的物流中心。一个城市是否可以作为物流中心城市，除了其自身需要具备一定条件外，还要考虑与区域内其他城市之间的协调发展。同时考虑到各个城市在区域内具有不同的地位和作用，可能存在多个不同层次和类型的物流中心城市，因此这实际上是一个分类评价问题。

(1) 物流中心城市评价指标与数据样本　物流中心城市除了要有一定的经济实力外，还要具备较强的区位优势和良好的交通运输条件，因此可以从经济实力和运输条件两方面来构建评价指标体系。为了说明SOM方法的可应用性，仅简单选取5个评价指标作为网络输入：x_1——人均GDP（元），x_2——工业总产值（亿元），x_3——社会消费品零售总额（亿元），x_4——批发零售贸易总额（亿元），x_5——货运总量（万吨）。以国内44个公路主枢纽城市作为分类评价对象，建立如表6.4所示的数据样本。

表6.4　物流中心城市分类评价样本

城市	x_1/元	x_2/亿元	x_3/亿元	x_4/亿元	x_5/10^4t	城市	x_1/元	x_2/亿元	x_3/亿元	x_4/亿元	x_5/10^4t
北京	27527	2738.30	1494.83	3055.63	30500	青岛	29682	1212.02	182.80	598.06	29068
天津	22073	2663.56	782.33	1465.65	28151	烟台	21017	298.73	92.71	227.39	8178
石家庄	25584	467.42	156.02	763.46	12415	郑州	17330	261.80	215.63	402.98	7373
唐山	19387	338.67	95.73	199.69	14522	武汉	17882	1020.84	685.82	1452	16244
太原	13919	304.13	141.94	155.22	15170	长沙	26327	241.53	269.93	369.83	7550
呼和浩特	13738	82.23	69.27	108.12	2415	衡阳	12386	61.53	63.95	72.65	3004
沈阳	21736	729.04	590.26	1752.4	15156	广州	42828	2446.97	1166.10	3214.19	24500
大连	34659	1003.56	431.83	728.08	19736	深圳	152099	3079.63	609.26	801.06	5167
长春	24799	900.26	309.75	173.99	10346	汕头	19414	192.93	112.96	280.84	1443
哈尔滨	20737	402.73	360.38	762.94	8814	湛江	15290	228.45	99.08	149.16	5524
上海	40788	6935.57	1531.89	3921.2	49499	南宁	17715	109.39	142.08	264.32	3371
南京	26697	1579.21	401.20	1253.73	14120	柳州	17598	256.76	68.93	159.44	3397
徐州	19727	295.73	108.17	187.39	7124	海口	24782	100.13	81.03	142.54	2018
连云港	17869	112.18	47.94	134.89	4096	成都	22956	412.23	400.56	754.07	23724
杭州	31784	1615.63	373.28	1788.29	15841	重庆	9778	870.82	389.60	823.72	29470
宁波	46471	751.58	167.70	529.68	11182	贵阳	13176	207.95	108.93	285.27	4885
温州	29781	381.93	233.44	272.84	6292	昆明	24554	303.78	227.44	428.64	12084
合肥	19770	330.14	140.14	328.98	2903	西安	16002	449.14	323.37	558.27	7728
福州	33570	379.51	209.72	613.24	7280	兰州	16629	354.30	163.97	374.9	5401
厦门	42039	803.29	186.55	620.47	2547	西宁	7261	38.00	48.95	91.14	1837
南昌	19923	238.82	14.09	348.21	3246	银川	12779	77.74	41.22	53.16	1573
济南	25642	616.97	323.08	462.39	13057	乌鲁木齐	19793	251.19	129.05	277.8	9283

注：表6.4中的数据来自2002年城市统计年鉴。

（2）物流中心城市的分类和评价分析　从物流中心城市在区域经济发展和区域物流网络中的地位和作用来看，可以划分为全国性物流中心城市、区域性物流中心城市和地区性物流中心城市3个层次。而从城市在经济水平和货运总量两方面的发展状况来衡量，又可以分为综合型和货运型两大类。按照SOM算法步骤，取开始的1000次迭代为排序阶段，学习率为0.9；其后为收敛阶段，学习率为0.02。将表6.4提供的数据样本，进行归一化处理，输入网络进行训练。经过试验比较，最终取类别数为8，得到如表6.5所示的分类结果。根据表6.5中的分类和评价结果，可以得出以下认识：

类别1和类别2中的城市（北京、上海、广州、天津）属于全国性物流中心城市，通过对比可以看出，类别1偏于综合型，类别2偏于货运型。

类别3、类别4和类别5中的城市（沈阳、南京、杭州、武汉、大连、青岛、成都、重庆、石家庄、唐山、太原、宁波、济南、昆明）属于区域性物流中心城市，其中类别3偏于综合型，而类别4和类别5偏于货运型。

类别6和类别7中的城市（长春、哈尔滨、温州、福州、厦门、郑州、长沙、西安、徐州、合肥、烟台、兰州、乌鲁木齐）属于地区性物流中心城市。

类别8中的城市从其目前的经济发展状况和货运总量来看，成为物流中心城市的时机和条件尚不是很成熟。

从表6.5的分类结果来看，类别3中还包括深圳，其本身具有很强的经济实力，但物流量优势并不明显，而且和其距离很近的广州作为全国性物流中心城市，两者所面对的物流吸引区基本一致，深圳如果要建设物流中心城市，必须考虑与广州的协调发展。

表 6.5　物流中心城市分类结果

类别	城　　市	x_1 均值/元	x_2 均值/亿元	x_3 均值/亿元	x_4 均值/亿元	x_5 均值/10^4 t
1	北京,上海,广州	37048	4040.3	1397.6	3397	34833
2	天津	22073	2663.6	782.33	1465.7	28151
3	沈阳,南京,杭州,武汉	24525	1236.2	512.64	1561.6	15340
	深圳	152099	3079.63	609.26	801.06	5167
4	大连,青岛,成都,重庆	24269	874.66	351.19	726.98	25500
5	石家庄,唐山,太原,宁波,济南,昆明	25926	463.76	185.32	423.18	13072
6	长春,哈尔滨,温州,福州,厦门,郑州,长沙,西安	26323	477.55	263.6	471.82	7241.3
7	徐州,合肥,烟台,兰州,乌鲁木齐	19387	306.02	126.81		
8	呼和浩特,连云港,南昌,衡阳,汕头,湛江,南宁,柳州,海口,贵阳,西宁,银川	15994	142.18	74.868	174.15	3067.4

6.4.2.2　SOM 网用于遥感影像分类

遥感影像主要通过像元亮度值的差异或其空间梯度变化来表示不同地物间的差异。像元间的亮度差异反映了地物光谱信息的差异，而空间变化的差异则反映了地物的空间信息，这是遥感影像分类的物理依据。遥感影像的传统统计模式识别方法是采用 Bayes 分类器实现的，该方法假定各类服从 Gauss 正态分布，按待分像元与已知模式的相近程度进行分类。在多源数据的情况下，不同来源的空间数据可能不具备正态分布特征，另外，一些地面实测的离散类别数据不一定符合统计分布模型，传统统计分类方法难以对此进行分类。人工神经网络方法可解决上述存在的困难，下面介绍 SOM 网络在遥感影响分类中的应用。

（1）土地利用分类类别的确定　根据"浙江省国土资源遥感综合调查"项目，将浙江省绍兴市及其附近地貌类型丰富地区作为实验区，实验区影像为 700 ×420 个像元。

使用美国地球资源探测卫星 Landsat TM1-5 和 TM7 波段数据❶，应用 SOM 网结合地理辅助数据对遥感影像的土地利用和覆盖情况进行分类。参照全国农业区划委员会 1984 年颁发的《土地利用现状调查规程》，结合实地考察结果，确定土地利用的类别为 7 类，即水体、有林地、水田、茶园、旱地、居民地和桑园等。

（2）数据预处理　图 6.17 为分类类别在 TM 各波段的波谱特征。可以看出水体和林地有较好的光谱分辨性，而旱地、桑园和茶园等其它地类光谱特征较为接近，因此需要增加一些地理辅助数据以获得较好的分类精度。从图 6.17 还可以看出，TM1、TM2、TM7 波段中各分类类别的亮度值较为接近，所以对 TM1、TM2、TM7 波段进行 KL（主成分变换）变换，取其第一分量 KL1 作为一个新波段，因此，SOM 网络分类所采用的光谱数据为 KL1，TM3，TM4 和 TM5。随光谱数据同时输入神经网络的地理辅助数据为 DEM❷ 数据和坡度数据，所有数据均需进行归一化处理。

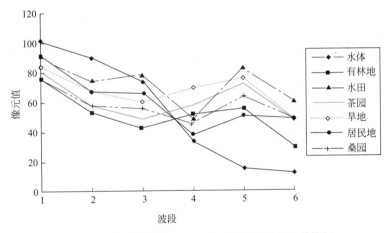

图 6.17　分类类别在 TM1-5 和 TM7 波段的波谱特征

（3）SOM 网分类　通过上述数据预处理，得到四种光谱数据以及两种辅助数据，从而构成 6 维输入模式向量。由于实验区土地利用类型共分为 7 类，输出层的自组织图采用 10×10 的二维平面阵，以表达各种分类类别的特征。共使用 600 个像元样本来训练网络，设定学习率 $\eta(t)$ 的初始值为 0.5，邻域半径为 1，以 $\eta(t)$ 衰减到 0.007 为训练结束条件。图 6.18 为训练结束后 SOM 网的自组织图，用 1～7 分别表示水田、旱地、桑园、茶园、有林地、居民地和水体，0 表示没有归属类的神经元。由图 6.18 可看出，共有 33 个神经元没有归属类，说明其周围各类之间较少重叠，因此该 SOM 网能较好地区分出各类别。

---

❶ 1972 年起，美国发射了系列陆地卫星，包括陆地卫星 Landsat 1～7 号，所携带的传感器由四波段的多光谱扫描仪发展到 20 世纪 80 年代初投入使用的专题制图仪（TM，7 个波段）。
❷ 数字高程模型（DEM）是一定区域范围内规则格网点的平面坐标及其高程的数据集或经纬度和海拔高度的数据集。

```
7 7 7 7 7 0 6 0 5 5
7 7 7 0 0 6 6 0 0 5
7 0 0 0 3 0 6 0 5 5
0 0 0 3 3 0 3 3 5 5
4 4 0 0 4 3 3 0 5 5
4 4 4 4 0 4 0 4 0 0
0 0 4 4 4 4 4 0 1 1
2 2 0 2 0 0 0 1 1 1
2 2 2 2 2 2 0 1 1 1
2 0 2 2 0 1 0 1 1 1
```

图 6.18　用于最后分类的 SOM 网的自组织图

（4）实验结果评价　为了验证该方法的有效性，采用基于 Bayes 统计理论的最大似然法与 BP 算法进行影像分类并与其比较。对实验区土地选取 500 个点作为实测数据，然后将 500 个点的实测数据分别与上述 3 种方法的分类结果进行比较。表 6.6 为各分类器对每类地物的分类精度及该分类器 Kappa 系数和分类总精度。对于水体，由于其光谱可分性较好，3 种方法均能获得较好的分类精度，精度可达 95%。3 种方法中 SOM 网的林地分类精度最高，可达 86%，最大似然法的分类精度最低。

表 6.6　不同分类方法的分类精度对照表

分类器	水体	旱地	桑园	茶园	有林地	居民地	水田	Kappa 系数	总精度
最大似然法	96%	73.54%	64.47%	70.21%	85.22%	78.03%	85.72%	75.67%	77.87%
BP 网络	95%	73.63%	70.91%	73.34%	84.87%	82.41%	86.34%	77.50%	79.56%
SOM 网络	96%	75.71%	74.58%	75.83%	86.31%	83.34%	87.23%	80.32%	82.41%

　　3 种方法中居民地分类精度相差不大，均在 84% 左右，主要误差来源于水田，居民地的零星分布和水田存在一定的混合像元，从而产生误分类。除水田外，3 种方法的桑园、茶园和旱地的分类精度均低于 76%，其中桑园和茶园、水田和旱地的光谱特征较为接近，存在较多的误分，其中最大似然法分类中桑园误分较多。水田分布较广，与其它地类均有误分。SOM 网和 BP 网的茶园和桑园分类精度均高于最大似然法的分类精度，其中 SOM 网的分类精度最高。

6.4.2.3　SOM 网用于皮革外观效果分类

　　皮革颜色纹理外观效果聚类常称为配皮。人工配皮的主要缺点是：配皮的结果与配皮工的个人经验密切相关，光线强弱的变化会对配皮结果造成影响，配皮工的劳动强度大，工作效率低。为了提高皮革服装的生产效率与质量，降低工人劳动强度，采用模式识别技术进行皮革颜色纹理自动聚类。然而，由于皮革颜色纹理的复杂性和聚类规则的模糊性，传统的模式识别方法难以胜任。Kohonen 的自组织映射神经网络能在输入-输出映射中保持输入（颜色纹理）空间的拓扑特性，从而使其相邻聚类神经元所对应的颜色纹理模式类子空间也相邻，这一特点非常适用于皮革配皮。

　　（1）初始权向量设计　训练前各个神经元权向量必须赋以初始值，常用的做法是以小随机数赋初值。但皮革颜色与纹理的分类子空间在整个高维样本空间中相对集中，而以随机数对权向量赋初值的结果是使其随机地分布于整个高维样本空间。由于 SOM 网络训练采用竞争机制，只有与输入样本最匹配的权向量才能得到最强的调整，其结果势必使所有纹理样本都集于某个神经元所代表的一个子类空间而无法达到分类的目的。本应用解决这个问题的对策是，从 P 个输入样本中随机取 m 个对各神经元权重赋初值，实践证明该做法不仅可解决上述问题，而且使训练次数大大减少。

　　（2）网络结构设计　从皮革图像中提取了三个颜色特征和三个纹理特征，输入模式为 6 维向量。聚类时每批 100 张皮，平均每件皮衣需要 5~6 张皮，因此将输出层设置 20 个神经元。每个神经元代表一类外观效果相似的皮料，如果聚为一类的皮料不够做一件皮衣，可以和相邻类归并使用。

（3）网络参数设计 对于自组织神经网算法中的两个随训练次数 t 下降的函数 $\eta(t)$ 和 $N_{j*}(t)$ 的选择，目前尚无一般化的数学方法。本例对 $\eta(t)$ 采用了图 6.19 所示的模拟退火函数，表达式如下：

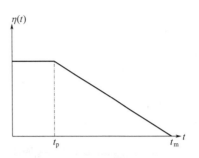

$$\eta(t)=\begin{cases} \eta_0, & t\leqslant t_p \\ \eta_0[1-(t-t_p)/(t_m-t_p)], & t>t_p \end{cases}$$

图 6.19 中，t_p 为模拟退火的起始点，t_m 为模拟退火的终止点，$0<\eta_0\leqslant1$。在网络训练初期，为了很快地捕捉到输入样本空间的大致概率结构，希望有较强的权

图 6.19 $\eta(t)$ 随训练次数 t 的变化

值调整能力，因此当训练次数 $t\leqslant t_p$ 时，$\eta(t)$ 取最大值 η_0。当训练次数 $t>t_p$ 时，$\eta(t)$ 均匀下降至 0 以精细调整权值，使之符合样本空间的概率结构。当网络神经元的权值与样本空间结构匹配后，所对应的训练次数为 t_m。t_p 可取为 t_m 的分数，如取 $t_p=0.5t_m$。对于稍微复杂一些的问题，SOM 算法常常需要上万次的迭代训练次数。但在本例中 t_m 只有几千次，这是由于设计了合理的权重初值从而使训练次数大大减少。本例网络参数取 $\eta_0=0.95$，$t_m=5000$，$t_p=1500$。$N_{j*}(t)$ 优胜邻域在训练开始时覆盖整个输出线阵，以后训练次数每增加 $\Delta t=t_m/P$，$N_{j*}(t)$ 邻域两端各收缩一个神经元直至邻域内只剩下获胜神经元。

（4）皮革纹理分类结果及分析 用 SOM 皮革纹理分类器对 1000 余张猪皮分 10 批进行配皮实验，请有经验的配皮工进行人工分类，结果证明 SOM 网的分类效果与人工分类相当。图 6.20 给出的直方图描述了某批 100 张皮在输出层的映射结果。

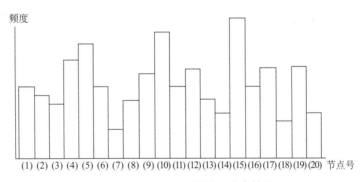

图 6.20 SOM 网配皮结果分布情况

6.4.2.4 SOM 网络用于火焰燃烧诊断

在我国的火电机组中，煤粉锅炉占了大多数。煤粉炉要求在炉膛内组织稳定均匀的火焰，保证强烈充分的燃烧。燃烧不稳定，不仅会降低锅炉热效率，产生污染物和噪声，在极端情况下还会引发炉膛燃爆事故。因此，必须在锅炉上安装有效的火检和燃烧诊断装置。燃烧火焰是表征燃烧状态稳定与否最直接的反映，而煤粉火焰辐射光的一个重要特点就是随时间变化的火焰脉动。因此，可以采集火焰的光强脉动信号，通过自组织神经网络的学习训练，对火焰处于何种燃烧工况进行有效的识别，给出燃烧诊断的判断结果。

（1）燃烧工况特征提取 稳定燃烧和不稳定燃烧工况下的火焰辐射强度的时间序列信号较难区分，但两者在频谱分布图上却有着明显的不同，图 6.21 给出火焰燃烧不同状态的比较。当功率谱估计得到的结果显示火焰的低频波动能量变大时，表明燃烧的稳定程度恶化，发展下去可能导致熄火的发生。由此可知，低频分量功率谱幅值的大小构成了火焰燃烧稳定与否的识别标准。基于这个特点，可以采集火焰的光强脉动信号，通过快速傅立叶变换算法（FFT）处理，得到功率谱火焰辐射强度的频谱分布，由于表征火焰燃烧稳定与否的高能量频率集中在低频部分，只需取前 30 个低频值作为 SOM 网的输入向量。

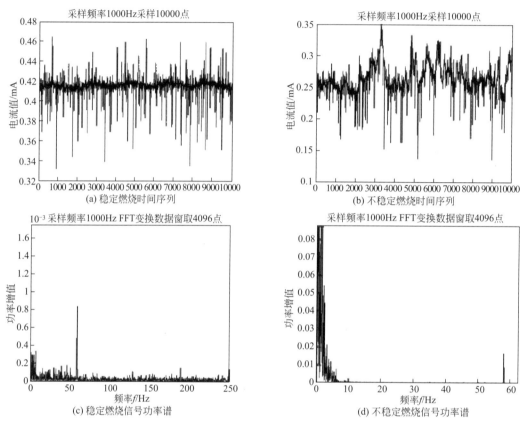

图 6.21　火焰燃烧不同状态比较

（2）神经网络训练　用于训练的数据共 25 个输入向量，每个向量包含 30 个频率分量。其中 20 个是稳定燃烧工况下的低频谱估计值，5 个是非稳定燃烧工况下的低频谱估计值。网络使用 1×100 的一维线阵来捕捉 25 个输入向量的空间特征。应用 SOM 算法对网络进行训练，其中优胜邻域为

$$r(t) = C_1 \left(1 - \frac{t}{t_{\mathrm{m}}} \right)$$

式中，$C_1 > 0$ 是与输出层节点数 m 有关的常数；t_{m} 为预先选定的最大训练次数。显然，$r(t)$ 是训练次数 t 的函数，它能动态缩小权值调整域。经反复试验，取参数 $C_1 = 80$，学习率 $\eta = 0.95$，最大训练次数 t_{m} 取 10000 次。25 个样本向量经过 10000 次训练运算后，得到如表 6.7 所示的神经网络分类输出。自组织训练完成后，如果某个神经元节点被某个输入向量选为代表神经元，即该神经元的权向量与该输入向量最接近，则该神经元节点的序号就与输入向量组数序号对应起来，神经元节点的序号表示输入向量经过神经网络映射之后在一维线阵的输出位置。

表 6.7 神经网络对 25 个输入向量进行训练后的输出节点位置

项目	稳 定																				不稳定				
样本号	1	2	3	4	5	6	7	8	9	10	11	12	13	14	15	16	17	18	19	20	21	22	23	24	25
输出节点位置	99	1	12	43	60	79	24	32	11	30	41	47	50	10	57	63	67	71	15	99	91	89	90	87	87

根据两种燃烧工况下，输入向量在输出节点不同的位置，可以把输出的一维线阵进行区域划分，具体划分见表 6.8。

表 6.8 神经网络输出线阵对不同燃烧工况区域划分

燃烧状态	稳定	不确定	不稳定	不确定
输出节点区域	1～70	71～84	85～95	96～100

经过对神经网络的训练和划分可以看到：该网络对不同燃烧工况有明显不同的反应敏感区域。对燃烧稳定工况下的火焰信号低频功率谱值的输入，网络输出的反应敏感区在节点 1～70，而对燃烧不稳定工况下的火焰信号低频功率谱值的输入，网络输出的反应敏感区在节点 85～95。对输出线阵的划分并没有严格的规定，即稳定和不稳定工况的区域边界是不确定的。如节点 71～84 以及节点 96～100 这两个区域就可以看成是两种工况的重叠区域，即不能判别火焰稳定与否。对区域的划分是看在多次试验时，各个工况的输入向量的绝大部分落在哪个输出区域，是从统计的角度来划分的，而不是根据某个点，或者是某几次的输出结果来划分的。

（3）自组织神经网络的验证 为了验证该网络对没有参与训练的燃烧工况火焰信号识别的正确性，将另外 6 组向量输入网络，观察输出点是否落在已经划分好的识别工况区域里。其中前 3 组是稳定燃烧工况火焰信号，后 3 组是不稳定燃烧工况火焰信号。根据上面的划分，期待中的情况应该是：前 3 组落在 1～70，后 3 组落在 85～95。火焰低频向量信号的输出确实如预期的那样，前 3 组工况的输出节点为 32、24、41，后 3 组工况的输出节点为 91、91、89。表明该网络能够对火焰的燃烧稳定与否做出正确的诊断。

6.5 自适应共振理论

1976 年，美国 Boston 大学学者 G. A. Carpenter 提出自适应共振理论（adaptive resonance theory，ART），他多年来一直试图为人类的心理和认知活动建立统一的数学理论，ART 就是这一理论的核心部分。随后 G. A. Carpenter 又与 S. Grossberg 提出了 ART 网络。经过了多年的研究和不断发展，ART 网已有 3 种形式：ART Ⅰ 型处理双极型或二进制信号；ART Ⅱ 型是 ART Ⅰ 的扩展形式，用于处理连续型模拟信号；ART Ⅲ 型是分级搜索模型，它兼容前两种结构的功能并将两层神经元网络扩大为任意多层神经元网络。由于 ART Ⅲ 型在神经元的运行模型中纳入了生物神经元的生物电化学反应机制，因而具备了很强的功能和可扩展能力。

前面介绍的神经网络根据学习方式可分为有导师学习和无导师学习两类。对于有导师学习网络，通过对网络反复输入样本模式使其达到稳定记忆后，如果再加入新的样本继续训练，前面的训练结果就会受到影响。对于无导师学习网络，输入新数据将会对某种聚类典型向量进行修改，这种修改意味着对新知识的学习会带来对旧知识的忘却。事实上，许多无导师学习网络的权值调整式中都包含了对数据的学习项和对旧数据的忘却项，通过控制其中的学习系数和忘记系数的大小来达到某种折中。但是，如何确定这些系数的相对大小，目前尚未有一般方法。因此，无论是有导师学习还是无导师学习，由于给定网络的规模是确定的，因而由 W 矩阵所能记忆的模式类别信息总是有限的，新输入的模式样本必然会对已经记忆的模式样本产生抵消或遗忘，从而使网络的分类性能受影响。靠无限扩大网络规模解决上述问题是不现实的。

如何保证在适当增加网络规模的同时，在过去记忆的模式和新输入的训练模式之间作出某种折中，既能最大限度地接收新的模式信息（灵活性），同时又能保证较少影响过去的模式样本（稳定性）呢？ART 网较好地解决了稳定性和灵活性兼顾的问题。

ART 网络及算法在适应新的输入模式方面具有较大的灵活性，同时能够避免对网络先前所学模式的修改。解决这一两难问题的思路是，当网络接收来自环境的输入时，按预先设计的参考门限检查该输入模式与所有存储模式类典型向量之间的匹配程度以确定相似度。对相似度超过参考门限的所有模式类，选择最相似的作为该模式的代表类，并调整与该类别相关的权值，以使以后与该模式相似的输入再与该模式匹配时能得到更大的相似度。若相似度都不超过参考门限，就需要在网络中设立一个新的模式类，同时建立与该模式类相连的权值，用以代表和存储该模式以及后来输入的所有同类模式。

6.5.1　ART I 型网络

6.5.1.1　网络系统结构

从图 6.22 给出的 ART 模型结构可以看出，该模型的结构与前面出现过的网络拓扑结构有较大区别。ART I 网络由两层神经元构成两个子系统，分别称为比较层 C（或称注意子系统）和识别层 R（或称取向子系统）。此外还有 3 种控制信号：复位信号（简称 Reset），逻辑控制信号 G_1 和 G_2。下面对图 6.22 中各部分功能作一介绍。

（1）C 层结构　C 层展开后的结构如图 6.23 所示，该层有 n 个节点，每个节点接收来自 3 个方面的信号：一个是来自外界的输入信号 x_i，另一个是来自 R 层获胜神经元的外星向量 T_{j^*} 的返回信号 t_{ij^*}，还有一个是来自 G_1 的控制信号。C 层节点的输出是根据 2/3 的"多数表决"原则产生的，即输出值 c_i 与 x_i、t_{ij^*}、G_1 3 个信号中的多数信号值相同。

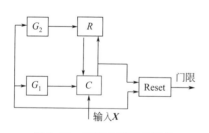

图 6.22　ART I 型网络结构

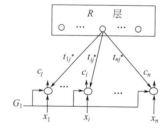

图 6.23　比较层结构示意

网络开始运行时，$G_1 = 1$，识别层尚未产生竞争获胜神经元，因此反馈回送信号为 0。由 2/3 规则知，C 层输出应由输入信号决定，有 $C = X$。当网络识别层出现反馈回送信号时，$G_1 = 0$，由 2/3 规则，C 层输出应取决于输入信号与反馈信号的比较情况，如果 $x_i = t_{ij^*}$，则 $c_i = x_i$，否则 $c_i = 0$。可以看出，控制信号 G_1 的作用是使比较层能够区分网络运行的不同阶段，网络开始运行阶段 G_1 的作用是使 C 层对输入信号直接输出；之后 G_1 的作用是使 C 层行使比较功能，此时 c_i 为对 x_i 和 t_{ij^*} 的比较信号，两者为 1 时 c_i 为 1，否则为 0，可以看出，从 R 层返回的信号 t_{ij^*} 对 C 层输出有调节作用。

（2）R 层结构　R 层展开后的结构如图 6.24 所示，其功能相当于一种前馈竞争网。设 R 层有 m 个节点，用以表示 m 个输入模式类。m 可动态增长，以设立新模式类。由 C 层向上连接到 R 第 j 个节点的内星权向量用 $\boldsymbol{B}_j = (b_{1j}, b_{2j}, \cdots, b_{nj})$ 表示。C 层的输出向量 $\boldsymbol{C}$ 沿 m 个内星权向量 $\boldsymbol{B}_j (j = 1, 2, \cdots, m)$ 向前传送，到达 R 层各个神经元节点后经过竞争产生获胜节点 j^*，指示本次输入模式的所属类别。获胜节点输出 $r_{j^*} = 1$，其余节点输出为 0。R 层的每个神经元都对应两个权

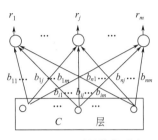

图 6.24　识别层结构示意

向量，一个是将 C 层前馈信号汇聚到 R 层的内星权向量 $\boldsymbol{B}_j$，另一个是将 R 层反馈信号散发到 C 层的外星权向量 $\boldsymbol{T}_j$，该向量为对应于 R 层各模式类节点的典型向量。

（3）控制信号　3 个控制信号的作用分别是：信号 G_2 检测输入模式 $\boldsymbol{X}$ 是否为 0，它等于 $\boldsymbol{X}$ 各分量的逻辑"或"，如果 $x_i (i = 1, 2, \cdots, n)$ 全为 0，则 $G_2 = 0$，否则 $G_2 = 1$。设 R 层输出向量各分量的逻辑"或"用 R_0 表示，则信号 $G_1 = G_2 \bar{R}_0$，当 R 层输出向量 $\boldsymbol{R}$ 的各分量全为 0 而输入向量 $\boldsymbol{X}$ 不是零向量时，$G_1 = 1$，否则 $G_1 = 0$。正如前面所指出的，G_1 的作用是在网络开始运行时为 1，以使 $\boldsymbol{C} = \boldsymbol{X}$，其后为 0 以使 $\boldsymbol{C}$ 值由输入模式和反馈模式的比较结果决定。Reset 信号的作用是使 R 层竞争获胜神经元无效，如果根据某种事先设定的测量标准，$\boldsymbol{T}_{j^*}$ 与 $\boldsymbol{X}$ 未达到预先设定的相似度 ρ，表明两者未充分接近，于是系统发出 Reset 信号使竞争获胜神经元无效。

6.5.1.2　网络运行原理

网络运行时接收来自环境的输入模式，并检查输入模式与 R 层所有模式类之间的匹配程度。对于匹配程度最高的模式类，网络要继续考察该模式的典型向量与当前输入模式的相似程度。相似程度按照预先设计的参考门限来考察，可能出现的情况无非有两种：①如果相似度超过参考门限，选该模式类作为当前输入模式的代表类，权值调整规则是，相似度超过参考门限的模式类调整其相应的内外星权向量，以使其以后遇到与当前输入模式接近的样本时能得到更大的相似度，对其它权值向量则不做任何变动；②如果相似度不超过门限值，则对 R 层匹配程度次高的模式类进行相似程度考察，若超过参考门限网络的运行回到情况①，否则仍然回到情况②。可以想到，运行反复回到情况②意味着最终所有的模式类与当前输入模式的相似度都没有超过参考门限，此时需在网络输出端设立一个代表新模式类的节点，用以代表及存储该模式，以便于参加以后的匹配过程。网络对所接收的每个新输入样本，都进行上面的运行过程。对于每一个输入，模式网络运行过程可归纳为四个阶段：

（1）匹配阶段　网络在没有输入模式之前处于等待状态，此时输入端 $\boldsymbol{X} = 0$，因此信号 $G_2 = 0$，$R_0 = 0$。当输入为不全为 0 的模式 $\boldsymbol{X}$ 时，$G_2 = 1$，$R_0 = 0$，使得 $G_1 = G_2 \bar{R}_0 = 1$。G_1 为 1 时允许输入模式直接从 C 层输出，并向前传至 R 层，与 R 层节点对应的所有内星向量 $\boldsymbol{B}_j$ 进行匹配计算

$$\text{net}_j = \boldsymbol{B}_j^{\mathrm{T}} \boldsymbol{X} = \sum_{i=1}^{n} b_{ij} x_i \qquad j = 1, 2, \cdots, m \qquad (6.16)$$

选择具有最大匹配度（即具有最大点积）的竞争获胜节点：$\mathrm{net}_{j^*} = \max\limits_{j}\{\mathrm{net}_j\}$，使获胜节点输出 $r_{j^*} = 1$，其它节点输出为 0。

（2）比较阶段 R 层输出信息通过外星向量返回 C 层。$r_{j^*} = 1$ 使 R 层获胜节点所连的外星权向量 $\boldsymbol{T}_{j^*}$ 激活，从节点 j^* 发出的 n 个权值信号 t_{ij^*} 返回 C 层的 n 个节点。此时，R 层输出不全为零，$R_0 = 1$，而 $G_1 = G_2\bar{R}_0 = 0$，所以 C 层最新输出状态 $\boldsymbol{C'}$ 取决于由 R 层返回的外星权向量 $\boldsymbol{T}_{j^*}$ 和网络输入模式 $\boldsymbol{X}$ 的比较结果，即 $c_i = t_{ij^*} \cdot x_i$，$i = 1$，2，$\cdots$，n。由于外星权向量 $\boldsymbol{T}_{j^*}$ 是 R 层模式类的典型向量，该比较结果 $\boldsymbol{C'}$ 反映了在匹配阶段 R 层竞争排名第一的模式类的典型向量 $\boldsymbol{T}_{j^*}$ 与当前输入模式 $\boldsymbol{X}$ 的相似程度。相似程度的大小可用相似度 N_0 反映，定义为

$$N_0 = \boldsymbol{X}^{\mathrm{T}}\boldsymbol{t}_{j^*} = \sum_{i=1}^{n} t_{ij^*} \cdot x_i = \sum_{i=1}^{n} c_i \tag{6.17}$$

因为输入 x_i 为二进制数 0 或 1，N_0 实际上表示获胜节点的类别模式典型向量与输入模式样本之间相互重叠的非零分量数。设输入模式样本中的非零分量数为

$$N_1 = \sum_{i=1}^{n} x_i \tag{6.18}$$

用于比较的警戒门限为 ρ，在 0～1 范围取值。检查输入模式与模式类典型向量之间的相似性是否低于警戒门限，如果有

$$N_0/N_1 < \rho$$

则 $\boldsymbol{X}$ 与 $\boldsymbol{T}_{j^*}$ 的相似程度不满足要求，网络发出 Reset 信号使第一阶段的匹配失败，竞争获胜节点无效，网络进入搜索阶段。如果有

$$N_0/N_1 > \rho$$

表明 $\boldsymbol{X}$ 与获胜节点对应的类别模式非常接近，称 $\boldsymbol{X}$ 与 $\boldsymbol{T}_{j^*}$ 发生"共振"，第一阶段的匹配结果有效，网络进入学习阶段。

（3）搜索阶段 网络发出 Reset 重置信号后即进入搜索阶段，重置信号的作用是使前面通过竞争获胜的神经元受到抑制，并且在后续过程中受到持续的抑制，直到输入一个新的模式为止。由于 R 层中竞争获胜的神经元被抑制，从而再度出现 $R_0 = 0$，$G_1 = 1$，因此网络又重新回到起始的匹配状态。由于上次获胜的节点受到持续的抑制，此次获胜的必然是上次匹配程度排在第二的节点。然后进入比较阶段，将该节点对应的外星权向量 $\boldsymbol{t}_{j^*}$ 与输入模式进行匹配计算。如果对 R 层所有的模式类，在比较阶段的相似度检查中相似度都不能满足要求，说明当前输入模式无类可归，需要在网络输出层增加一个节点来代表并存储该模式类，为此将其内星向量 $\boldsymbol{B}_{j^*}$ 设计成当前输入模式向量，外星向量 $\boldsymbol{T}_{j^*}$ 各分量全设为 1。

（4）学习阶段 在学习阶段要对发生共振的获胜节点对应的模式类加强学习，使以后出现与该模式相似的输入样本时能获得更大的共振。

ART 网络运行中存在两种记忆方式，C 层和 R 层输出信号称为短期记忆，用 STM（short time memory）表示，短期记忆在运行过程中会不断发生变化；两层之间的内外星权向量称为长期记忆，用 LTM（long time memory）表示，长期记忆在运行过程中不会变化。下面对两种记忆形式进行分析。

C 层输出信号是按照 2/3 原则取值的，在网络开始运行时，C 层输出 $\boldsymbol{C}$ 与输入模式 $\boldsymbol{X}$ 相等，因而 $\boldsymbol{C}$ 是对输入模式 $\boldsymbol{X}$ 的记忆。当 R 层返回信号 $\boldsymbol{T}_{j^*}$ 到达 C 层时，输出 $\boldsymbol{C}$ 立刻失去

对 X 的记忆而变成对 T_j 和 X 的比较信号。R 层输出信号是按照胜者为王原则取值的，获胜神经元代表的模式类是对输入模式的类别记忆。但当重置信号 Reset 作用于 R 层时，原获胜神经元无效，因此原记忆也消失。由此可见，C 和 R 对输入模式 X 的记忆时间非常短暂，因此称为短期记忆。

权向量 T_j 和 B_j 在运行过程中不会发生变化，只在学习阶段进行调整以进一步加强记忆。经过学习后，对样本的记忆将留在两组权向量中，即使输入样本改变，权值依然存在，因此称为长期记忆。当以后输入的样本类似已经记忆的样本时，这两组长期记忆将 R 层输出回忆到记忆样本的状态。

6.5.1.3 网络学习算法

ART I 网络可以用学习算法实现，也可以用硬件实现。学习算法从软件角度体现了网络的运行机制，与图 6.22 中带有硬件特色的系统结构并不一一对应，例如，学习算法中没有显式表现三个控制信号的作用。训练可按以下步骤进行。

（1）网络初始化　从 C 层向上 R 层的内星权向量 B_j 赋予相同的较小数值，如

$$b_{ij}(0) = \frac{1}{1+n}, i=1,2,\cdots,n; j=1,2,\cdots,m \qquad (6.19)$$

从 R 层向下到 C 层的外星权向量 T_j 各分量均赋 1

$$t_{ij}=1, i=1,2,\cdots,n; j=1,2,\cdots,m \qquad (6.20)$$

权初始值对整个算法影响重大，内星权向量按式(6.19)设置，可保证输入向量能够收敛到其应属类别而不会轻易动用未使用的节点。外星权向量按式(6.20)设置，可保证对模式进行相似性测量时能正确计算其相似性。

相似性测量的警戒门限 ρ 设为 0～1 之间的数，它表示两个模式相距多近才认为是相似的，因此其大小直接影响到分类精度。

（2）网络接收输入　给定一个输入模式，$X=(x_1,x_2,\cdots,x_n),x_i \in (0,1)^n$。

（3）匹配度计算　对 R 层所有内星向量 B_j 计算与输入模式 X 的匹配度：$B_j^{\mathrm{T}} X = \sum_{i=1}^{n} b_{ij} x_i, j=1,2,\cdots,m$。

（4）选择最佳匹配节点　在 R 层有效输出节点集合 J^* 内选择竞争获胜的最佳匹配节点 j^*，使得

$$r_j = \begin{cases} 1, & j=j^* \\ 0, & j \neq j^* \end{cases}$$

（5）相似度计算　R 层获胜节点 j^* 通过外星送回获胜模式类的典型向量 T_{j^*}，C 层输出信号给出对向量 T_{j^*} 和 X 的比较结果 $c_i = t_{ij^*} x_i (i=1,2,\cdots,n)$，由此结果可计算出两向量的相似度为

$$N_0 = \sum_{i=1}^{n} c_i, \quad N_1 = \sum_{i=1}^{n} x_i$$

（6）警戒门限检验　如果 $N_0/N_1 < \rho$，表明 X 与 T_{j^*} 的相似程度不满足要求，本次竞争获胜节点无效，因此从 R 层有效输出节点集合 J^* 中取消该节点并使 $r_{j^*}=0$，训练转入步骤（7）；如果 $N_0/N_1 > \rho$，表明 X 应归为 T_{j^*} 代表的模式类，转向步骤（8）调整权值。

（7）搜索匹配模式类　如果有效输出节点集合 J^* 不为空，转向步骤（4）重选匹配模

式类；若 $\boldsymbol{J}^*$ 为空集，表明 R 层现存的所有模式类典型向量均与 $\boldsymbol{X}$ 不相似，$\boldsymbol{X}$ 无类可归，需在 R 层增加一个节点。设新增节点的序号为 n_c，应使 $\boldsymbol{B}_{n_c} = \boldsymbol{X}$，$t_{in_c} = 1(i=1,2,\cdots,n)$，此时有效输出节点集合为 $\boldsymbol{J}^* = \{1,2,\cdots,m,m+1,\cdots,m+n_c\}$，转向步骤（2）输入新模式。

（8）调整网络权值　修改 R 层节点 j^* 对应的权向量，网络的学习采用了两种规则，外星向量的调整按以下规则

$$t_{ij^*}(t+1) = t_{ij^*}(t)x_i, \quad i=1, 2, \cdots, n; \quad j^* \in \boldsymbol{J}^* \tag{6.21}$$

外星向量为对应模式类的典型向量或称聚类中心。按上述规则学习，可保证相似的模式越来越聚类，不同的模式越来越分离。内星向量的调整按以下规则

$$b_{ij^*}(t+1) = \frac{t_{ij^*}(t)x_i}{0.5 + \sum_{i=1}^{n} t_{ij^*}(t)x_i} = \frac{t_{ij^*}(t+1)}{0.5 + \sum_{i=1}^{n} t_{ij^*}(t+1)}, \quad i=1,2,\cdots,n \tag{6.22}$$

可以看出，如果不计分母中的常数 0.5，上式相当于对外星权向量的归一化。

ART 网络的特点是非离线学习，即不是对输入集样本反复训练后才开始运行，而是边学习边运行的实时方式。每个输出节点可以看成一类相近样本的代表，每次最多只有一个输出节点为 1。当输入样本距某一个内星权向量较近时，代表它的输出节点才响应。通过调整警戒门限的大小可调整模式的类数，ρ 小，模式的类别少，ρ 大则模式的类别多。

用硬件实现 ART I 模型时，C 层和 R 层的神经元都用电路来实现，作为长期记忆的权值用 CMOS 电路完成，具体电路可参考有关资料。

6.5.2　ART I 型网络的应用

6.5.2.1　ART I 型网络在模式分类中的应用

1987 年 Carpener 和 Grossberg 提出 ART I 型网络时用到一个例子如图 6.25 所示。对图中给出的 4 种模式进行分类，输入模式 $\boldsymbol{X}$ 的维数为 $n=25$，4 个待分类模式最多可能分成 4 类，故取 $m=4$。$\boldsymbol{X} \in \{0,1\}^{25}$，用 1 代表输入模式中的黑色，0 代表白色，则 4 个输入模式向量为：

$$\boldsymbol{X}^A = (1,0,0,0,0,0,1,0,0,0,0,0,1,0,0,0,0,0,1,0,0,0,0,0,1)^T$$
$$\boldsymbol{X}^B = (1,0,0,0,1,0,1,0,1,0,0,0,1,0,0,0,1,0,1,0,1,0,0,0,1)^T$$
$$\boldsymbol{X}^C = (1,0,0,0,1,0,1,0,1,0,1,1,1,1,1,0,1,0,1,0,1,0,0,0,1)^T$$
$$\boldsymbol{X}^D = (1,0,0,0,1,1,1,0,1,1,1,1,1,1,1,1,1,0,1,0,1,1,1,0,0,0,1)^T$$

设 $\rho = 0.7$，取初始权值 $b_{ij} = 1/(1+n) = 1/26$，$t_{ij} = 1$，由于 b_{ij} 的值在 0 与 1 之间，可想象为白与黑之间的灰色。因此，初始化后的所有内星权值向量可表示为灰度值全为 1/26 的 5×5 浅灰色网格；初始化后的所有外星权值向量可表示为灰度值全为 1 的 5×5 黑色网格。

第 1 步：当输入模式 $\boldsymbol{X}^A$ 时，将 R 层的 4 个节点中输出最大的一个命名为节点 1，有 $j^* = 1$。由于初始化后 $t_{ij} = 1$，所以相似度 $N_0/N_1 = 1$，大于警戒门限 ρ，故第一个模式被命名为第一类模式。按式（6.21）修改节点 1 的外星权向量，得 $\boldsymbol{T}_1 = (1,0,0,0,0,0,0,1,0,0,0,0,0,1,0,0,0,0,0,1,0,0,0,0,0,1)^T$，按式（6.22）修改节点 1 的内星权向量，得 $b_{1,1} = b_{7,1} = b_{13,1} = b_{19,1} = b_{25,1} = 2/11$，其余仍为初始值 1/26。对比输入模式 $\boldsymbol{X}^A$，可以看出，以上调整结果使外星权向量 $\boldsymbol{T}_1 = \boldsymbol{X}^A$，内星权向量中与 $\boldsymbol{X}^A$ 对应的分量则由浅灰（灰度值为 1/

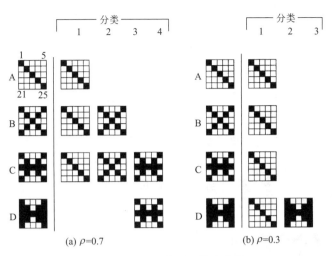

图 6.25　ART I 用于模式分类

26）调整为较深的灰色（灰度值为 2/11），从而使得模式 $\boldsymbol{X}^{A}$ 在 5×5 浅灰色网格上凸显出来。换言之，权值调整的结果是将模式 $\boldsymbol{X}^{A}$ 分别存储在神经元 1 的内外星权向量中。

第 2 步：当输入模式 $\boldsymbol{X}^{B}$ 时，R 层只有一个已存储模式，故不存在类别归属的竞争，只需判断该模式与已存储模式 $\boldsymbol{T}_1 = \boldsymbol{X}^A$ 的相似度，得 $N_0/N_1 = 5/9 < \rho = 0.7$。从相似度可以看出，模式 $\boldsymbol{X}^B$ 有 9 个黑像素，而 $\boldsymbol{X}^A$ 与 $\boldsymbol{X}^B$ 只有 5 个黑像素完全重合，故相似度检验不合格。由于 R 层已没有其它已存储模式类可供选择，需动用一个新节点，命名为节点 2，用以代表新模式 $\boldsymbol{X}^B$。节点 2 的外星权向量为 $\boldsymbol{T}_2 = \boldsymbol{X}^B$，内星权向量为 $b_{1,2} = b_{5,2} = b_{7,2} = b_{9,2} = b_{13,2} = b_{17,2} = b_{19,2} = b_{21,2} = b_{25,2} = 2/19$，其余分量均为初始值。

第 3 步：输入模式 $\boldsymbol{X}^C$ 时，节点 1 和节点 2 进行竞争，节点 1 的净输入为 1.217，节点 2 净输入为 1.101，所以节点 1 获胜。计算 $\boldsymbol{T}_1$ 与 $\boldsymbol{X}$ 的相似度，得 $N_0/N_1 = 5/13 < 0.7$。其中分子表明模式 $\boldsymbol{X}^C$ 与记忆了模式 $\boldsymbol{X}^A$ 的权向量 $\boldsymbol{T}_1$ 只有 5 个黑色像素重合，而分子表明模式 $\boldsymbol{X}^C$ 中共有 13 个黑色像素，因此两个模式的相似度较低，不能将模式 $\boldsymbol{X}^C$ 归为模式 $\boldsymbol{X}^A$ 类。节点 1 失效后，网络应在其余的存储模式类节点中搜索，对于本例，只能取节点 2 作为获胜节点。于是计算 $\boldsymbol{X}^C$ 与代表 $\boldsymbol{X}^B$ 的 $\boldsymbol{T}_2 \boldsymbol{X}$ 的相似度，得 $N_0/N_1 = 9/13 < 0.7$。该结果仍不能满足要求，只能把模式视为第 3 类模式。并按式（6.21）和式（6.22）修改节点 3 的外内星权向量。

第 4 步：输入模式 $\boldsymbol{X}^D$ 后，节点 1、节点 2 和节点 3 参加竞争，结果是节点 3 获胜，计算模式 $\boldsymbol{X}^D$ 与 $\boldsymbol{X}^C$ 的相似度，得 $N_0/N_1 = 13/17 = 0.765 > 0.7$，于是 $\boldsymbol{X}^D$ 归入已存储的 $\boldsymbol{X}^C$ 类，并按式（6.21）和式（6.22）修改节点 3 的外内星权向量。

ART I 网完成对 4 个模式的分类及存储之后，运行时当向网络输入这 4 个模式中的任一模式时，R 层中代表该类的节点输出将最大。

需要指出的是：若提高相似度的警戒门限值 ρ，取 $\rho \geqslant 0.8$，则上述 4 个模式便不得不分成 4 类；若取 $\rho = 0.3$，则如图 6.25(b) 所示，4 个模式被分成两类，A、B 和 C 被归入第 1 类，D 被归入第 2 类；而取 $\rho = 0.2$ 时，则 4 个模式均属于同一类。由此不难看出，ρ 值的选择对分类过程的影响很大。ρ 值过大，大部分待分类的模式与已存储的类别模式的相似度测试均难以通过，只好不断地存储新的类别模式，导致分类剧增。反之，若 ρ 值太小，则不同的模式均划为同一类别，已存储的类别模式频繁地作较大幅度的修改，致使该类模式的特征很不明显。目前尚无有效的理论来指导 ρ 值的选择。一种可行的解决途径是自适应调整 ρ 值，即随机地给出一个 ρ 值，将分类结果作为反馈信号来调整 ρ 值，直至得到合适的分类数为止。

在无噪声情况下，ART I 在训练与运行两方面均有很好的性能。它对单极性二进制输入向量的分类是稳定可靠的。但是，只要训练模式中稍有噪声，就会引起问题。

6.5.2.2 ART I 型网络对含噪声模式的分类

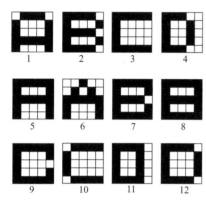

图 6.26 带噪声模式分类

图 6.26 第一行所示的 4 个无噪声字符 A、B、C 与 D，用单极性二进制描述，每字符为 5×5 点阵。

首先用 4 个无噪声模式训练网络，当 ρ 值较大（$0.85\sim0.95$）时，4 个模式被分成 4 类。此后，若将图 6.26 中的 5 号样本即带有噪声的模式 A 输入网络，由表 6.9 可以看出，只有当 $\rho\leqslant0.85$ 时，才能被划入模式 A 类，否则被视为第 5 类模式。当把 6 号样本即另一个带噪声的字符 A 输入网络时，如果 $\rho=0.85$，则该输入归为第 5 类（第一个带噪声的字符 A），如果 $\rho\geqslant0.9$，则视为第 6 类。

第 7、8 个样本都是带噪声的模式 B，其分类情况与上述相似。如果 $\rho=0.85$，样本 7 归入模式 2 类，样本 8 归入模式 6 类；当 $\rho=0.9$ 时，均视为第 7 类；而 $\rho=0.95$ 时，则分别视为新建的第 7 类和第 8 类。在不同 ρ 值下，其它带噪声样本的分类情况也列入表 6.9 中。

表 6.9 不同 ρ 值时网络对带噪声模式的分类结果

样本序号	期望分类结果	实际分类结果		
		$\rho=0.95$	$\rho=0.90$	$\rho=0.85$
1	1	1	1	1
2	2	2	2	2
3	3	3	3	3
4	4	4	4	4
5	1	5	5	1
6	1	6	6	5
7	2	7	7	2
8	2	8	7	6
9	3	7	7	3
10	3	3	3	3
11	4	9	8	4
12	4	8	7	4

6.5.2.3 ART I 型网络在直流提升机故障诊断中的应用

（1）故障样本编码 通过总结和归纳，直流提升机的故障共有 9 种。根据图 6.27 所示的层次关系，按一定特征对故障类型进行编码，以形成故障样本。9 种故障的诊断过程分为三级，故进行二进制编码时对各位的定义也分成三级。左起第 1、2 位为第一级（包括一位冗余），第 3、4 位为第二级，因为第二级只有 4 类故障，所以需要 2 位编码；第 5、6、7 位为第三级，共有 7 类故障，需要 3 位编码。根据以上编码规则得到编码表 6.10。

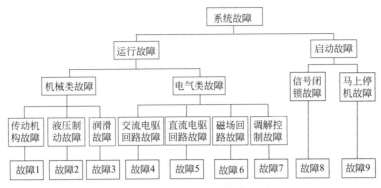

图 6.27　直流提升机故障类型

表 6.10　故障样本二进制编码

故障类型	故障编码
故障 1	11 00 000
故障 2	11 00 001
故障 3	11 00 010
故障 4	11 01 011
故障 5	11 01 100
故障 6	11 01 101
故障 7	11 01 110
故障 8	00 10 000
故障 9	00 11 000

（2）网络学习　首先依次输入 9 个故障样本编码让网络学习，此时由于网络不具备任何知识，故每输入一个样本就产生一个新故障分类存于网络识别层内。然后再输入一组已学习或未学习的样本编码作为测试样本以验证 ART 诊断的正确性。仿真结果如表 6.11 所示。可以看出，对于测试样本，若超过警戒门限则产生新的分类模式，若在警戒门限内，则认为其误差为噪声信号。因为第一级编码采取了冗余技术，所以网络在警戒门限内正确地诊断了带有噪声的故障。因此，在各级都加入冗余位是必要的。

表 6.11　故障分类结果

组别	输入样本	匹配模式	新模式
训 练 组	11 00 000		故障 1
	11 00 001		故障 2
	11 00 010		故障 3
	11 01 011		故障 4
	11 01 100		故障 5
	11 01 101		故障 6
	11 01 110		故障 7
	00 10 000		故障 8
	00 11 000		故障 9

组别	输入样本	匹配模式	新模式
测	11 00 001	故障 2	
	11 01 011	故障 4	
	11 01 101	故障 6	
试	10 01 110	故障 7	故障 10
	00 11 000	故障 9	
组	01 10 000	故障 8	
	00 11 111		

6.5.3 ART Ⅱ 型网络

ART Ⅱ 神经网络不仅能对双极型或二进制输入模式分类，而且能够对模拟输入模式的任意序列进行自组织分类，其基本设计思想仍然是竞争学习策略和自稳机制。

6.5.3.1 网络结构与运行原理

ART Ⅱ 结构如图 6.28 所示，图 6.29 中给出第 i 个处理单元的拓扑连接。ART Ⅱ 由注意子系统和取向子系统组成。注意子系统中包括短期记忆 STM 特征表示场 F_1 和短期记忆类别表示场 F_2。F_1 相当于 ART Ⅰ 中的比较层，包括几个处理级和增益控制系统。F_2 相当于 ART Ⅰ 中的识别层，负责对当前输入模式进行竞争匹配。F_1 和 F_2 共有 N 个神经元，其中 F_1 场有 M 个，F_2 场有 $N-M$ 个，共同构成了 N 维状态向量代表网络的短期记忆。F_1 和 F_2 之间的内外星连接权向量构成了网络的自适应长期记忆 LTM，由下至上的权值用 z_{ij} 表示，由上至下的权值用 z_{ji} 表示。取向子系统由图 6.29 左侧的复位系统组成。

F_1 场的 M 个神经元从外界接收输入模式 $\boldsymbol{X}$，经场内的特征增强与噪声抑制等处理后通过由下至上的权值 z_{ij} 送到 F_2 场。F_2 场的 $N-M$ 个神经元接收 F_1 场上传的信号，经过竞争确定哪个神经元获胜，获胜神经元被激活，其它则均被抑制。与激活神经元相连的内外星权向量进行调整。增益控制系统负责比较输入模式与 F_2 场激活神经元的外星权向量之间的相似程度，当两向量的相似度低于警戒门限时，复位子系统发出信号抑制 F_2 场的激活神经元。网络将在 F_2 场另选一个获胜神经元，直到相似度满足要求。如果 F_2 场的神经元数 $N-M$ 大于可能的输入模式类别数，总可以为所有新增的模式类分配一个代表神经元。

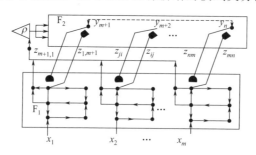

图 6.28　ART Ⅱ 神经网络

结合图 6.28 和以上分析看出，ART Ⅱ 网中有两种存储机制、两种连接权和两种抑制信号。两种存储机制是指：①长期记忆——F_1 与 F_2 之间的权值；②短期记忆——F_1 与 F_2 中的神经元状态。两种连接权是指：① $F_1 \rightarrow F_2$ 的内星权，决定 F_2 中哪个神经元获胜；

②$F_1 \leftarrow F_2$ 的外星权，用作 F_1 输入模式的类别编码。两种抑制信号是指：①F_1 场神经元的抑制信号，来自增益控制子系统；②F_2 场神经元的抑制信号，来自复位子系统。

从以上分析可知，ART Ⅱ 与 ART Ⅰ 的原理类似，主要区别是 ART Ⅱ 的比较层 F_1 场的结构与功能更为复杂一些。

6.5.3.2 网络的数学模型与学习算法

（1）特征表示场 F_1 数学模型　特征表示场 F_1 由三层神经元构成，底层接收来自外界的输入，顶层接收来自 F_2 的外星反馈输入，在中间层对这两种输入进行相应的转换、比较并保存结果，将输出返回顶层节点及底层节点。

输入模式 $\boldsymbol{X}$ 是一个 M 维模拟向量，表示为

$$\boldsymbol{X} = (x_1, x_2, \cdots, x_M)$$

在 F_1 中有相应的 M 个处理单元，每个单元都包括上、中、下三层，每层都包含由神经生理学导出的两种不同功能的神经元，一种用空心圆表示，另一种用实心圆表示，它们的功能分别为：空心圆神经元有两种输入激励，功能是比较两种不同的输入，兴奋激励和抑制激励；实心圆神经元的功能是求输入向量的模。

在图 6.29 中，F_1 的底层和中层构成一个闭合的正反馈回路，其中标记为 z_i 的神经元接收输入信号 x_i，而标记为 v_i 的神经元接收上层送来的信号 $bf(s_i)$。这个回路中还包括两次规格化运算和一次非线性变换，其中底层输入方程和规格化运算为

$$\begin{cases} z_i = x_i + a u_i \\ q_i = z_i / (e + \|\boldsymbol{Z}\|) \end{cases} \tag{6.23}$$

式中，e 为很小的正实数，相对于 $\|\boldsymbol{Z}\|$ 可以忽略不计。

中层输入方程和规格化运算为

$$\begin{cases} v_i = f(q_i) + b f(s_i) \\ u_i = v_i / (e + \|\boldsymbol{V}\|) \end{cases} \tag{6.24}$$

式中，e 为很小的正实数，相对于 $\|\boldsymbol{V}\|$ 可以忽略不计。

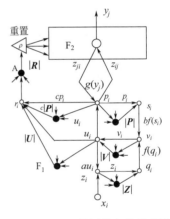

图 6.29　ART Ⅱ 网络拓扑示意图

从式（6.23）和式（6.24）可以看出，输入模式 $\boldsymbol{X}$ 经历了去噪和归一化处理后成为 $\boldsymbol{U}$，其过程为 $x \xrightarrow{+au} z \xrightarrow{/(e+\|\boldsymbol{Z}\|)} q \xrightarrow{f} f(q) \xrightarrow{bf(s)} v \xrightarrow{/(e+\|\boldsymbol{V}\|)} u$。

底层至中层和中层至上层之间的非线性变换函数 $f(x)$ 可以采用如下形式

$$f(x) = \begin{cases} 0, & 0 \leqslant x < \theta \\ x, & x \geqslant \theta \end{cases} \tag{6.25}$$

以上各式中的 a，b 和 θ 由实验而定。

F_1 的中层和上层也构成一个闭合正反馈回路，其中标记为 p_i 的神经元接收来自中层的信号 u_i 和来自 F_2 场的信号，这个回路包括的运算是

$$p_i = u_i + \sum_{j=M+1}^{N} g(y_j) z_{ji} \tag{6.26}$$

$$s_i = p_i / (e + \|\boldsymbol{P}\|) \tag{6.27}$$

式（6.26）中第二项是 F_2 场对神经元 p_i 的输入；z_{ji} 是自上而下的 LTM 系数。式（6.27）中 e 为很小的正实数，相对于 $\|\boldsymbol{P}\|$ 可以忽略不计。

（2）类别表示场 F_2 的数学模型　　类别表示场 F_2 的作用是通过竞争确定最大激活节点，该节点的权向量与输入模式有最大的相似性。设 F_2 场中第 j 个节点的输入为

$$T_j = \sum_{i=1}^{M} p_i z_{ij}, \quad j = M+1, \cdots, N \tag{6.28}$$

F_2 按下式进行选择

$$T_{j^*} = \max\{T_j\}, \quad j = M+1, \cdots, N \tag{6.29}$$

当选择节点 j^* 为最大激活时，其余节点处于抑制状态，有

$$g(y_j) = \begin{cases} d, & j = j^* \\ 0, & j \neq j^* \end{cases} \tag{6.30}$$

式中，d 为自上而下（$F_1 \rightarrow F_2$）的反馈参数，$0 < d < 1$。由上式，式（6.26）可简化为

$$p_i = \begin{cases} u_i + d z_{ji}, & j = j^* \\ u_i, & j \neq j^* \end{cases} \tag{6.31}$$

输入模式 $\boldsymbol{X}$ 经过 F_1 场处理后，其输出 $\boldsymbol{P}$ 是去噪后的归一化输入 $\boldsymbol{U}$ 和某一类模式中心 $\boldsymbol{Z}_j$ 的线性组合。$\boldsymbol{P}$ 与场间权值 z_{ji} 和 z_{ij} 运算后输入 F_2 场进行竞争，场间权值 z_{ji} 和 z_{ij} 是与模式中心密切相关的一些向量。T_j 的值越高，则表示输入模式与存储模式间的相似度也越高，反之表示相似度越低。这种相似度的表示也正是两向量最小距离的一种体现。

（3）权值调整规则——LTM 方程　　对长期记忆 LTM 权值的调整，按以下两个 LTM 方程进行。自上而下（$F_1 \rightarrow F_2$）LTM 方程为

$$\frac{\mathrm{d}z_{ji}}{\mathrm{d}t} = g(y_j)(p_j - z_{ji}) \tag{6.32}$$

自下而上（$F_2 \rightarrow F_1$）LTM 方程为

$$\frac{\mathrm{d}z_{ij}}{\mathrm{d}t} = g(y_j)(p_j - z_{ij}) \tag{6.33}$$

当 F_2 确定选择 j^* 节点后，对于 $j \neq j^*$，有

$$\frac{\mathrm{d}z_{ji}}{\mathrm{d}t} = 0, \quad \frac{\mathrm{d}z_{ij}}{\mathrm{d}t} = 0$$

当 $j = j^*$ 时，则有

$$\frac{\mathrm{d}z_{ji^*}}{\mathrm{d}t} = d(p_i - z_{j^*i}) = d(1-d)\left(\frac{u_i}{1-d} - z_{j^*i}\right) \tag{6.34}$$

$$\frac{\mathrm{d}z_{ij^*}}{\mathrm{d}t} = d(p_i - z_{ij^*}) = d(1-d)\left(\frac{u_i}{1-d} - z_{ij^*}\right) \tag{6.35}$$

初始化时，可取 $z_{ji} = 0$，$z_{ij} = \dfrac{1}{(1-d)\sqrt{M}}$ $(i = 1, 2, \cdots, M; j = M+1, M+2, \cdots, M+N)$，$d = 0.9$。

权值调整公式也可写成以下形式

$$z_{ij^*}(k+1) = z_{ij^*}(k) + d(1-d)\left[\frac{u_i(k)}{1-d} - z_{ij^*}(k)\right] \tag{6.36}$$

$$z_{j^*i}(k+1) = z_{j^*i}(k) + d(1-d)\left[\frac{u_i(k)}{1-d} - z_{j^*i}(k)\right] \tag{6.37}$$

（4）取向子系统　图 6.29 中左侧为取向子系统，其功能是根据 F_1 的短期记忆模式与被激活的长期记忆模式之间的匹配度决定 F_2 的重置。匹配度定义为

$$r_i = \frac{u_i + cp_i}{e + \|\boldsymbol{U}\| + \|c\boldsymbol{P}\|} \qquad i = 1, 2, \cdots, M \qquad (6.38)$$

式中，e 可忽略。实心圆 A 的输出为匹配度的模，用 $\|\boldsymbol{R}\|$ 表示。设警戒门限为 ρ，$0 < \rho < 1$，当 $\|\boldsymbol{R}\| > \rho$ 时，选中该类，否则，取向子系统需对 F_2 重置。

6.5.4　ART Ⅱ 型网络的应用

6.5.4.1　ART Ⅱ 型网络的在系统辨识中的应用

控制系统中常将被控对象看作二阶系统，其性能可用从单位阶跃响应曲线中抽取的特征参数如上升时间、调整时间、超调量等来描述。一组特征参数构成的特征向量即代表一个二阶对象。ART Ⅱ 对二阶系统的辨识实际上是对其特征向量进行分类，系统辨识的实施方案如图 6.30 所示。其中系统模拟器用来对各种二阶系统的单位阶跃响应进行仿真，特征抽取器从仿真曲线中提取了 6 个特征参数，送入 ART Ⅱ 网作为输入模式。ART Ⅱ 网对输入模式向量的分类是一种有导师学习方式，其中导师信号来自系统模拟器所仿真的二阶系统数学模型中的参数。二阶系统传递函数的标准形式可写为

$$G(s) = \frac{\omega_0^2}{s^2 + 2\xi\omega_0 s + \omega_0^2}$$

式中，无阻尼振荡频率 ω_0 和阻尼比 ξ 可唯一确定二阶系统的传递函数。两个系统参数的不同组合可确定多种二阶系统，每个二阶系统可对应于一组从阶跃响应曲线中抽取的特征参数。

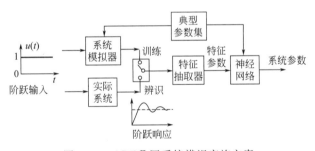

图 6.30　ART Ⅱ 网系统辨识实施方案

设 $\xi \in [0.3, 1.3]$，$\omega_0 \in [1.5, 2.0]$，在该取值范围内列出 17 种传递函数模式供系统模拟器产生阶跃响应曲线。因此该 ART Ⅱ 网系统辨识器的 F_1 场有 6 个神经元，F_2 场有 17 个神经元。将训练集中的模式依次输入网络进行训练，网络根据输入的特征向量修改相应的 LTM 权值，并在 F_2 场指定一神经元作为该模式的代表。训练结束后 F_2 场的每个神经元即代表一种系统特征模式，当该系统辨识器实际使用时，来自实际系统的阶跃响应曲线经过特征抽取器后输入系统辨识器激活相应的神经元，复位子系统对该模式与存储模式类的相似性进行检查，如大于警戒门限则将其归类，否则指定一个新神经元代表该模式类。

警戒门限的大小对分类的粗细有调节作用，本例将其设为 0.99，以保证分类具有较高的分辨力。

6.5.4.2 ARTⅡ型网络在压力容器焊缝超声波探伤中的应用

在压力容器焊缝超声波探伤中，除了确定焊缝中缺陷的位置和大小外，还应尽可能判定缺陷的性质。有些焊缝的缺陷对压力容器的整体性能影响不大，相对于压力容器的用途，并不构成致命的威胁；有一些焊缝的缺陷对压力容器的整体结构而言，却是不能忽视的。目前A型超声波探伤仪只能提供缺陷回波的时间和幅度两方面的信息，仅仅根据这两方面的信息很难判定压力容器焊缝缺陷的性质。在实际探伤中常常是根据经验，结合压力容器的加工工艺、缺陷特征、缺陷波形和底波情况来分析焊缝缺陷的性质，这就需要检测人员有较高的材料学知识，并具备一定的探伤经验。传统的探伤方法靠人工识别，人主观因素的干扰非常大，不利于自动化检测的要求，在对自动化生产要求日益提高的情况下，研究自动识别缺陷性质的方法尤显迫切。

（1）检测系统 检测系统采用全数字式超声波探伤仪，对压力容器焊缝缺陷样本进行人工手动扫查。超声仪检测压力容器焊缝构件后，把回波图形保存在仪器中，通过数据线传入计算机。专用程序在屏幕上显示原始波形、主缺陷波形、傅立叶变换后的幅频图和相频图。

（2）检测样本 从压力容器焊缝超声波探伤的缺陷回波，以及回波的傅立叶变换后的幅值和相位图形中提取能反映缺陷组织结构特征的特征值，应用ART网络进行识别。缺陷内含物、缺陷表面的粗糙情况、界面反射率等对回波的波形都有重要影响。所选用的样本中包括：密集型气孔、夹渣、未焊透、未熔四种类型的缺陷，其中夹渣类样本数=4，密集型气孔类样本数=3，未焊透类样本数=10，未熔合类样本数=10，共计27个样本。

（3）实验结果 应用上述的方法得到的检测结果如表6.12所示。

表6.12 压力容器焊缝缺陷识别结果

样本类型	样本数量	识别结果		正确识别的数量
夹渣	4	1类 2类	3个 0个	3
密集型气孔	3	2类	3个	3
未焊透	10	3类 5类	9个 1个	9
未熔合	10	4类 5类 6类	8个 1个 1个	8

正确识别率达到85.20%，效果较理想，特别是对于未焊透和气孔区分的效果较好。

6.5.4.3 ARTⅡ型网络在企业综合经济效益评估中的应用

企业经济效益是反映企业素质的重要指标，企业经济效益的评价是评估企业综合实力的重要组成部分。企业综合经济效益评价方法有多指标加权综合指数法、工效系数法和模糊综合评价法等。它们或是将多个指标归结为一个能够反映企业综合经济效益的综合性指标以作为评价企业综合经济效益高低的依据，或是以统计方法对企业进行分类，找出评价判别函数。企业综合经济效益评价是一个非常复杂的问题，由于企业的经营往往会受到市场机制、价格体制、政策导向等诸多因素的影响，使得以上方法均有一定的局限性。

企业的综合评价问题，从本质上讲属于一类模式识别问题，而人脑在这类问题的处理上有很大的优势。由于人工神经网络模仿了人的思维方式，在涉及认识问题的领域有着显著的优越性，为该问题的解决提供了新途径。下面简述基于 ART 网络的综合评估模型的设计与应用。

（1）输入数据的预处理　以连续值作为 ART 网络的输入。由于企业评估中使用的各项指标数值上相差很大，不能进行直接比较。因此，在评估前需进行数据的标准化。设用 N 个指标构成的经济效益指标体系来评价 P 个企业的综合经济效益，第 p 个企业的第 i 个指标为 x_i^p，则对统计指标进行标准化处理的公式为

$$y_i^p = \frac{x_i^p - \overline{x}_i}{s_i}$$

式中，y_i^p 是 x_i^p 的标准化数据；$\overline{x}_i$ 是未标准化的第 i 个指标平均值；s_i 是未标准化的第 i 个指标的标准差。$\overline{x}_i$ 和 s_i 的计算公式分别为

$$\overline{x}_i = \frac{1}{P} \sum_{p=1}^{P} x_i^p$$

$$s_i = \sqrt{\frac{1}{P-1} \sum_{p=1}^{P} (x_i^p - \overline{x}_i)^2}$$

设 F_1 场的参数 a、b、e、θ 均为 0，采用企业评估指标 $\boldsymbol{X}$ 经标准化处理后的 $\boldsymbol{Y}^p$ 取代 $\boldsymbol{P}$ 作为 F_1 场的输出，上传到 F_2 场参加竞争。

（2）企业样本间相似性度量的选取　衡量两个企业间相似性的度量很多，如贴近度、绝对值距离、夹角余弦、欧氏距离等。具体采用何种度量，应视具体情况和应用效果来定。以两个企业间的欧氏距离作为企业间相似性的度量，第 p 个企业和第 j 个企业之间的欧氏距离为

$$d_{pj} = \sqrt{\sum_{i=1}^{N} (x_i^p - x_i^j)^2} \tag{6.39}$$

式中，N 为经济指标数；x_i^p 为第 p 个企业的第 i 个经济指标；x_i^j 为第 j 个企业的第 i 个经济指标。

（3）评估模型的训练　以企业的各项经济效益的标准化指标作为评估网络的输入模式，网络的输入节点数等于经济指标数，输出节点数等于企业的类别数，训练过程中随分类数的改变而改变。则网络中从下至上的过程，是计算该输入企业和典型企业之间的相似性，以确定和哪类企业最相近。若用欧氏距离度量企业的相似性，F_2 场中具有最小输出值的节点为竞争获胜节点，意味着当前输入企业与该节点对应的企业类型最相似。当确定输入企业与某类企业最相似后，并不保证该企业一定属于这类企业，需要通过计算输入企业与最相似企业类型之间的距离 d 并与警戒门限值 ρ 比较而定。$d < \rho$ 表明该输入企业可以归类为获胜节点代表的企业类型，并对该节点对应的内星权值进行修正。$d > \rho$ 则应另分出一种企业类型，即在 F_2 场增加一个节点，新增节点所属的连接权应赋值为该输入企业的各项经济指标。ART 网络对所有企业样本进行训练后，F_2 场节点的数目反映了企业的类别数，每个节点对应的内星权向量，是某类企业的代表值。每个待分类企业的经济指标与这些代表值进行比较后，决定其属于哪一种企业类别。

（4）警戒门限值 ρ 的选取　ρ 值决定了分类的精细程度，识别层节点的数目即企业的分类数与 ρ 值大小关系密切。ρ 值的选取可考虑两点：一是对企业分类的要求，二是在选择某 ρ 值后的分类情况与实际情况的吻合程度。如按第二点来考虑，就要依据分类情况与实际情

况的吻合程度来调整 ρ 值。这种吻合程度的判断受到人们主观的影响，因此可以认为 ρ 值的选取是有监督训练的。通过不断地调整 ρ 值，并利用已有的数据对网络进行训练，可以得到满意的分类。

（5）实测结果分析　对某行业的 17 家企业进行评估实测。首先将 17 家企业的经济效益指标（见表 6.13）进行标准化处理，将标准化数据作为 ART 网络的输入。在训练中不断调整 ρ 值，使其对企业的分类达到要求的类数，结果见表 6.14。可以看出，当 ρ 改变时，分类数由 5 类变为 2 类。

表 6.13　17 家企业经济效益指标

序号	人均利润/(元/人)	资金利税率	成本利税率	产值利税率
1	4339.83	0.192	0.249	0.268
2	1095.57	0.143	0.341	0.142
3	4309.78	0.159	0.259	0.299
4	4590.74	0.290	0.400	0.289
5	2310.38	0.203	0.201	0.180
6	1268.81	0.129	0.167	0.175
7	1548.86	0.173	0.447	0.159
8	1179.62	0.174	0.135	0.140
9	2146.06	0.159	0.147	0.139
10	4429.63	0.356	0.249	0.216
11	1853.62	0.097	0.149	0.145
12	4504.59	0.270	0.306	0.299
13	1543.92	0.098	0.158	0.136
14	1372.54	0.186	0.175	0.194
15	4381.41	0.320	0.396	0.335
16	2377.62	0.255	0.224	0.202
17	1080.46	0.178	0.221	0.146

表 6.14　企业分类数与 ρ 值的关系

ρ 值	分类数	分类结果
1.8	5	(1,3),(2),(4,12,15),(10),(5,6,7,8,9,11,13,14,16,17)
2.2	4	(1,3),(4,12,15),(10),(2,5,6,7,8,9,11,13,14,16,17)
2.4	2	(1,3,4,10,12,15),(2,5,6,7,8,9,11,13,14,16,17)

可以看出，本例采用的网络直接用标准化的输入模式与 F_2 场的内星权向量比较相似性，并未涉及自上而下的外星权值，因此是 ART II 网络的一种变形。

6.6　本章小结

本章介绍了 2 种采用无导师学习方式的自组织神经网络。自组织神经网络最重要的特点是通过自动寻找样本中的内在规律和本质属性，自组织、自适应地改变网络参数与结构。这种学习方式大大拓宽了神经网络在模式识别与分类方面的应用。自组织网络的共同特点是都具有竞争层。输入层负责接收外界信息并将输入模式向竞争层传递，起"观察"作用，竞争层负责对该模式进行"分析比较"，找出规律以正确归类。这种功能是通过竞争机制实现的。本章学习要点是：

（1）竞争学习策略　　竞争学习是自组织网络中最常采用的一种学习策略，胜者为王是竞争学习的基本算法。该算法将输入模式向量同竞争层所有节点对应的权向量进行比较，将欧氏距离最小的判为竞争获胜节点，并仅允许获胜节点调整权值。按照胜者为王的竞争学习算法训练竞争层的结果是必将使各节点的权向量成为输入模式的聚类中心。

（2）SOM 神经网络　　SOM 网络模型中的竞争机制具有生物学基础，该模型模拟了人类大脑皮层对于某一图形或某一频率等输入模式的特定兴奋过程。SOM 网的结构特点是输出层神经元可排列成线阵或平面阵。在网络训练阶段，对某个特定的输入模式，输出层会有某个节点产生最大响应而获胜。获胜节点周围的节点因侧向相互兴奋作用也产生较大响应，于是获胜节点及其优胜邻域内的所有节点所连接的权向量均向输入向量的方向作程度不同的调整，调整力度依邻域内各节点距获胜节点的距离而逐渐衰减。网络通过自组织方式，用大量训练样本调整网络的权值，最后使输出层各节点成为对特定模式类敏感的神经细胞，对应的内星权向量成为各输入模式类的中心向量。当两个模式类的特征接近时，代表这两类的节点在位置上也接近，从而在输出层形成能够反映样本模式类分布情况的有序特征图。

（3）ART 神经网络　　ART 网络有三种类型，本章介绍了Ⅰ型和Ⅱ型。ARTⅠ网络的运行分为 4 个阶段：①匹配阶段接收来自环境的输入模式，并在输出层与所有存储模式类进行匹配竞争，产生获胜节点；②比较阶段按参考门限检查该输入模式与获胜模式类的典型向量之间的相似程度，相似度达标进入学习阶段，不达标则进入搜索阶段；③搜索阶段对相似度不超过参考门限的输入模式重新进行模式类匹配，如果与所有存储模式类的匹配不达标，就需要在网络中设立一个新的模式类，同时建立与该模式类相连的权值，用以代表和存储该模式以及后来输入的所有同类模式；④学习阶段对相似度超过参考门限的所有模式类，选择最相似的作为该模式的代表类，并调整与该类别相关的权值，以使以后与该模式相似的输入再与该模式匹配时能得到更大的相似度。ARTⅡ网络的运行原理与ARTⅠ相似，主要区别在识别层。ART 网络及算法在适应新的输入模式方面具有较大的灵活性，同时能够避免对网络先前所学模式的修改。

❓ 思考与练习

6.1　在自组织神经网络中，"自组织"的含义是什么？

6.2　自组织特征映射网中竞争机制的生物学基础是什么？

6.3　试述 ARTⅠ网络的运行原理。

6.4　试比较 ARTⅠ网与 ARTⅡ网的异同。

6.5　自组织网由输入层与竞争层组成，初始权向量已归一化为

$$\hat{W}_1(0) = \begin{bmatrix} 1 \\ 0 \end{bmatrix} \qquad \hat{W}_2(0) = \begin{bmatrix} 0 \\ -1 \end{bmatrix}$$

设训练集中共有 4 个输入模式，均为单位向量

$$\{X_1, X_2, X_3, X_4\} = \{1\angle 45°, 1\angle -135°, 1\angle 90°, 1\angle -180°\}$$

试用胜者为王学习算法调整权值，写出迭代一次的调整结果。

6.6　设图 6.1 中的竞争层有 3 个节点，试用胜者为王学习算法训练权向量，使其能对输入模式 C、I 和 T 正确分类，给出训练后的权向量 W^C、W^I 和 W^T。用含噪声的样本测试该网络，给出分类结果。

提示：设含噪声样本与正确样本的海明距离为 1。两个向量的海明距离 $dH(\boldsymbol{X}^a, \boldsymbol{X}^b)$ 是指两个向量中不相同元素的个数。

6.7 采用胜者为王学习算法训练一个竞争网络，将下面的输入模式分为两类

$$\boldsymbol{X}^1 = \begin{bmatrix} 1 \\ -1 \end{bmatrix} \quad \boldsymbol{X}^2 = \begin{bmatrix} 1 \\ 1 \end{bmatrix} \quad \boldsymbol{X}^3 = \begin{bmatrix} -1 \\ -1 \end{bmatrix}$$

① $\eta = 0.5$，初始权值矩阵为

$$\boldsymbol{W} = \begin{bmatrix} \sqrt{2} & 0 \\ 0 & \sqrt{2} \end{bmatrix}$$

将输入模式按顺序训练一遍并图示训练结果，观察模式如何聚类。

② 如果输入模式的顺序改变，训练结果是否改变？请解释原因。

③ 令 $\eta = 0.25$ 重做①，这种改变对训练有何影响？

6.8 给定 5 个 4 维输入模式如下：

$$\boldsymbol{X}^1 = \begin{bmatrix} 1 \\ 0 \\ 0 \\ 0 \end{bmatrix}, \ \boldsymbol{X}^2 = \begin{bmatrix} 1 \\ 1 \\ 0 \\ 0 \end{bmatrix}, \ \boldsymbol{X}^3 = \begin{bmatrix} 1 \\ 1 \\ 1 \\ 0 \end{bmatrix}, \ \boldsymbol{X}^4 = \begin{bmatrix} 0 \\ 1 \\ 0 \\ 0 \end{bmatrix}, \ \boldsymbol{X}^5 = \begin{bmatrix} 1 \\ 1 \\ 1 \\ 1 \end{bmatrix}$$

试设计一个具有 5×5 神经元平面阵的 SOM 网，建议学习率 $\eta(t)$ 在前 1000 步训练中从 0.5 线性下降至 0.04，然后在训练到 10000 步时减小至 0。优胜邻域半径初值设为 2 个节点（即优胜邻域覆盖整个输出平面），1000 个训练步时减至 0（即只含获胜节点）。每训练 200 步保留一次权向量，观察其在训练过程中的变化。给出训练结束后 5 个输入模式在输出平面的映射图。

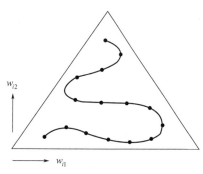

图 6.31 习题 6.9 附图

6.9 SOM 网有 15 个输出神经元，2 维输入样本点均匀分布在一个三角形区域。训练后的权值分布如图 6.31 所示，图中各点的连线仅表明权值的相邻关系。试根据自己的理解给出该 SOM 网的结构，以及神经元的排列情况。

6.10 设计一个 ART I 网络对下面给出的 3 个输入模式进行分类。设计一个合适的警戒门限，使得 ART I 网能将 3 个输入模式分为 3 类。写出训练的前 3 步结果，以及训练结束后的 $\boldsymbol{B}$ 阵和 $\boldsymbol{T}$ 阵。3 个输入模式为

$$\boldsymbol{X}^1 = (1,0,0,0,1,0,0,0,1)^\mathrm{T}$$
$$\boldsymbol{X}^2 = (1,1,0,0,1,0,0,1,1)^\mathrm{T}$$
$$\boldsymbol{X}^3 = (1,0,1,0,1,0,1,0,1)^\mathrm{T}$$

6.11 设计一个 ART I 网络对本章 6.5.2.1 和 6.5.2.2 小节中的数据进行训练，并将训练结果同表 6.9 进行对照。

第7章 组合学习神经网络

有教师信号的监督学习和无教师信号的自组织竞争学习是两类各具特色的学习方式，若将两类方式有机结合，则可以充分发挥两者的优势，使所设计的神经网络具有更强的功能。本章讨论两种组合学习方式的神经网络，其特点是网络的输出层采用监督学习算法而隐层采用竞争学习策略。

7.1 学习向量量化神经网络

学习向量量化（learning vector quantization，LVQ）网络是在竞争网络结构的基础上提出的，LVQ网络将竞争学习思想和有监督学习算法相结合，在网络学习过程中，通过教师信号对输入样本的分配类别进行规定，从而克服了自组织网络采用无监督学习算法带来的缺乏分类信息的弱点。

7.1.1 向量量化（LVQ）

在信号处理领域，量化是针对标量进行的，指将信号的连续取值或者大量可能的离散取值近似为有限多个或较少的离散值的过程。向量量化是对标量量化的扩展，适用于高维数据。向量量化的思路是，将高维输入空间分成若干不同的区域，对每个区域确定一个中心向量作为聚类中心，与其处于同一区域的输入向量可用该中心向量来代表，从而形成以各中心向量为聚类中心的点集。在图像处理领域，常用各区域中心点（向量）的编码代替区域内的点来存储或传输，从而出现了各种基于向量量化的有损压缩技术。

在二维输入平面上表示的中心向量分布称为 Voronoi 图，如图 7.1 所示。前面介绍的 Winner-Take-All 和 SOFM 竞争学习算法都是一种向量量化算法，都能用少量聚类中心表示原始数据，从而起到数据压缩作用。但 SOFM 各相邻聚类的中心向量具有某种相似的特征，而一般向量量化的中心不具有这种相似性。

自组织映射可以起到聚类的作用，但还

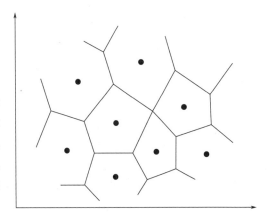

图 7.1　二维向量量化

不能直接分类或识别，因此这只是自适应解决模式分类问题两步中的第一步。第二步是学习向量量化，采用有监督方法，在训练中加入教师信号作为分类信息对权值进行细调，并对输出神经元预先指定其类别。

7.1.2 LVQ 网络结构与工作原理

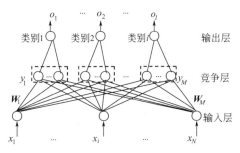

图 7.2 学习向量量化网络

LVQ 网络的结构如图 7.2 所示，由输入层、竞争层和输出层神经元组成。输入层有 N 个神经元接收输入向量，与竞争层之间完全连接；竞争层有 M 个神经元，分为若干组并呈一维线阵排列；输出层每个神经元只与竞争层中的一组神经元连接，连接权值固定为 1。在 LVQ 网络的训练过程中，输入层和竞争层之间的连接权值被逐渐调整为聚类中心。当一个输入样本被送至 LVQ 网时，竞争层的神经元通过胜者为王竞争学习规则产生获胜神经元，容许其输出为 1，而其它神经元输出均为 0。与获胜神经元所在组相连接的输出神经元其输出也为 1，而其它输出神经元输出为 0，从而给出当前输入样本的模式类。将竞争层学习得到的类称为子类，将输出层学习得到的类称为目标类。

LVQ 网络各层的数学描述如下：设输入向量用 $\boldsymbol{X}$ 表示

$$\boldsymbol{X} = (x_1, x_2, \cdots, x_N)^{\mathrm{T}}$$

竞争层的输出用 $\boldsymbol{Y}$ 表示

$$\boldsymbol{Y} = (y_1, y_2, \cdots, y_M)^{\mathrm{T}}, y_j \in \{0, 1\}, j = 1, 2, \cdots, M$$

输出层的输出用 $\boldsymbol{O}$ 表示

$$\boldsymbol{O} = (o_1, o_2, \cdots, o_l)^{\mathrm{T}}$$

网络的期望输出用 $\boldsymbol{d}$ 表示

$$\boldsymbol{d} = (d_1, d_2, \cdots, d_l)^{\mathrm{T}}$$

输入层到竞争层之间的权值矩阵用 $\boldsymbol{W}^1$ 表示

$$\boldsymbol{W}^1 = (\boldsymbol{W}_1^1, \boldsymbol{W}_2^1, \cdots, \boldsymbol{W}_j^1, \cdots, \boldsymbol{W}_M^1)$$

其中列向量 $\boldsymbol{W}_j^1$ 为隐层第 j 个神经元对应的权值向量。

竞争层到输出层之间的权值矩阵用 $\boldsymbol{W}^2$ 表示

$$\boldsymbol{W}^2 = (\boldsymbol{W}_1^2, \boldsymbol{W}_2^2, \cdots, \boldsymbol{W}_k^2, \cdots, \boldsymbol{W}_l^2)$$

其中列向量 $\boldsymbol{W}_k^2$ 为输出层第 k 个神经元对应的权值向量。

7.1.3 LVQ 网络的学习算法

LVQ 网络的学习规则结合了竞争学习和有导师学习，需要一组有教师信号的样本对网络进行训练。设有训练样本集：$\{(\boldsymbol{x}^1, \boldsymbol{d}^1), \cdots, (\boldsymbol{x}^p, \boldsymbol{d}^p), \cdots (\boldsymbol{x}^P, \boldsymbol{d}^P)\}$，其中每个教师向量 $\boldsymbol{d}^p (p = 1, 2, \cdots, P)$ 中只有一个分量为 1，其它分量均为 0。通常把竞争层的每一个神经元指定给一个输出神经元，相应的权值为 1，从而得到输出层的权值矩阵 $\boldsymbol{W}^2$。例如，某 LVQ 网络竞争层有 6 个神经元，输出层有 3 个神经元，代表 3 个类。若将竞争层的第 1、3 号神经元指定为第 1 个输出神经元，第 2、5 号神经元指定为第 2 个输出神经元，第 4、6 号神经元

指定为第 3 个输出神经元。则权值矩阵 $\boldsymbol{W}^2$ 定义为

$$\boldsymbol{W}^2 = \begin{bmatrix} 1 & 0 & 0 \\ 0 & 1 & 0 \\ 1 & 0 & 0 \\ 0 & 0 & 1 \\ 0 & 1 & 0 \\ 0 & 0 & 1 \end{bmatrix}$$

$\boldsymbol{W}^2$ 的列表示类，行表示子类，每一行只有一个元素为 1，该元素所在的列表示这个子类所属的类。对任一输入样本，网络的输出为 $\boldsymbol{O} = (\boldsymbol{W}^2)^{\mathrm{T}} \boldsymbol{Y}$。

LVQ 网络在训练前预先定义好 $\boldsymbol{W}^2$，从而指定了输出神经元类别。训练中 $\boldsymbol{W}^2$ 不再改变，网络的学习是通过改变 $\boldsymbol{W}^1$ 来进行的。根据输入样本类别（教师信号）和获胜神经元所属类别，可判断当前分类是否正确。如图 7.3 所示，若分类正确则将获胜神经元的权向量向输入向量方向调整，分类错误则向相反方向调整。

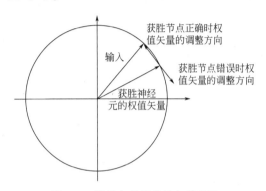

图 7.3 学习向量量化的权值调整

LVQ 网络学习算法的步骤如下：

① 初始化。竞争层各神经元权值向量 $\boldsymbol{W}_j^1(0)(j=1,2,\cdots,M)$ 赋小随机数，确定初始学习速率 $\eta(0)$ 和训练次数 K；

② 输入样本向量 $\boldsymbol{X}$；

③ 寻找获胜神经元 j^*

$$\|\boldsymbol{X}-\boldsymbol{W}_{j^*}^1\| = \min_j \|\boldsymbol{X}-\boldsymbol{W}_j^1\|, \quad j=1,2,\cdots,M$$

④ 根据分类是否正确按不同规则调整获胜神经元的权值：当网络分类结果与教师信号一致时，向输入样本方向调整权值

$$\boldsymbol{W}_{j^*}^1(k+1) = \boldsymbol{W}_{j^*}^1(k) + \eta(k)[\boldsymbol{X}-\boldsymbol{W}_{j^*}^1(k)] \tag{7.1}$$

否则向逆输入样本方向调整权值

$$\boldsymbol{W}_{j^*}^1(k+1) = \boldsymbol{W}_{j^*}^1(k) - \eta(k)[\boldsymbol{X}-\boldsymbol{W}_{j^*}^1(k)] \tag{7.2}$$

其它非获胜神经元的权值保持不变。

⑤ 更新学习速率

$$\eta(k) = \eta(0)\left(1-\frac{k}{K}\right) \tag{7.3}$$

当 $k<K$ 时，$k=k+1$，转到步骤②输入下一个样本，重复各步骤直到 $k=K$。

在上述训练过程中，须保证 $\eta(k)$ 为单调下降函数。此外，寻找获胜神经元时直接用最小欧氏距离进行判断，因此不需要对权值向量和输入向量进行归一化处理。

LVQ 网络是 SOFM 网络一种有监督形式的扩展，两者有效的结合可更好地发挥竞争学习和有监督学习的优点。

7.1.4 基于 Python 的 LVQ 网络学习算法实现

LVQ 的程序实现包括了结构设计和权值参数的调整，其中结构设计包括输入节点个数、输出层节点个数和竞争层分组情况的设计；权值参数的程序实现包括初始化和迭代调整过程，调整过程中首先需要根据距离排序寻找获胜神经元，然后对获胜神经元对应权值采用循环结构进行迭代调整。LVQ 没有优胜邻域，调整起来相对简单。

将网络设计成一个类 LVQnet，其中初始化函数_init_()完成网络结构的设计和权值初始化，训练函数 fit()完成取值参数的调整，predict()函数用于网络训练后给定输入时，输出结果。下面结合程序具体进行说明。

```python
#导入相关模块
import numpy as np
import random
from copy import deepcopy
import matplotlib
from matplotlib import pyplot as plt

#定义类
class LVQnet:
    def __init__(self, n_inputs, n_outputs,groups,lr=0.4,epochs=1000):
        '''
        初始化，给出输入向量的维度和输出的种类数
        groups是竞争层的分组状况，如[2,2,3,5]
        意为竞争层共有（2+2+3+5=12）12个神经元，4组输出
        '''
        self.epochs = epochs
        self.lr = lr

        assert len(groups)==n_outputs
        self.g = groups#竞争层神经元分组
        self.k = sum(groups)#竞争层神经元个数
        #随机初始化神经元的权值向量
        self.w1= np.random.rand(self.k,n_inputs)*0.01
        self.w2= np.zeros((n_outputs,self.k))
        cnt = 0
        for i in range(len(self.g)):
            for j in range(self.g[i]):
                self.w2[i][cnt] = 1
                cnt+=1
    #训练函数
    def fit(self, X, Y):
        N = len(X)
        for t in range(self.epochs):
            gamma = self.lr*(1-t/self.epochs)#学习率更新
```

```
                    idx = random.randint(0,N-1)
                    x = X[idx]
                    out = self.predict(x)#计算输出
                    y = Y[idx]
                    error = np.sum(abs(out-y))#计算误差
                    #根据error判断获胜神经元的权值参数调整方式
                    if error ==0:
                        self.w1[self.win] += gamma*self.v[self.win]
                    else:
                        self.w1[self.win] -= gamma*self.v[self.win]
        #预测函数
        def predict(self,x):
            x = np.tile(x,(self.k,1))
            v = x-self.w1
            self.v = v
            distance = np.sum(v**2,axis = 1).reshape(-1)#计算距离
            win = np.argmin(distance)#寻找获胜神经元
            self.win = win
            out = np.zeros((self.k,1))
            out[win][0] = 1
            out = self.w2.dot(out).reshape(-1)
            return out
```

以下用一个简单实例进行测试，其中 dataset 的前两列为输入向量，最后一列为输出向量，学习率初值设为 0.3，终止步数设为 20，权值向量 n_codebooks 设为 5。

```
#程序测试
X = np.array(
[
    [-6,0],
    [-4,2],
    [-2,-2],
    [0,1],
    [0,2],
    [0,-2],
    [0,1],
    [2,2],
    [4,-2],
    [6,0]
])
Y = np.array(
[
    [1,0],
    [1,0],
    [1,0],
```

```
        [0,1],
        [0,1],
        [0,1],
        [0,1],
        [1,0],
        [1,0],
        [1,0]
])
network = LVQnet(2,2,groups=[4,2],lr=0.5,epochs=1000)#设计网络，2维输入，
2维输出，分组为[4,2]
network.fit(X,Y)#训练网络
#输出结果和误差
yout=list()
for i in range(len(X)):
    yout.append(network.predict(X[i]))
yout=np.array(yout)
print('yout=',yout)
print('error=',yout-Y)
```

运行结果如下：

```
yout= [[1. 0.]
 [1. 0.]
 [1. 0.]
 [0. 1.]
 [0. 1.]
 [0. 1.]
 [0. 1.]
 [1. 0.]
 [1. 0.]
 [1. 0.]]
error= [[0. 0.]
 [0. 0.]
 [0. 0.]
 [0. 0.]
 [0. 0.]
 [0. 0.]
 [0. 0.]
 [0. 0.]
 [0. 0.]
 [0. 0.]]
```

可以看到，学习率在不断下降，误差也在降低，可以改变不同的权值向量来观察运行结果。

7.1.5 LVQ 网络的设计与应用

7.1.5.1 LVQ 网络在证券投资基金分类中的应用

截止到 2004 年底，我国的证券投资基金已发展到 154 只。面对不断增加的基金，基金投资者的选择范围和选择的难度也越来越大。准确的基金分类可以帮助投资者将其资金分配

到不同类别的基金中，以期达到分散风险的效果。采用基金市场表现的相关指标对基金进行分类，主要采用多元统计方法，分类准确率不高。神经网络在解决分类问题时具有独特的优势，下面介绍一种将 SOM 网络与 LVQ 网络结合起来对基金进行分类的方法。

（1）基金分类模型设计　训练样本来自我国 2003 年 10 月 1 日以前发行的 54 只开放式证券投资基金，研究区间为 2003 年第四季度～2005 年第一季度。训练样本取考察区间中基金表现最优、中等和最差的三个季度共 162 个样本。

① 应用 SOM 网络对全部样本进行聚类分析。设计 SOM 网络竞争层节点数时必须知道类别数，若无先验知识，可采用测试法确定。令类别数为 2～10，用 SOM 网络分别进行聚类，通过比较认为类别数为 4 时，分类结果最满意。分类结果具体情况见表 7.1。根据各类基金的指标值，可以做相应的命名：第一类的平均收益率为负值且詹森指数很小，命名为"低绩效基金"；第二类基金 β 系数及标准差都较小，说明受市场波动影响极小，命名为"低风险基金"；第三类基金的各指标处于第二位或第一位，略优于所有基金的平均值，命名为"稳健基金"；第四类基金的平均收益率及詹森指数都最大，命名为"高绩效基金"。

表 7.1　SOM 神经网络分类结果

指标（均值）	第一类 （34 个）	第二类 （41 个）	第三类 （35 个）	第四类 （52 个）
平均收益率/%	−6.03	1.01	2.03	10.03
β 系数	0.563	0.129	0.585	0.555
标准差	0.826	0.260	1.323	0.962
詹森指数	0.005	0.006	0.035	0.094
命名	低绩效基金	低风险基金	稳健基金	高绩效基金

② 使用 LVQ 网络对聚类结果进行判别并预测。从 162 个样本取出 100 个作为训练样本，其余 62 个测试样本。当网络训练 200 次以后，LVQ 网络分类的误差趋于稳定，降至 0.02。利用训练好的 LVQ 网络对 62 个测试样本进行预测的结果为：共有 2 个训练样本被错误归到相邻类中，准确率为 96.77%；共有 3 个测试样本错误的归到相邻的类中，准确率为 95.16%。全部样本预测的准确率为 96.91%，表明利用神经网络进行基金业绩分类可取得较好的效果。

（2）基金分类情况分析　利用训练好的神经网络模型分别对 54 只开放式基金连续五个季度所属类别进行计算，整理结果见表 7.2。经分析可以得到以下结论：

① 开放式基金的业绩波动幅度较大、持续性差。在研究区间内，约有 60% 的基金其业绩跨越 3 个以上的类别。只有 6 只基金（占 11.11%）保持所属的类别不变，这些基金分别是 5 只低风险基金和 1 只高绩效基金。

表 7.2　开放基金业绩波动情况

所属类别数	1	2	3	4
基金数量	6	15	31	2
百分比/%	11.11	27.78	57.41	3.70

② 以债券为投资对象的债券型基金市场表现平稳。所考察的 9 只债券型基金有 5 只基金始终属于第二类型基金，其它 4 只基金只在两个类型之间变换，这相对整个开放型基金行业是很平稳的。

③ 我国的基金业投资逐渐趋于理性。虽然我国开放式基金的业绩波动幅度较大，每个季度所属类别发生变化的基金占 50% 以上，但可以看到，随着理性投资理念的逐渐建立，所属类别发生变化的基金数目趋于减少，具体变化情况见图 7.4。这说明，我国的开放式基金正在从极不稳定的状况中走向理性发展状况。

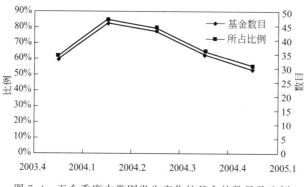

图 7.4　五个季度中类别发生变化的基金的数目及比例

7.1.5.2　LVQ 网络在探地雷达探雷中的应用

探地雷达作为非破坏性探测手段被广泛应用于地下目标（如空洞、管道、地雷等）的探测。如何对雷达回波信号进行处理以识别地下埋设的目标始终是困扰探地雷达应用的难题。目前主要依赖于成像技术，处理结果一般由人工加以解释，该方法不仅无法进行实时处理，

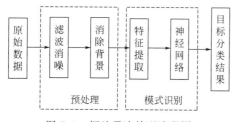

图 7.5　探地雷达处理流程图

同时也对操作者的技术经验提出了很高的要求。针对上述问题，用信号的学习向量量化神经网络对目标进行分类，取得了较好的效果。处理过程如图 7.5 所示。

（1）预处理与特征提取　数据集合来自中心频率为 1GHz 的无载频脉冲探地雷达系统，试验对象为反步兵地雷、金属盒及砖块，试验介质分别为沙滩和中性土壤，埋深分别为 20cm 及 40cm。原始信号经过延时校正、滤波及减背景操作后，突出了目标信号，提高了信噪比。信号的特征提取可以从时域、频域、自相关、功率谱、双谱、小波等方面考虑，这里采用谱估计理论来提取目标信号的特征。由于雷达信号是非平稳、非周期且非瞬态的信号，不能直接使用傅里叶变换，可优先使用部分扫描的 Welch 平均重叠周期谱对信号谱计算，该谱估计方法对区分目标和对目标进行定位非常有效。

（2）LVQ 网络的设计　训练样本为 3360 个，测试样本为 240 个。将谱估计的结果进行 K-L 变换，将信号从 64 维降低到 16 维，从而缩小了样本空间，有效降低了神经网络学习的计算量。整个神经网络由输入层、竞争层和线性输出层组成，输入层包括了 16 个神经元，对应于每个谱值；竞争层的神经元个数选为 16 个；输出层包含 3 个神经元，分别对应于反步兵地雷、砖块和金属盒三种目标。

（3）LVQ 网络的训练和测试 训练前先将训练集与测试集样本归一化，经过训练后的 LVQ 网就可以用来对探地雷达信号中提取的浅表目标进行测试分类。表 7.3 为训练好的 LVQ 网络对三种不同介质中的反步兵地雷目标进行识别的结果。从测试结果可以看出，介质越均匀，识别率越低，其主要原因是干扰增多。

表 7.3 不同介质下反步兵地雷神经网络测试结果

介质	测试一	测试二	平均识别率
	识别次数/测试次数	识别次数/测试次数	
沙滩介质	32/40	52/60	83.3%
沙土介质	25/40	38/60	62.9%
黏土介质	17/40	19/60	37.0%

7.2 对向传播神经网络

1987 年，美国学者 Robert Hecht-Nielsen 提出了对向传播神经网络模型（counter-propagation network，CPN），最早是用来实现样本选择匹配系统的。CPN 能存储二进制或模拟值的模式对，因此这种网络模型也可用作联想存储、模式分类、函数逼近、统计分析和数据压缩。

7.2.1 网络结构与运行原理

图 7.6 给出了对向传播网络的标准三层结构，各层之间的神经元全互连。从拓扑结构看，CPN 与三层 BP 网没有什么区别，但实际上它是由自组织网和 Grossberg 的外星网组合而成的。其中隐层为 Kohonen 网的竞争层，该层的竞争神经元采用无导师竞争学习规则进行学习，输出层为 Grossberg 层，它与隐层全互连，采用有导师的 Widrow-Hoff 规则或 Grossberg 规则进行学习。

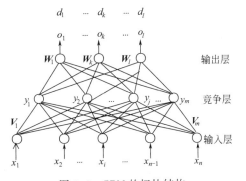

图 7.6 CPN 的拓扑结构

网络各层的数学描述如下：设输入向量用 X 表示

$$X = (x_1, x_2, \cdots, x_n)^T$$

竞争结束后竞争层的输出用 Y 表示

$$Y = (y_1, y_2, \cdots, y_m)^T, y_i \in \{0, 1\}, i = 1, 2, \cdots, m$$

网络的输出用 O 表示

$$O = (o_1, o_2, \cdots, o_l)^T$$

网络的期望输出用 d 表示

$$d = (d_1, d_2, \cdots, d_l)^T$$

输入层到竞争层之间的权值矩阵用 V 表示

$$V = (V_1, V_2, \cdots, V_j, \cdots, V_m)$$

式中，列向量 V_j 为隐层第 j 个神经元对应的内星权向量。竞争层到输出层之间的权值矩阵用 W 表示

$$W = (W_1, W_2, \cdots, W_k, \cdots, W_l)$$

式中，列向量 W_k 为输出层第 k 个神经元对应的权向量。

网络各层按两种学习规则训练好之后，运行阶段首先向网络送入输入向量，隐层对这些输入进行竞争计算，若某个神经元的净输入值为最大则竞争获胜，成为当前输入模式类的代表，同时该神经元成为图 7.7(a) 所示的活跃神经元，输出值为 1；而其余神经元处于非活跃状态，输出值为 0。

竞争取胜的隐含神经元激励输出层神经元，使其产生如图 7.7(b) 所示的输出模式。由于竞争失败的神经元的输出值为 0，故它们在输出层神经元的净输入中没有贡献，不影响其输出值。因此输出就由竞争胜利的神经元所对应的外星向量来确定。

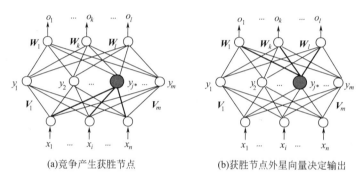

(a)竞争产生获胜节点　　(b)获胜节点外星向量决定输出

图 7.7　CPN 运行过程

7.2.2　CPN 的学习算法

网络的学习规则由无导师学习和有导师学习规则组合而成，因此训练样本集中输入向量与期望输出向量应成对组成，即：$\{X^p, d^p\}$($p = 1, 2, \cdots, P$)，P 为训练集中的模式总数。

训练分为两个阶段进行，每个阶段采用一种学习规则。第一阶段用竞争学习算法对输入层至隐层的内星权向量进行训练，步骤如下：

① 将所有内星权随机地赋以 0～1 之间的初始值，并归一化为单位长度，得 $\hat{V}$；训练集内的所有输入模式也要进行归一化，得 $\hat{X}$。

② 输入一个模式 X^p，计算净输入 $\mathrm{net}_j = \hat{V}_j^{\mathrm{T}} \hat{X}$，$j = 1, 2, \cdots, m$。

③ 确定竞争获胜神经元 $\mathrm{net}_{j^*} = \max_j \{\mathrm{net}_j\}$，使 $y_{j^*} = 1$，$y_j = 0$，$j \neq j^*$。

④ CPN 的竞争算法不设优胜邻域，因此只调整获胜神经元的内星权向量，调整规则为

$$V_{j^*}(t+1) = \hat{V}_{j^*}(t) + \eta(t)[\hat{X} - \hat{V}_{j^*}(t)] \tag{7.4}$$

式中，$\eta(t)$ 为学习率，是随时间下降的退火函数。由以上规则可知，调整的目的是使权向量不断靠近当前输入模式类，从而将该模式类的典型向量编码到获胜神经元的内星权向量中。

⑤ 重复步骤②至步骤④直到 $\eta(t)$ 下降至 0。需要注意的是，权向量经过调整后必须重

新作归一化处理。

第二阶段采用外星学习算法对隐层至输出层的外星权向量进行训练，步骤如下：

① 输入一个模式对 X^p、d^p，计算净输入 $\text{net}_j = \hat{\boldsymbol{V}}_j^{\mathrm{T}} \hat{\boldsymbol{X}}$（$j=1,2,\cdots,m$），其中输入层到隐层的权值矩阵保持第一阶段的训练结果。

② 确定竞争获胜神经元 $\text{net}_{j^*} = \max_j \{\text{net}_j\}$，使

$$y_j = \begin{cases} 0, & j \neq j^* \\ 1, & j = j^* \end{cases} \tag{7.5}$$

③ 调整隐层到输出层的外星权向量，调整规则为

$$\boldsymbol{W}_{jk}(t+1) = \boldsymbol{W}_{jk}(t) + \beta(t)[d_k - o_k(t)], \quad \begin{array}{l} j=1,2,\cdots,m \\ k=1,2,\cdots,l \end{array} \tag{7.6}$$

式中，$\beta(t)$ 为外星规则的学习率，也是随时间下降的退火函数；$o_k(t)$ 是输出层神经元的输出值，由下式计算

$$o_k(t) = \sum_{k=1}^{l} w_{jk} y_j \tag{7.7}$$

由式(7.5)，上式应简化为

$$o_k(t) = w_{j^*k} y_{j^*} = w_{j^*k} \tag{7.8}$$

将上式代入式(7.6)，得外星权向量调整规则如下

$$w_{jk}(t+1) = \begin{cases} w_{jk}(t), & j \neq j^* \\ w_{jk}(t) + \beta(t)[d_k - w_{jk}(t)], & j = j^* \end{cases} \tag{7.9}$$

由以上规则可知，只有获胜神经元的外星权向量得到调整，调整的目的是使外星权向量不断靠近并等于期望输出，从而将该输出编码到外星权向量中。

④ 重复步骤①至步骤③直到 $\beta(t)$ 下降至 0。

同目前应用最为广泛的误差反向传播网络（back propagation network，BPN）比较，CPN 由于采用了混合学习方式，其收敛速度快、泛化能力强，但同时继承了 SOM 的缺陷。

7.2.3 基于 Python 的 CPN 学习算法实现

CPN 的程序实现包括了结构设计和权值参数的调整，其中结构设计包括输入节点个数、隐层节点个数和输出层节点个数的设计；权值参数的调整，根据 CPN 的学习算法，包括两个阶段，一是通过竞争学习调整内星权向量，二是通过外星学习算法调整外星权向量。与SOM 相比，获胜神经元的确定方法一致，但 CPN 没有优胜邻域，因此调整起来相对简单。

将网络设计成一个类 CPNnet，其中初始化函数_init_()完成网络结构的设计和初始化，训练函数 fit()完成取值参数的调整，predict()函数用于网络训练后给定输入时，输出结果。下面结合程序具体进行说明。

```python
import numpy as np
import random
from copy import deepcopy
import matplotlib
from matplotlib import pyplot as plt


class CPNnet:
    def __init__(self, n_input, n_output,k, lr = 1, epochs = 1000):
        #初始化，给出输入向量的维度 n_input、输出的维度 n_output
        #隐层神经元的个数 k
        #由 k 可得到内星权向量 V 和 W 的个数 k，并采用 rand()函数对它们进行初始化
        self.V = np.random.rand(k,n_input)
        self.k = k
        self.W = np.zeros((k,n_output))
        self.lr=lr
        self.epochs=epochs
    def fit(self, X, Y):
        #在训练函数中，可以将内星权向量 V 做一定调整，使之在大小方向上与 X 相适应
        means = np.tile(np.mean(X,axisa=0),(self.k,1))
        self.V *= 2*means
        N = len(X)
        #阶段 1，对内星权向量进行训练，eta 为学习率，按照模拟退火进行衰减
        #调用 predict()函数得到网络输出 out 和获胜神经元下标 win，用于调整 V
        for t in range(self.epochs):
            eta = self.lr*(1-t/self.epochs)
            idx = random.randint(0,N-1)
            x = X[idx]
            out = self.predict(x)
            self.V[self.win] += eta*(x-self.V[self.win])
        #阶段 2，对外星权向量进行训练，beta 为学习率，按照模拟退火进行衰减
        #调用 predict()函数得到网络输出 out 和获胜神经元下标 win，用于调整 W
        for t in range(self.epochs//10):
            beta = self.lr*(1-t/self.epochs)
            idx = random.randint(0,N-1)
            x = X[idx]
            y = Y[idx]
            out = self.predict(x)
            #计算网络输出和训练目标之间的差 delta
            delta = out-y
            #调整获胜的外星权向量
            self.W [self.win] -= beta*delta
    #定义 predict()函数，根据输入和权向量参数计算网络输出，得到获胜神经元的下标
win

    def predict(self,x0):
        x = deepcopy(x0)
```

```
            #计算内星权向量和输入之间的差 minus
            minus = self.V-np.tile(x,(len(self.V),1))
            #计算内星权向量和输入之间的距离 dist
            dist = np.sum(minus**2,axis=1).reshape(-1)
            #找出获胜单元，返回下标
            win = np.argmin(dist)
            self.win = win
            #输出为获胜神经元的外星权向量值
            out = self.W [win]
            return out
#程序测试
X0 = np.array([
    [0.0,0.0],
    [0.2,0.0],
    [0.0,0.4],
    [1.0,0.5],
    [0.4,1.0]])
Y0 = np.array([
    [1,0,0,0],
    [1,0,0,0],
    [0,1,0,0],
    [0,0,1,0],
    [0,0,0,1]])
X = deepcopy(X0)
Y = deepcopy(Y0)
n_input=len(X0[0])
n_output=len(Y0[0])
cpn = CPNnet(n_input,n_output,k=10, lr = 0.8,epochs = 1000)
cpn.fit(X,Y)
#观察训练样本的拟合情况
print('out:')
out=list()
for x in X:
    print(cpn.predict(x))
    out.append(cpn.predict(x))
print()
error=out-Y0
print("error:\n",error)


#采用测试样本进行预测
print()
print("test:")
x = np.array([0.2,1])
print("x=:\n",x)
print("out:\n",cpn.predict(x))
```

运行结果如下：

```
out:
[1. 0. 0. 0.]
[1. 0. 0. 0.]
[0. 1. 0. 0.]
[0. 0. 1. 0.]
[0. 0. 0. 1.]

error:
[[-2.64233080e-14   0.00000000e+00   0.00000000e+00   0.00000000e+00]
 [-4.74635886e-11   0.00000000e+00   0.00000000e+00   0.00000000e+00]
 [ 0.00000000e+00   0.00000000e+00   0.00000000e+00   0.00000000e+00]
 [ 0.00000000e+00   0.00000000e+00  -3.15858451e-13   0.00000000e+00]
 [ 0.00000000e+00   0.00000000e+00   0.00000000e+00  -3.90805277e-10]]

test:
x=:
 [0.2 1. ]
out:
 [0. 0. 0. 1.]
```

由结果可知，通过训练，CPN 网络找到了输入相对应的权向量，对输入进行了编码。将测试数据输入已经训练好的网络，可以获得相应的输出分类结果。

7.2.4 改进的 CPN 举例

7.2.4.1 双获胜节点 CPN

在标准的对向传播网络中，竞争层上只允许有一个神经元获胜。作为一种改进方案，在完成训练后的运行期间允许隐层有两个神经元同时获得竞争胜利，这两个获胜神经元均取值为 1，其它的神经元则取值为 0。于是两个获胜神经元同时按照式(7.8)影响网络的输出。

图 7.8 给出了这种情况的一个例子。其中图 7.8(a) 表示 3 个训练样本对，在图 7.8(b)中利用这些样本对 CPN 进行训练。训练完成后，作为标准 CPN 运行时，对于每个输入模式只允许有一个隐层神经元获胜，因此送入该网络一个输入模式，网络就以一个对应的输出模式来响应。但当作为改进 CPN 运行时，对于每个输入模式允许有两个隐层神经元同时获胜，此时若给网络送入一个图 7.8(c) 所示的由两个训练样本线性组合而成的新模式（复合模式），那么网络的输出就是与复合输入模式中包含的样本相对应的输出模式的组合。CPN 能对复合输入模式包含的所有训练样本对应的输出进行线性叠加，这种能力对于图像的叠加等应用是十分合适的。

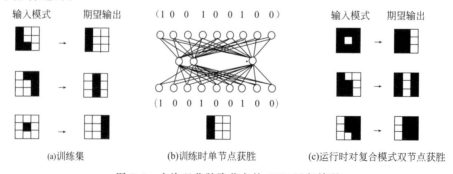

(a)训练集　　　　(b)训练时单节点获胜　　　　(c)运行时对复合模式双节点获胜

图 7.8　允许双获胜隐节点的 CPN 运行情况

7.2.4.2 双向 CPN

将 CPN 的输入层和输出层各自分为两组，可变换为图 7.9 的形式。该网络有两个输入向量 X 和 Y，两个与之对应的输出向量 Y' 和 X'。训练隐层内星权向量时，将两个输入向量作为一个输入向量处理；训练隐层的外星向量时，将两个输出向量作为一个输出向量处理。两种权向量的调整规则与标准 CPN 完全相同。

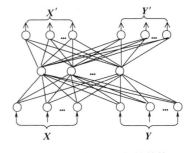

图 7.9 双向 CPN 拓扑结构

双向 CPN 的优点是可以同时学习两个函数。例如

$$Y = f(X)$$
$$X' = f(Y')$$

当向网络输入 $(X,0)$ 时，网络输出为 $(Y,0)$；当向网络输入 $(0,Y')$ 时，网络输出为 $(0,X')$，当向网络输入 (X,Y') 时，网络输出为 (Y,X')。

当两个函数为互逆时，有 $X = X'$，$Y = Y'$。双向 CPN 可用于数据压缩与解压缩，可将其中一个函数 f 用作压缩函数，将其逆函数 g 用作解压缩函数。

事实上双向 CPN 并不要求两个互逆函数是解析表达的，更一般的情况下 f 和 g 是互逆的映射关系，从而可利用双向 CPN 实现互联想。

7.2.5 CPN 的应用

7.2.5.1 CPN 在颜色分类中的应用

图 7.10 给出 CPN 用于烤烟烟叶颜色模式分类的情况。其中输入样本分布在图 7.10(a) 所示的 3 维颜色空间中，该空间的每个点用一个 3 维向量表示，各分量分别代表烟叶的平均色调 H、平均亮度 L 和平均饱和度 S。烤烟烟叶的颜色与生长部位相关，其中上部组烟叶可按颜色分为红棕、橘黄、柠檬黄三个小类；中部组烟叶分为橘黄、柠檬黄两个小类；下部烟叶分为橘黄、柠檬黄两个小类；此外还有一类成熟度较差的烟叶颜色为青黄色。将全部烟叶按颜色分可分为四类模式，分别为红棕类、橘黄类、柠檬黄类和青黄类。

图 7.10(b) 给出了 CPN 结构，隐层共设了 8 个神经元，用于对烟叶样本颜色聚类；输出层设 4 个神经元，用于对样本进行颜色分类。学习速率为随训练时间下降的函数，经过 2000 次训练之后，网络分类的正确率达 96%。

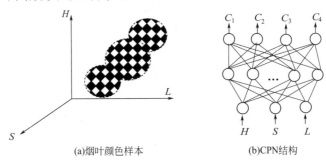

(a)烟叶颜色样本   (b)CPN结构

图 7.10 用于烟叶颜色模式分类的CPN

7.2.5.2 CPN 在图像压缩中的应用

向量量化的理论基础是香农的速率失真理论，其基本原理是用码书中与输入向量最匹配的码字的索引代替输入向量进行传输和存储，而解码时只需简单的查表操作。向量量化的三大关键技术是码书设计、码字搜索和码字索引分配。

从 CPN 结构和学习规则来看，标准 CPN 可以用作向量量化器，用于图像压缩。该量化器模型描述如下。

① 输入层到竞争层部分作为编码器，输入层节点数等于向量的维数 N，竞争层神经元数目 M 等于码书大小。在训练阶段，CPN 竞争层各神经元相互竞争及调整权值的过程相当于对输入向量聚类和生成码书的过程；竞争层学习结束后，每一个神经元代表输入向量的一个类别，神经元的序号作为类别的标号即码字索引值，权值向量存储的就是各类别的码字。在工作阶段，CPN 计算输入向量与所有权值向量的距离并选择获胜神经元的过程相当于码书搜索过程。

② 竞争层到输出层部分作为解码器，输出层神经元数目也等于向量的维数 N。在竞争层完成学习过程后，输出层权值无需再进行训练，只需将某类输入所对应的获胜神经元 j^* 的内星权值 $\boldsymbol{W}_{j*}$ 直接存放在其外星权值 $\boldsymbol{V}_{j*}$ 中。工作时，根据获胜神经元的索引值 j^* 就可以直接查找到对应的近似输出 $\boldsymbol{O} = \boldsymbol{W}_{j*}$，这个过程相当于解码过程。

7.2.5.3 CPN 在人脸识别中的应用

人脸识别实验所采用的人脸图像均来自国际通用的人脸数据库（oliver research laboratory，ORL）。该数据库存有 40 人的图像，每人在不同光照、不同角度、不同表情和不同细节条件下摄取 10 幅图像，每幅人脸图像像素数为 92×112，灰度级为 256。

训练集采用 ORL 库中前 20 人的图像，每人取前 n 幅图像，因此共有 $20n$ 个训练样本。测试集 1 中的样本由训练集中 20 人的剩余图像组成，共有 $200-20n$ 个测试样本，用于测试 CPN 对已知人脸的识别率。测试集 2 由 ORL 库中其余 20 人的图像组成，每人 10 幅图像共计 200 个样本，用于测试 CPN 对未知人脸的拒识率。

利用 CPN 识别人脸的方法如下：

① 将人脸图像各点像素值按照一定顺序组成一个高维向量作为输入模式送入 CPN，网络输入层的神经元数目为人脸图片像素数。

② 输出层神经元数目由模式类别数确定，因此神经元数 $=20$。在训练过程中，每个输入模式的希望输出为 $[0,\cdots,0,1,0,\cdots,0]$，输出为 1 的神经元即对应于当前输入模式所属的模式类别。

③ 竞争层的神经元数大于或等于输出层的神经元数。误差设置为 0.001，学习率 $\eta(t)$ 和 β 不超过 0.7。

④ 当竞争获胜神经元对应的内星权向量与输入模式的相似性低于某个门限值时，将该输入判为拒识样本。

实验结果如表 7.4 所示。

表 7.4 n 取不同值时的识别率

n	训练集样本数	收敛步数	训练集识别率/%	测试集1识别率/%	测试集2拒识率/%
3	60	160	100	85.00	100
4	80	221	100	85.83	100
5	100	243	100	92.00	100
6	120	265	100	93.75	100

7.3 本章小结

本章介绍了 2 种将竞争学习与监督学习相结合的组合学习神经网络,其特点是网络的输出层采用监督学习算法而隐层采用竞争学习策略。学习重点如下:

(1) LVQ 网络 LVQ 网络将竞争学习和监督学习算法相结合,在网络学习过程中,输入层和竞争层之间的连接权值被逐渐调整为聚类中心。通过教师信号对输入样本的分配类别进行规定,从而克服了自组织网络采用无监督学习算法带来的缺乏分类信息的弱点。LVQ 网络是 SOFM 网络的一种有监督形式的扩展,两者的有效结合可更好地发挥竞争学习和有监督学习的优点。

(2) CPN CPN 的拓扑结构与三层 BP 网相同,其隐层为竞争层,按照胜者为王规则调整其内星权向量,调整的目的是使权向量不断靠近当前输入模式类,从而将该模式类的典型向量编码到获胜神经元的内星权向量中。输出层采用有导师的 Grossberg 外星学习规则调整,调整的目的是使外星权向量不断靠近并等于期望输出,从而将该输出编码到外星权向量中。

❓ 思考与练习

7.1 试分析 LVQ 网络与 SOM 网络的联系和区别。

7.2 试设计一个 LVQ 网络实现下述向量的分类:

$$\text{类1:}\left\{\begin{bmatrix}-1\\1\\-1\end{bmatrix},\begin{bmatrix}1\\-1\\-1\end{bmatrix}\right\} \quad \text{类2:}\left\{\begin{bmatrix}-1\\-1\\1\end{bmatrix},\begin{bmatrix}1\\-1\\1\end{bmatrix},\begin{bmatrix}1\\1\\-1\end{bmatrix}\right\} \quad \text{类3:}\left\{\begin{bmatrix}-1\\-1\\-1\end{bmatrix},\begin{bmatrix}-1\\1\\-1\end{bmatrix}\right\}$$

试确定学习向量量化网各层的神经元数,并确定隐层和输出层的权值,然后对所设计的网络进行测试。

7.3 设输入为 2 维向量,共有 10 个输入样本:

$\{(-6,0),(-4,2),(-2,-2),(0,1),(0,2),(0,-2),(0,1),(2,2),(4,-2),(6,0)\}$

样本类别依次为:$[1\ 1\ 1\ 2\ 2\ 2\ 2\ 1\ 1\ 1]$。试设计一个 LVQ 网络对样本进行分类。

7.4 某 LVQ 网络的权值矩阵如下

$$\boldsymbol{W}^1=\begin{bmatrix}0&0\\1&0\\-1&0\\0&1\\0&-1\end{bmatrix},\ \boldsymbol{W}^2=\begin{bmatrix}1&0&0&0&0\\0&1&1&0&0\\0&0&0&1&1\end{bmatrix}$$

① 该 LVQ 网有多少个类和多少个子类？

② 画图展示第一层权值向量以及将输入空间分成子类的判决边界。

③ 在每个子类区域上标明其所属的类。

7.5 试设计一个 CPN 实现对模式对（A,C）、（I,I）和（O,T）的异联想功能。给出训练后的权矩阵 W 和 V。

7.6 试设计一个 CPN 实现将 4 维输入模式映射为 3 维输出模式。两个输入模式为 $X^1=(1,-1,1,1)^T$ 和 $X^2=(1,1,-1,-1)^T$，输出模式自行设计。请给出训练后的权矩阵 W 和 V。

7.7 已知某人本星期应该完成的工作量和他的思想情绪状态，试用 MATLAB 设计一个 CPN 对此人星期日下午的活动安排提出建议。训练样本模式如表 7.5 所示。

表 7.5 训练样本模式

工作量		思想情绪		活动安排	
没 有	0.0	低	0.0	在家里看电视	10000
有一些	0.5	低	0.0	在家里看电视	10000
没 有	0.0	一般	0.5	去商场购物	01000
很 多	1.0	高	1.0	到公园散步	00100
有一些	0.5	高	1.0	与朋友吃饭	00010
很 多	1.0	一般	0.5	工作	00001

第8章 反馈神经网络

根据运行过程中的信息流向，神经网络可分为前馈式和反馈式两种基本类型。前面讨论的前馈网络通过引入隐层以及非线性转移函数，使网络具有复杂的非线性映射能力。但前馈网络的输出仅由当前输入和权矩阵决定，而与网络先前的输出状态无关。

美国加州理工学院物理学家 J. J. Hopfield 教授于 1982 年发表了对神经网络发展颇具影响的论文，提出一种单层反馈神经网络，后来人们将这种反馈网络称作 Hopfield 网。J. J. Hopfield 教授在反馈神经网络中引入了"能量函数"的概念，这一概念的提出对神经网络的研究具有重大意义，它使神经网络运行稳定性的判断有了可靠依据。1985 年 Hopfield 还与 D. W. Tank 一道用模拟电子线路实现了 Hopfield 网，并成功地求解了优化组合问题中具有代表意义的 TSP 问题，从而开辟了神经网络用于智能信息处理的新途径，为神经网络的复兴立下了不可磨灭的功劳。

在前馈网络中，不论是离散型还是连续型，一般均不考虑输出与输入之间在时间上的滞后性，而只是表达两者间的映射关系。但在 Hopfield 网中，考虑了输出与输入间的延迟因素。因此，需要用微分方程或差分方程来描述网络的动态数学模型。

神经网络的学习方式有 3 种类型，其中有导师学习和无导师学习方式在前面均已涉及。第三类学习方式是"死记硬背"，即网络的权值不是经过反复学习获得，而是按一定规则事前计算出来。Hopfield 网络便采用了这种学习方式，其权值一经确定就不再改变，而网络中各神经元的状态在运行过程中不断更新，网络演变到稳定时各神经元的状态便是问题之解。

Hopfield 网络分为离散型和连续型两种模型，分别记作 DHNN（discrete hopfield neural network）和 CHNN（continues hopfield neural network），本章重点讨论前一种类型。

1988 年 B. kosko 提出一种双向联想记忆网络模型，记为 BAM（bidirectional associative memory）。该网络也分为离散型和连续型两种类型，在联想记忆方面的应用非常广泛，本章重点介绍离散型 BAM 网。

8.1 离散型 Hopfield 神经网络

8.1.1 网络的结构与工作方式

离散型反馈网络的拓扑结构如图 8.1 所示。这是一种单层全反馈网络，共有 n 个神经

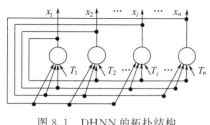

图 8.1　DHNN 的拓扑结构

元。其特点是任一神经元的输出 x_i 均通过连接权 w_{ij} 反馈至所有神经元 x_j 作为输入。换句话说，每个神经元都通过连接权接收所有神经元输出反馈回来的信息，其目的是让任一神经元的输出都能受所有神经元输出的控制，从而使各神经元的输出能相互制约。每个神经元均设有一个阈值 T_j，以反映对输入噪声的控制。DHNN 可简记为 $N=(\boldsymbol{W},\boldsymbol{T})$。

（1）网络的状态　DHNN 中的每个神经元都有相同的功能，其输出称为状态，用 x_j 表示，所有神经元状态的集合就构成反馈网络的状态 $\boldsymbol{X}=[x_1,x_2,\cdots,x_n]^{\mathrm{T}}$。反馈网络的输入就是网络的状态初始值，表示为 $\boldsymbol{X}(0)=[x_1(0),x_2(0),\cdots,x_n(0)]^{\mathrm{T}}$。反馈网络在外界输入激发下，从初始状态进入动态演变过程，其间网络中每个神经元的状态在不断变化，变化规律由下式规定

$$x_j=f(\mathrm{net}_j)\qquad j=1,2,\cdots,n$$

式中，$f(\cdot)$ 为转移函数，DHNN 的转移函数常采用符号函数

$$x_j=\mathrm{sgn}(\mathrm{net}_j)=\begin{cases}1,&\mathrm{net}_j\geqslant0\\-1,&\mathrm{net}_j<0\end{cases}\qquad j=1,2,\cdots,n\qquad(8.1)$$

式中净输入为

$$\mathrm{net}_j=\sum_{i=1}^{n}(w_{ij}x_i-T_j)\qquad j=1,2,\cdots,n\qquad(8.2)$$

对于 DHNN，一般有 $w_{ii}=0$，$w_{ij}=w_{ji}$。

反馈网络稳定时每个神经元的状态都不再改变，此时的稳定状态就是网络的输出，表示为

$$\lim_{t\to\infty}\boldsymbol{X}(t)$$

（2）网络的异步工作方式　网络的异步工作方式是一种串行方式。网络运行时每次只有一个神经元 i 按式(8.1) 进行状态的调整计算，其它神经元的状态均保持不变，即

$$x_j(t+1)=\begin{cases}\mathrm{sgn}[\mathrm{net}_j(t)],&j=i\\x_j(t),&j\neq i\end{cases}\qquad(8.3)$$

神经元状态的调整次序可以按某种规定的次序进行，也可以随机选定。每次神经元在调整状态时，根据其当前净输入值的正负决定下一时刻的状态，因此其状态可能会发生变化，也可能保持原状。下次调整其它神经元状态时，本次的调整结果即在下一个神经元的净输入中发挥作用。

（3）网络的同步工作方式　网络的同步工作方式是一种并行方式，所有神经元同时调整状态，即

$$x_j(t+1)=\mathrm{sgn}[\mathrm{net}_j(t)]\quad j=1,2,\cdots,n\qquad(8.4)$$

8.1.2　网络的稳定性与吸引子

反馈网络是一种能存储若干个预先设置的稳定点（状态）的网络。运行时，当向该网络作用一个起原始推动作用的初始输入模式后，网络便将其输出反馈回来作为下次的输入。经若干次循环（迭代）之后，在网络结构满足一定条件的前提下，网络最终将会稳定在某一预

先设定的稳定点。

设 $X(0)$ 为网络的初始激活向量，它仅在初始瞬间 $t=0$ 时作用于网络，起原始推动作用。$X(0)$ 移去之后，网络处于自激状态，即由反馈回来的向量 $X(1)$ 作为下一次的输入。

反馈网络作为非线性动力学系统，具有丰富的动态特性，如稳定性、有限环状态和混沌（chaos）状态等。

8.1.2.1 网络的稳定性

由网络工作状态的分析可知，DHNN 实质上是一个离散的非线性动力学系统。网络从初态 $X(0)$ 开始，若能经有限次递归后，其状态不再发生变化，即 $X(t+1)=X(t)$，则称该网络是稳定的。如果网络是稳定的，它可以从任一初态收敛到一个稳态，如图 8.2(a) 所示；

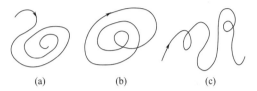

图 8.2　反馈网络的 3 种相图

若网络是不稳定的，由于 DHNN 每个节点的状态只有 1 和 -1 两种情况，网络不可能出现无限发散的情况，而只可能出现限幅的自持振荡，这种网络称为有限环网络，图 8.2(b) 给出了它的相图。如果网络状态的轨迹在某个确定的范围内变迁，但既不重复也不停止，状态变化为无穷多个，轨迹也不发散到无穷远，这种现象称为混沌，其相图如图 8.2(c) 所示。对于 DHNN，由于网络的状态是有限的，因此不可能出现混沌现象。

利用 Hopfield 网的稳态，可实现联想记忆功能。Hopfield 网在拓扑结构及权矩阵均一定的情况下，能存储若干个预先设置的稳定状态；而网络运行后达到哪个稳定状态将与其初始状态有关。因此，若用网络的稳态代表一种记忆模式，初始状态朝着稳态收敛的过程便是网络寻找记忆模式的过程。初态可视为记忆模式的部分信息，网络演变的过程可视为从部分信息回忆起全部信息的过程，从而实现了联想记忆功能。

网络的稳定性与下面将要介绍的能量函数密切相关，利用网络的能量函数可实现优化求解功能。网络的能量函数在网络状态按一定规则变化时，能自动趋向能量的极小点。如果把一个待求解问题的目标函数以网络能量函数的形式表达出来，当能量函数趋于最小时，对应的网络状态就是问题的最优解。网络的初态可视为问题的初始解，而网络从初态向稳态的收敛过程便是优化计算过程，这种寻优搜索是在网络演变过程中自动完成的。

8.1.2.2 吸引子与能量函数

网络达到稳定时的状态 X，称为网络的吸引子。一个动力学系统的最终行为是由它的吸引子决定的，吸引子的存在为信息的分布存储记忆和神经优化计算提供了基础。如果把吸引子视为问题的解，那么从初态朝吸引子演变的过程便是求解计算的过程。若把需记忆的样本信息存储于网络不同的吸引子中，当输入含有部分记忆信息的样本时，网络的演变过程便是从部分信息寻找全部信息，即联想回忆的过程。

下面给出 DHNN 吸引子的定义和定理。

定义 8.1　若网络的状态 X 满足 $X=f(WX-T)$，则称 X 为网络的吸引子。

定理 8.1　对于 DHNN，若按异步方式调整网络状态，且连接权矩阵 W 为对称阵，则对于任意初态，网络都最终收敛到一个吸引子。

下面通过对能量函数的分析对定理 8.1 进行证明。

定义网络的能量函数为

$$E(t) = -\frac{1}{2}\boldsymbol{X}^{\mathrm{T}}(t)\boldsymbol{W}\boldsymbol{X}(t) + \boldsymbol{X}^{\mathrm{T}}(t)\boldsymbol{T} \tag{8.5}$$

令网络能量的改变量为 ΔE，网络状态的改变量为 $\Delta \boldsymbol{X}$，有

$$\Delta E(t) = E(t+1) - E(t) \tag{8.6}$$

$$\Delta \boldsymbol{X}(t) = \boldsymbol{X}(t+1) - \boldsymbol{X}(t) \tag{8.7}$$

将式(8.6) 和式(8.7) 代入式(8.5)，则网络能量可进一步展开为

$$\begin{aligned}
\Delta E(t) &= E(t+1) - E(t) \\
&= -\frac{1}{2}[\boldsymbol{X}(t) + \Delta \boldsymbol{X}(t)]^{\mathrm{T}}\boldsymbol{W}[\boldsymbol{X}(t) + \Delta \boldsymbol{X}(t)] + [\boldsymbol{X}(t) + \Delta \boldsymbol{X}(t)]^{\mathrm{T}}\boldsymbol{T} \\
&\quad - \left[-\frac{1}{2}\boldsymbol{X}^{\mathrm{T}}(t)\boldsymbol{W}\boldsymbol{X}(t) + \boldsymbol{X}^{\mathrm{T}}(t)\boldsymbol{T}\right] \\
&= -\Delta \boldsymbol{X}^{\mathrm{T}}(t)\boldsymbol{W}\boldsymbol{X}(t) - \frac{1}{2}\Delta \boldsymbol{X}^{\mathrm{T}}(t)\boldsymbol{W}\Delta \boldsymbol{X}(t) + \Delta \boldsymbol{X}^{\mathrm{T}}(t)\boldsymbol{T} \\
&= -\Delta \boldsymbol{X}^{\mathrm{T}}(t)[\boldsymbol{W}\boldsymbol{X}(t) - \boldsymbol{T}] - \frac{1}{2}\Delta \boldsymbol{X}^{\mathrm{T}}(t)\boldsymbol{W}\Delta \boldsymbol{X}(t)
\end{aligned} \tag{8.8}$$

由于定理 8.1 规定按异步工作方式，第 t 个时刻只有 1 个神经元调整状态，设该神经元为 j，将 $\Delta \boldsymbol{X}(t) = [0, \cdots, 0, \Delta x_j(t), 0, \cdots 0]^{\mathrm{T}}$ 代入上式，并考虑到 $\boldsymbol{W}$ 为对称矩阵，有

$$\Delta E(t) = -\Delta x_j(t)\left[\sum_{i=1}^{n}(w_{ij}x_i - T_j)\right] - \frac{1}{2}\Delta x_j^2(t)w_{jj}$$

设备神经元不存在自反馈，有 $w_{jj} = 0$，并引入式(8.3)，上式可简化为

$$\Delta E(t) = -\Delta x_j(t)\mathrm{net}_j(t) \tag{8.9}$$

下面考虑上式中可能出现的所有情况。

情况 a：$x_j(t) = -1, x_j(t+1) = 1$，由式(8.7) 得 $\Delta x_j(t) = 2$，式(8.1) 知，$\mathrm{net}_j(t) \geqslant 0$，代入式(8.9)，得 $\Delta E(t) \leqslant 0$。

情况 b：$x_j(t) = 1, x_j(t+1) = -1$，所以 $\Delta x_j(t) = -2$，由式(8.1) 知，$\mathrm{net}_j(t) < 0$，代入式(8.9)，得 $\Delta E(t) < 0$。

情况 c：$x_j(t) = x_j(t+1)$，所以 $\Delta x_j(t) = 0$，代入式(8.9)，从而有 $\Delta E(t) = 0$。

以上三种情况包括了式(8.9) 可能出现的所有情况，由此可知在任何情况下均有 $\Delta E(t) \leqslant 0$，也就是说，在网络动态演变过程中。能量总是在不断下降或保持不变。由于网络中各节点的状态只能取 1 或 -1，能量函数 $E(t)$ 作为网络状态的函数是有下界的，因此网络能量函数最终将收敛于一个常数，此时 $\Delta E(t) = 0$。

下面分析当 $E(t)$ 收敛于常数时，是否对应于网络的稳态。当 $E(t)$ 收敛于常数时，有 $\Delta E(t) = 0$，此时对应于以下两种情况：

情况 a：$x_j(t) = x_j(t+1) = 1$，或 $x_j(t) = x_j(t+1) = -1$，这种情况下神经元 j 的状态不再改变，表明网络已进入稳态，对应的网络状态就是网络的吸引子。

情况 b：$x_j(t) = -1$，$x_j(t+1) = 1$，$\mathrm{net}_j(t) = 0$，这种情况下网络继续演变，$x_j = 1$ 将不会再变化。因为如果 x_j 由 1 变回 -1，则有 $\Delta E(t) < 1$，与 $E(t)$ 收敛于常数的情况相矛盾。

综上所述，当网络工作方式和权矩阵均满足定理 8.1 的条件时，网络最终将收敛到一个吸引子。

事实上，对 $w_{jj}=0$ 的规定是为了数学推导的简便，如不做此规定，上述结论仍然成立。此外当神经元状态取 1 和 0 时，上述结论也将成立。

定理 8.2 对于 DHNN，若按同步方式调整状态，且连接权矩阵 $\boldsymbol{W}$ 为非负定对称阵，则对于任意初态，网络都最终收敛到一个吸引子。

证明：由式（8.8）得

$$\Delta E(t)=E(t+1)-E(t)$$

$$=-\Delta \boldsymbol{X}^{\mathrm{T}}(t)[\boldsymbol{W}\boldsymbol{X}(t)-\boldsymbol{T}]-\frac{1}{2}\Delta \boldsymbol{X}^{\mathrm{T}}(t)\boldsymbol{W}\Delta \boldsymbol{X}(t)$$

$$=-\Delta \boldsymbol{X}^{\mathrm{T}}(t)\mathrm{net}(t)-\frac{1}{2}\Delta \boldsymbol{X}^{\mathrm{T}}(t)\boldsymbol{W}\Delta \boldsymbol{X}(t)$$

$$=-\sum_{j=1}^{n}\Delta x_{j}(t)\mathrm{net}_{j}(t)-\frac{1}{2}\Delta \boldsymbol{X}^{\mathrm{T}}(t)\boldsymbol{W}\Delta \boldsymbol{X}(t)$$

前已证明，对于任何神经元 j，有 $-\Delta x_{j}(t)\mathrm{net}_{j}(t)\leqslant 0$，因此上式第一项不大于 0，只要 $\boldsymbol{W}$ 为非负定阵，第二项也不大于 0，于是有 $\Delta E(t)\leqslant 0$，也就是说 $E(t)$ 最终将收敛到一个常数值，对应的稳定状态是网络的一个吸引子。

比较定理 8.1 和定理 8.2 可以看出，网络采用同步方式工作时，对权值矩阵 $\boldsymbol{W}$ 的要求更高，如果 $\boldsymbol{W}$ 不能满足非负定对称阵的要求，网络会出现自持振荡。异步方式比同步方式有更好的稳定性，应用中较多采用，但其缺点是失去了神经网络并行处理的优势。

以上分析表明，在网络从初态向稳态演变的过程中，网络的能量始终向减小的方向演变，当能量最终稳定于一个常数时，该常数对应于网络能量的极小状态，称该极小状态为网络的能量井，能量井对应于网络的吸引子。

8.1.2.3 吸引子的性质

下面介绍吸引子的几个性质。

性质 1：若 $\boldsymbol{X}$ 是网络的一个吸引子，且阈值 $T=0$，在 $\mathrm{sgn}(0)$ 处，$x_{j}(t+1)=x_{j}(t)$，则 $-\boldsymbol{X}$ 也一定是该网络的吸引子。

证明：因为 $\boldsymbol{X}$ 是吸引子，即 $\boldsymbol{X}=f(\boldsymbol{W}\boldsymbol{X})$，从而有

$$f[\boldsymbol{W}(-\boldsymbol{X})]=f(-\boldsymbol{W}\boldsymbol{X})=-f(\boldsymbol{W}\boldsymbol{X})=-\boldsymbol{X}$$

故 $-\boldsymbol{X}$ 也是该网络的吸引子。

性质 2：若 $\boldsymbol{X}^{a}$ 是网络的一个吸引子，则与 $\boldsymbol{X}^{a}$ 的海明距离 $\mathrm{dH}(\boldsymbol{X}^{a},\boldsymbol{X}^{b})=1$ 的 $\boldsymbol{X}^{b}$ 一定不是吸引子。

证明：首先说明，两个向量的海明距离 $\mathrm{dH}(\boldsymbol{X}^{a},\boldsymbol{X}^{b})$ 是指两个向量中不相同元素的个数。不妨设 $x_{1}^{a}\neq x_{1}^{b}, x_{j}^{a}\neq x_{j}^{b}, j=2,3,\cdots,n$。

因 $w_{11}=0$，由吸引子定义，有

$$x_{1}^{a}=f(\sum_{i=2}^{n}w_{ii}x_{i}^{a}-T_{1})=f(\sum_{i=2}^{n}w_{ii}x_{i}^{b}-T_{1})$$

由假设条件知，$x_{1}^{a}\neq x_{1}^{b}$，故

$$x_{1}^{b}\neq f(\sum_{i=2}^{n}w_{ii}x_{i}^{b}-T_{1})$$

故 $\boldsymbol{X}^{b}$ 一定不是吸引子。

性质 3：若有一组向量 $\boldsymbol{X}^{p}(p=1,2,\cdots,P)$ 均是网络的吸引子，且在 $\mathrm{sgn}(0)$ 处，

$x_j(t+1)=x_j(t)$，则由该组向量线性组合而成的向量 $\sum\limits_{p=1}^{P} a_p \boldsymbol{X}^p$ 也是该网络的吸引子。

该性质请读者自己证明。

8.1.2.4 吸引子的吸引域

能使网络稳定在同一吸引子的所有初态的集合，称为该吸引子的吸引域。下面给出关于吸引域的两个定义。

定义 8.2 若 $\boldsymbol{X}^a$ 是吸引子，对于异步方式，若存在一个调整次序，使网络可以从状态 $\boldsymbol{X}$ 演变到 $\boldsymbol{X}^a$，则称 $\boldsymbol{X}$ 弱吸引到 $\boldsymbol{X}^a$；若对于任意调整次序，网络都可以从状态 $\boldsymbol{X}$ 演变到 $\boldsymbol{X}^a$，则称 $\boldsymbol{X}$ 强吸引到 $\boldsymbol{X}^a$。

定义 8.3 若对某些 $\boldsymbol{X}$，有 $\boldsymbol{X}$ 弱吸引到吸引子 $\boldsymbol{X}^a$，则称这些 $\boldsymbol{X}$ 的集合为 $\boldsymbol{X}^a$ 的弱吸引域；若对某些 $\boldsymbol{X}$，有 $\boldsymbol{X}$ 强吸引到吸引子 $\boldsymbol{X}^a$，则称这些 $\boldsymbol{X}$ 的集合为 $\boldsymbol{X}^a$ 的强吸引域。

欲使反馈网络具有联想能力，每个吸引子都应该具有一定的吸引域。只有这样，对于带有一定噪声或缺损的初始样本，网络才能经过动态演变稳定到某一吸引子状态，从而实现正确联想。反馈网络设计的目的就是使网络能落到期望的稳定点（问题的解）上，并且还要具有尽可能大的吸引域，以增强联想功能。

【例 8.1】 设有 3 节点 DHNN，用图 8.3(a) 所示的无向图表示，权值与阈值均已标在图中，试计算网络演变过程的状态。

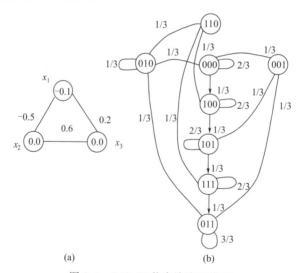

图 8.3 DHNN 状态演变示意图

解： 设各节点状态取值为 1 或 0，3 节点 DHNN 应有 $2^3=8$ 种状态。不妨将 $\boldsymbol{X}=(x_1, x_2, x_3)^{\mathrm{T}}=(0,0,0)^{\mathrm{T}}$ 作为网络初态，按 1→2→3 的次序更新状态。

第 1 步：更新 x_1，$x_1=\mathrm{sgn}[(-0.5)\times 0+0.2\times 0-(-0.1)]=\mathrm{sgn}(0.1)=1$，其它节点状态不变，网络状态由 $(0,0,0)^{\mathrm{T}}$ 变成 $(1,0,0)^{\mathrm{T}}$。如果先更新 x_2 或 x_3，网络状态将仍为 $(0, 0,0)^{\mathrm{T}}$，因此初态保持不变的概率为 2/3，而变为 $(1,0,0)^{\mathrm{T}}$ 的概率为 1/3。

第 2 步：此时网络状态为 $(1,0,0)^{\mathrm{T}}$，更新 x_2 后，得 $x_2=\mathrm{sgn}[(-0.5)\times 1+0.6\times 0-0]=\mathrm{sgn}(-0.5)=0$，其它节点状态不变，网络状态仍为 $(1,0,0)^{\mathrm{T}}$。如果本步先更新 x_1 或 x_3，网络相应状态将为 $(1,0,0)^{\mathrm{T}}$ 和 $(1,0,1)^{\mathrm{T}}$，因此本状态保持不变的概率为 2/3，而变为

$(1,0,1)^\mathrm{T}$ 的概率为 1/3。

第 3 步：此时网络状态为 $(1,0,0)^\mathrm{T}$，更新 x_3 得，$x_3=\mathrm{sgn}[0.2\times1+0.6\times0-0]=$ $\mathrm{sgn}(0.2)=1$。

同理可算出其它状态之间的演变历程和状态转移概率，图 8.3(b) 给出了 8 种状态的演变关系。图中，圆圈内的二进制串代表网络的状态 $x_1x_2x_3$，有向线表示状态转移方向，线旁标出了相应的状态转移概率。从图中可以看出，$\boldsymbol{X}=(011)^\mathrm{T}$ 是网络的一个吸引子，网络从任意状态出发，经过几次状态更新后都将达到此稳定状态。

【例 8.2】　有一 DHNN，$n=4$，$T_j=0(j=1,2,3,4)$，向量 $\boldsymbol{X}^a$、$\boldsymbol{X}^b$ 和权值矩阵 $\boldsymbol{W}$ 分别为

$$\boldsymbol{X}^a=\begin{bmatrix}1\\1\\1\\1\end{bmatrix},\ \boldsymbol{X}^b=\begin{bmatrix}-1\\-1\\-1\\-1\end{bmatrix},\ \boldsymbol{W}=\begin{bmatrix}0&2&2&2\\2&0&2&2\\2&2&0&2\\2&2&2&0\end{bmatrix}$$

检验 $\boldsymbol{X}^a$ 和 $\boldsymbol{X}^b$ 是否为网络的吸引子，并考察其是否具有联想记忆能力。

解：本例要求验证吸引子和检查吸引域，下面分两步进行。

① 检验吸引子。由吸引子定义

$$f(\boldsymbol{W}\boldsymbol{X}^a)=f\begin{bmatrix}6\\6\\6\\6\end{bmatrix}=\begin{bmatrix}\mathrm{sgn}(6)\\\mathrm{sgn}(6)\\\mathrm{sgn}(6)\\\mathrm{sgn}(6)\end{bmatrix}=\begin{bmatrix}1\\1\\1\\1\end{bmatrix}=\boldsymbol{X}^a$$

所以 $\boldsymbol{X}^a$ 是网络的吸引子，因为 $\boldsymbol{X}^b=-\boldsymbol{X}^a$，由吸引子的性质 1 知，$\boldsymbol{X}^b$ 也是网络的吸引子。

② 考察联想记忆能力。设有样本 $\boldsymbol{X}^1=(-1,1,1,1)^\mathrm{T}$、$\boldsymbol{X}^2=(1,-1,-1,-1)^\mathrm{T}$、$\boldsymbol{X}^3=(1,1,-1,-1)^\mathrm{T}$，试考察网络以异步方式工作时两个吸引子对三个样本的吸引能力。

令网络初态 $\boldsymbol{X}(0)=\boldsymbol{X}^1=(-1,1,1,1)^\mathrm{T}$。设神经元状态调整次序为 1→2→3→4，有
$$\boldsymbol{X}(0)=(-1,1,1,1)^\mathrm{T}\rightarrow\boldsymbol{X}(1)=(1,1,1,1)^\mathrm{T}=\boldsymbol{X}^a$$

可以看出该样本比较接近吸引子 $\boldsymbol{X}^a$，事实上只按异步方式调整了一步，样本 $\boldsymbol{X}^1$ 即收敛于 $\boldsymbol{X}^a$。

令网络初态 $\boldsymbol{X}(0)=\boldsymbol{X}^2=(1,-1,-1,-1)^\mathrm{T}$。设神经元状态调整次序为 1→2→3→4，有
$$\boldsymbol{X}(0)=(1,-1,-1,-1)^\mathrm{T}\rightarrow\boldsymbol{X}(1)=(-1,-1,-1,-1)^\mathrm{T}=\boldsymbol{X}^b$$

可以看出样本 $\boldsymbol{X}^2$ 比较接近吸引子 $\boldsymbol{X}^b$，按异步方式调整一步后，样本 $\boldsymbol{X}^2$ 收敛于 $\boldsymbol{X}^b$。

令网络初态 $\boldsymbol{X}(0)=\boldsymbol{X}^3=(1,1,-1,-1)^\mathrm{T}$，它与两个吸引子的海明距离相等。若设神经元状态调整次序为 1→2→3→4，有
$$\boldsymbol{X}(0)=(1,1,-1,-1)^\mathrm{T}\rightarrow\boldsymbol{X}(1)=(-1,1,-1,-1)^\mathrm{T}\rightarrow\boldsymbol{X}(2)=(-1,-1,-1,-1)^\mathrm{T}=\boldsymbol{X}^b$$

若将神经元状态调整次序改为 3→4→1→2，则有
$$\boldsymbol{X}(0)=(1,1,-1,-1)^\mathrm{T}\rightarrow\boldsymbol{X}(1)=(1,1,1,-1)^\mathrm{T}\rightarrow\boldsymbol{X}(2)=(1,1,1,1)^\mathrm{T}=\boldsymbol{X}^a$$

从本例可以看出，当网络的异步调整次序一定时，最终稳定于哪个吸引子与其初态有关；而对于确定的初态，网络最终稳定于哪个吸引子与其异步调整次序有关。

8.1.3　网络的权值设计

吸引子的分布是由网络的权值（包括阈值）决定的，设计吸引子的核心就是设计一组合

适的权值。为了使所设计的权值满足要求，权值矩阵应符合以下要求：

① 为保证异步方式工作时网络收敛，W 应为对称阵；

② 为保证同步方式工作时网络收敛，W 应为非负定对称阵；

③ 保证给定的样本是网络的吸引子，并且要有一定的吸引域。

根据应用所要求的吸引子数量，可以采用以下不同的方法。

8.1.3.1 联立方程法

下面将以图 8.3(a) 中的 3 节点 DHNN 为例，说明权值设计的联立方程法。设要求设计的吸引子为 $X^a = (010)^T$ 和 $X^b = (111)^T$，权值和阈值在 $[-1, 1]$ 区间取值，试求权值和阈值。

考虑到 $w_{ij} = w_{ji}$，对于状态 $X^a = (010)^T$，各节点净输入应满足

$$\mathrm{net}_1 = w_{12} \times 1 + w_{13} \times 0 - T_1 = w_{12} - T_1 < 0 \tag{8.10}$$

$$\mathrm{net}_2 = w_{12} \times 0 + w_{23} \times 0 - T_2 = -T_2 > 0 \tag{8.11}$$

$$\mathrm{net}_3 = w_{13} \times 0 + w_{23} \times 1 - T_3 = w_{23} - T_3 < 0 \tag{8.12}$$

对于 $X^b = (111)^T$ 状态，各节点净输入应满足

$$\mathrm{net}_1 = w_{12} \times 1 + w_{13} \times 1 - T_1 > 0 \tag{8.13}$$

$$\mathrm{net}_2 = w_{12} \times 1 + w_{23} \times 1 - T_2 > 0 \tag{8.14}$$

$$\mathrm{net}_3 = w_{13} \times 1 + w_{23} \times 1 - T_3 > 0 \tag{8.15}$$

联立以上 6 个不等式，可求出 6 个未知量的允许取值范围。如取 $w_{12} = 0.5$，则由式 (8.10)，有 $0.5 < T_1 \leqslant 1$，取 $T_1 = 0.7$；

由式 (8.13)，有 $0.2 < w_{13} \leqslant 1$，取 $w_{13} = 0.4$；

由式 (8.11)，有 $-1 \leqslant T_2 < 0$，取 $T_2 = -0.2$；

由式 (8.14)，有 $-0.7 < w_{23} \leqslant 1$，取 $w_{23} = 0.1$；

由式 (8.15)，有 $-1 \leqslant T_3 < 0.5$，取 $T_3 = 0.4$。

可以验证，利用这组参数构成的 DHNN 对于任何初态最终都将演变到，读者不妨一试。

当所需要的吸引子较多时，可采用下面的方法。

8.1.3.2 外积和法

更为通用的权值设计方法是采用 Hebb 规则的外积和法。设给定 P 个模式样本 X^p $(p = 1, 2, \cdots, P)$，$x \in \{-1, 1\}^n$，并设样本两两正交，且 $n > P$，则权值矩阵为记忆样本的外积和

$$W = \sum_{p=1}^{P} X^p (X^p)^T \tag{8.16}$$

若取 $w_{jj} = 0$，上式应写为

$$W = \sum_{p=1}^{P} [X^p (X^p)^T - I] \tag{8.17}$$

式中，I 为单位矩阵。上式写成分量元素形式，有

$$w_{ij} = \begin{cases} \sum_{p=1}^{P} x_i^p x_j^p, & i \neq j \\ 0, & i = j \end{cases} \tag{8.18}$$

按以上外积和规则设计的 $\boldsymbol{W}$ 阵必然满足对称性要求。下面检验所给样本能否称为吸引子。

因为 P 个样本 $\boldsymbol{X}^p$ （$p=1,2,\cdots,P$），$x\in\{-1,1\}^n$ 是两两正交的，有

$$(\boldsymbol{X}^p)^{\mathrm{T}}\boldsymbol{X}^k=\begin{cases}0,&p\neq k\\n,&p=k\end{cases}$$

所以

$$
\begin{aligned}
\boldsymbol{W}\boldsymbol{X}^k&=\sum_{p=1}^{P}[\boldsymbol{X}^p(\boldsymbol{X}^p)^{\mathrm{T}}-\boldsymbol{I}]\boldsymbol{X}^k\\
&=\sum_{p=1}^{P}[\boldsymbol{X}^p(\boldsymbol{X}^p)^{\mathrm{T}}\boldsymbol{X}^k-\boldsymbol{X}^k]\\
&=\boldsymbol{X}^k(\boldsymbol{X}^k)^{\mathrm{T}}\boldsymbol{X}^k-P\boldsymbol{X}^k\\
&=n\boldsymbol{X}^k-P\boldsymbol{X}^k=(n-P)\boldsymbol{X}^k
\end{aligned}
$$

因为 $n>P$，所以有

$$f(\boldsymbol{W}\boldsymbol{X}^p)=f[(n-P)\boldsymbol{X}^p]=\mathrm{sgn}[(n-P)\boldsymbol{X}^p]=\boldsymbol{X}^p$$

可见给定样本 $\boldsymbol{X}^p$（$p=1,2,\cdots,P$）是吸引子。需要指出的是，有些非给定样本也是网络的吸引子，它们并不是网络设计所要求的解，这种吸引子称为伪吸引子。

8.1.4　网络的信息存储容量

当网络规模一定时，所能记忆的模式是有限的。对于所容许的联想出错率，网络所能存储的最大模式数 $P_{\max}$ 称为网络容量。网络容量与网络的规模、算法以及记忆模式向量的分布都有关系。下面给出 DHNN 存储容量的有关定理：

定理 8.3　若 DHNN 的规模为 n，且权矩阵主对角线元素为 0，则该网络的信息容量上界为 n。

定理 8.4　若 P 个记忆模式 $\boldsymbol{X}^p$（$p=1,2,\cdots,P$），$x\in\{-1,1\}^n$ 两两正交，$n>P$，且权值矩阵 $\boldsymbol{W}$ 按式（8.17）得到，则所有 P 个记忆模式都是 DHNN($\boldsymbol{W}$，0) 的吸引子。

定理 8.5　若 P 个记忆模式 $\boldsymbol{X}^p$（$p=1,2,\cdots,P$），$x\in\{-1,1\}^n$ 两两正交，$n\geqslant P$，且权值矩阵 $\boldsymbol{W}$ 按式（8.16）得到，则所有 P 个记忆模式都是 DHNN($\boldsymbol{W}$，0) 的吸引子。

由以上定理可知，当用外积和设计 DHNN 时，如果记忆模式都满足两两正交的条件，则规模为 n 维的网络最多可记忆 n 个模式。一般情况下，模式样本不可能都满足两两正交的条件，对于非正交模式，网络的信息存储容量会大大降低。下面进行简要分析。

DHNN 的所有记忆模式都存储在权矩阵 $\boldsymbol{W}$ 中。由于多个存储模式互相重叠，当需要记忆的模式数增加时，可能会出现所谓"权值移动"和"交叉干扰"的情况。如将式（8.17）写为

$$\begin{cases}\boldsymbol{W}^0=0\\\boldsymbol{W}^p=\boldsymbol{W}^{p-1}+\boldsymbol{X}^p(\boldsymbol{X}^p)^{\mathrm{T}}-\boldsymbol{I}&p=1,2,\cdots,P\end{cases}$$

可以看出，$\boldsymbol{W}$ 阵对要记忆的模式 $\boldsymbol{X}^p$（$p=1,2,\cdots,P$），是累加实现的。每记忆一个新模式 $\boldsymbol{X}^p$，就要向原权值矩阵 $\boldsymbol{W}^{p-1}$ 加入一项该模式的外积 $\boldsymbol{X}^p(\boldsymbol{X}^p)^{\mathrm{T}}$，从而使新的权值矩阵 $\boldsymbol{W}^p$ 从原来的基础上发生移动。如果在加入新模式 $\boldsymbol{X}^p$ 之前存储的模式都是吸引子，应有 $\boldsymbol{X}^k=f(\boldsymbol{W}^{p-1}\boldsymbol{X}^k)$（$k=1,2,\cdots,p-1$），那么在加入模式 $\boldsymbol{X}^p$ 之后由于权值移动为 $\boldsymbol{W}^p$，式

$\boldsymbol{X}^k = f(\boldsymbol{W}^p \boldsymbol{X}^k)$ 就不一定对所有 $k(=1,2,\cdots,p-1)$ 均同时成立，也就是说网络在记忆新样本的同时可能会遗忘已记忆的样本。随着记忆模式数的增加，权值不断移动，各记忆模式相互交叉，当模式数超过网络容量 $P_{\max}$ 时，网络不但逐渐遗忘了以前记忆的模式，而且无法记住新模式。

事实上，当网络规模 n 一定时，要记忆的模式数越多，联想时出错的可能性越大；反之，要求的出错概率越低，网络的信息存储容量上限越小。研究表明存储模式数 P 超过 $0.15n$ 时，联想时就有可能出错。错误结果对应的是能量的某个局部极小点，或称为伪吸引子。

提高网络存储容量有两个基本途径：一是改进网络的拓扑结构，二是改进网络的权值设计方法。常用的改进方法有：反复学习法、纠错学习法、移动兴奋门限法、伪逆技术、忘记规则和非线性学习规则等。读者可参考有关文献。

8.2 连续型 Hopfield 神经网络

1984 年 Hopfield 把 DHNN 进一步发展成连续型 Hopfield 网络，缩写为 CHNN。CHNN 的基本结构与 DHNN 相似，但 CHNN 中所有神经元都同步工作，各输入输出量均是随时间连续变化的模拟量，这就使得 CHNN 比 DHNN 在信息处理的并行性、实时性等方面更接近于实际生物神经网络的工作机理。

CHNN 可以用常系数微分方程来描述，但用模拟电子线路来描述，则更为形象直观，易于理解也便于实现。

8.2.1 网络的拓扑结构

在连续 Hopfield 网中，所有神经元都随时间 t 并行更新，网络状态随时间连续变化。图 8.4 给出了基于模拟电子线路的 CHNN 的拓扑结构，可以看出 CHNN 模型可与电子线路直接对应，每一个神经元可以用一个运算放大器来模拟，神经元的输入与输出分别用运算放大器的输入电压 u_j 和输出电压 v_j 表示，$j=1,2,\cdots,n$，而连接权 w_{ij} 用输入端的电导表示，其作用是把第 i 个神经元的输出反馈到第 j 个神经元作为输入之一。每个运算放大器均有一个正相输出和一个反相输出。与正相输出相连的电导表示兴奋性突触，而与反相输出相连的电导表示抑制性突触。另外，每个神经元还有一个用于设置激活电平的外界输入偏置电流 i_j，其作用相当于阈值。

图 8.4 给出第 j 个神经元的输入电路。C_j 和 $1/g_j$ 分别为运放的等效输入电容和电阻，用来模拟生物神经元的输出时间常数。根据基尔霍夫定律可写出以下方程

$$C_j \frac{\mathrm{d}u_j}{\mathrm{d}t} + g_j u_j = \sum_{i=1}^{n} (w_{ij} v_i - u_j) + I_j$$

对上式移项合并，并令 $\sum_{i=1}^{n} w_{ij} + g_j = \frac{1}{R_j}$，则有

$$C_j \frac{\mathrm{d}u_j}{\mathrm{d}t} = \sum_{i=1}^{n} w_{ij} v_i - \frac{u_j}{R_j} + I_j \tag{8.19}$$

CHNN 中的转移函数为 S 型函数

$$v_j = f(u_j) \tag{8.20}$$

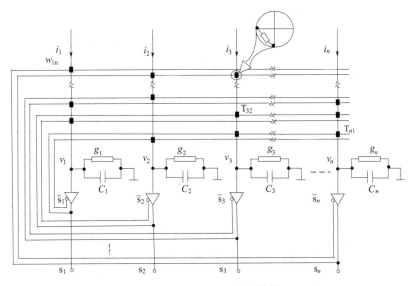

图 8.4 CHNN 的拓扑结构

利用其饱和特性可限制神经元状态 v_j 的增长范围,从而使网络状态能在一定范围内连续变化。联立以上两式可描述 CHNN 的动态过程。

CHNN 模型对生物神经元的功能做了大量简化,只模仿了生物系统的几个基本特性:S型转移函数;信息传递过程中的时间常数;神经元间的兴奋及抑制性连接以及神经元间的相互作用和时空作用。

8.2.2 能量函数与稳定性分析

定义 CHNN 的能量函数为

$$E = -\frac{1}{2}\sum_{j=1}^{n}\sum_{i=1}^{n}w_{ij}v_iv_j - \sum_{j=1}^{n}v_jI_j + \sum_{j=1}^{n}\frac{1}{R_j}\int_0^{v_j}f^{-1}(v)\mathrm{d}v \tag{8.21}$$

写成向量式为

$$E = -\frac{1}{2}\boldsymbol{V}^{\mathrm{T}}\boldsymbol{W}\boldsymbol{V} - \boldsymbol{I}^{\mathrm{T}}\boldsymbol{V} + \sum_{j=1}^{n}\frac{1}{R_j}\int_0^{v_j}f^{-1}(v)\mathrm{d}v \tag{8.22}$$

式中,f^{-1} 为神经元转移函数的反函数。对于式(8.21)所定义的能量函数,存在以下定理。

定理 8.6 若神经元的转移函数 f 存在反函数 f^{-1},且 f^{-1} 是单调连续递增的,同时网络权值对称,即 $w_{ij}=w_{ji}$,则由任意初态开始,CHNN 的能量函数总是单调递减的,即 $\dfrac{\mathrm{d}E}{\mathrm{d}t}\leqslant 0$,当且仅当 $\dfrac{\mathrm{d}v_j}{\mathrm{d}t}=0$ 时,有 $\dfrac{\mathrm{d}E}{\mathrm{d}t}=0$,因而网络最终能够达到稳态。

证明:将能量函数对时间求导,得

$$\frac{\mathrm{d}E}{\mathrm{d}t} = \sum_{j=1}^{n}\frac{\partial E}{\partial v_j}\times\frac{\mathrm{d}v_j}{\mathrm{d}t} \tag{8.23}$$

由式(8.21)和 $u_j = f^{-1}(v_j)$ 及网络的对称性,对某神经元 j 有

$$\frac{\partial E}{\partial v_j} = -\frac{1}{2}\sum_{i=1}^{n}w_{ij}v_i - \boldsymbol{I} + \frac{u_j}{R_j} \tag{8.24}$$

将上式代入式(8.23)，并考虑到式(8.19)，可整理得出下式

$$\frac{dE}{dt} = \sum_{j=1}^{n} \frac{dv_j}{dt} C_j \frac{dv_j}{dt} = -\sum_{j=1}^{n} C_j \frac{du_j}{dv_j} \times \left(\frac{dv_j}{dt}\right)^2$$

$$= -\sum_{j=1}^{n} C_j f^{-1}(v_j) \left(\frac{dv_j}{dt}\right)^2$$

可以看出，上式中 $C_j > 0$，单调递增函数 $f^{-1}(v_j) > 0$，故有

$$\frac{dE}{dt} \leqslant 0 \tag{8.25}$$

只有对于所有 j 均满足 $\frac{dv_j}{dt} = 0$ 时，才有 $\frac{dE}{dt} = 0$。

如果图 8.4 中的运算放大器接近理想运放，式(8.21)中的积分项可以忽略不计，网络的能量函数可写为

$$E = -\frac{1}{2} \sum_{j=1}^{n} \sum_{i=1}^{n} w_{ij} v_i v_j - \sum_{j=1}^{n} v_j I_j \tag{8.26}$$

由定理 8.6 可知，随着状态的演变，网络的能量总是降低的。只有当网络中所有节点的状态不再改变时，能量才不再变化，此时到达能量的某一局部极小点或全局最小点，该能量点对应着网络的某一个稳定状态。

Hopfield 网用于联想记忆时，正是利用了这些局部极小点来记忆样本，网络的存储容量越大，说明网络的局部极小点越多。然而在优化问题中，局部极小点越多，网络就越不容易达到最优解而只能达到较优解。

为保证网络的稳定性，要求网络的结构必须对称，否则运行中可能出现极限环或混沌状态。

8.3　Hopfield 网络应用与设计实例

Hopfield 网络在图像处理、语音和信号处理、模式分类与识别、知识处理、自动控制、容错计算和数据查询等领域已经有许多成功的应用。Hopfield 网络的应用主要有联想记忆和优化计算两类，其中 DHNN 主要用于联想记忆，CHNN 主要用于优化计算。

8.3.1　应用 DHNN 解决联想问题

神经网络的联想记忆只需存储输入-输出模式间的转换机制，而不必像传统计算机那样存储各输入、输出模式本身。神经网络的权矩阵就是把各种输入模式映射成相应输出模式的转换机制。这种映射是对模式的整体而言的，在组成输入-输出模式的各元素之间，并不存在一对一的映射关系，并且输入-输出模式的维数也不要求相同。

传统数字计算机的地址寻址方式要求给出地址的全部信息。而对按内容寻址记忆方式工作的神经网络来说，只给出输入模式的部分信息，网络便能正确地联想出完整的输出模式。这是因为在分布式存储方式中，不论是输入模式还是权矩阵，少量且分散的局部信息出错，对整个转换结果的全局而言是无关紧要的。神经网络的这种容错性使它具有识别含噪声、畸变或残缺的模式的能力。

8.3.2　应用 CHNN 解决优化计算问题

用 CHNN 解决优化问题一般需要以下几个步骤：

① 对于特定的问题，要选择一种合适的表示方法，使得神经网络的输出与问题的解相对应；

② 构造网络能量函数，使其最小值对应问题的最佳解；

③ 将能量函数与式(8.26)中的标准形式进行比较，可推出神经网络的权值与偏流的表达式，从而确定网络的结构；

④ 由网络结构建立网络的电子线路并运行，其稳态就是在一定条件下的问题优化解，也可以编程模拟网络的运行方式，在计算机上实现。

本节介绍应用 CHNN 解决 TSP 问题的网络设计，TSP 问题是一个经典的人工智能难题。对 n 个城市而言，可能的路径总数为 $n!/2n$。随着 n 的增加，路径数将按指数率急剧增长，即所谓"指数爆炸"。当 n 值较大时，用传统的数字计算机也无法在有限时间内寻得答案。例如，$n=50$ 时，即使用每秒一亿次运算速度的巨型计算机按穷举搜索法，也需要 5×10^{48} 年时间；即使是 $n=20$ 个城市，也需求解 350 年。

1985 年 Hopfield 和 Tank 两人用 CHNN 为解决 TSP 难题开辟了一条崭新的途径，获得了巨大的成功。其基本思想是把 TSP 问题映射到 CHNN 中，并设法用网络能量代表路径总长。这样，当网络的能量随着模拟电子线路状态的变迁最终收敛于极小值（或最小值）时，问题的较佳解（或最佳解）便随之求得。此外，由于模拟电子线路中的全部元件都是并行工作的，所以求解时间与城市数的多少无关，仅是运算放大器工作所需的微秒级时间，显著地提高了求解速度，充分展示了神经网络的巨大优越性。

8.3.2.1　TSP 问题描述

为使 CHNN 完成优化计算，必须找到一种合适的表示旅行路线的方法。鉴于 TSP 的解是 n 个城市的有序排列，因此可用一个由 $n \times n$ 个神经元构成的矩阵（称为换位阵）来描述旅行路线。图 8.5 给出 8 城市 TSP 问题中的一条可能的有效路线的换位阵。

由于每个城市仅能访问一次，因此换位阵中每城市行只允许且必须有一个 1，其余元素均为 0。为了用神经元的状态表示某城市在某一有效路线中的位置，采用双下标 v_{xi}，第一个下标 x 表示城市名，$x=1,2,\cdots,n$；第二个下标 i 表示该城市在访问路线中的位置，$i=1,2,\cdots,n$。例如，$v_{46}=1$ 表示旅途中第 6 站应访问城市 4；若 $v_{46}=0$ 则表示第 6 站访问的不是城市 4，而是其它某个城市。图 8.5 中的换位阵所表示的旅行路线为：$4 \rightarrow 2 \rightarrow 5 \rightarrow 8 \rightarrow 1 \rightarrow 3 \rightarrow 7 \rightarrow 6 \rightarrow 4$，旅行路线总长为 $d_{42}+d_{25}+d_{58}+d_{81}+d_{13}+d_{37}+d_{76}+d_{64}$。

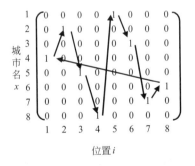

图 8.5　8 城市 TSP 问题中的
有效路线换位阵

8.3.2.2　能量函数设计

用 CHNN 求解 TSP 问题的关键是构造一个合适的能量函数。TSP 问题的能量函数由 4 部分组成。

（1）能量 E_1——城市行约束　当每个城市行中的 1 不多于一个时，应有第 x 行的全部

元素 v_{xi} 按顺序两两相乘之和为 0，即

$$\sum_{i=1}^{n-1} \sum_{j=i+1}^{n} v_{xi} v_{xj} = 0$$

从而全部 n 行的所有元素按顺序两两相乘之和也应为零，即

$$\sum_{x=1}^{n} \sum_{i=1}^{n-1} \sum_{j=i+1}^{n} v_{xi} v_{xj} = 0$$

按此约束可定义能量 E_1 为

$$E_1 = \frac{1}{2} A \sum_{x=1}^{n} \sum_{i=1}^{n-1} \sum_{j=i+1}^{n} v_{xi} v_{xj} \tag{8.27}$$

式中，A 为正常数。显然，当 $E_1 = 0$ 时可保证对每个城市访问的次数不超过一次。

（2）能量 E_2——位置列约束　同理，当每个位置列中的 1 不多于一个时，应有第 i 列的全部元素 v_{xi} 按顺序两两相乘之和为 0，即

$$\sum_{x=1}^{n-1} \sum_{y=x+1}^{n} v_{xi} v_{yi} = 0$$

因此，全部 n 列的所有元素按顺序两两相乘之和也应为零，即

$$\sum_{i=1}^{n} \sum_{x=1}^{n-1} \sum_{y=x+1}^{n} v_{xi} v_{yi} = 0$$

按此约束可定义能量 E_2 为

$$E_2 = \frac{1}{2} B \sum_{i=1}^{n} \sum_{x=1}^{n-1} \sum_{y=x+1}^{n} v_{xi} v_{yi} \tag{8.28}$$

式中，B 为正常数。显然，当 $E_2 = 0$ 时就能确保每次访问的城市数不超过一个。

（3）能量 E_3——换位阵全局约束　$E_1 = 0$ 和 $E_2 = 0$ 只是换位阵有效的必要条件，但不是充分条件。容易看出，当换位阵中各元素均为"0"时，也能满足 $E_1 = 0$ 和 $E_2 = 0$，但这显然是无效的。因此，还需引入第三个约束条件——全局约束条件，以确保换位阵中 1 的数目等于城市数 n，即

$$\sum_{x=1}^{n} \sum_{i=1}^{n} v_{xi} = n$$

因此定义能量 E_3 为

$$E_3 = \frac{1}{2} C \left(\sum_{x=1}^{n} \sum_{i=1}^{n} v_{xi} - n \right)^2 \tag{8.29}$$

式中，C 为正常数。则 $E_3 = 0$ 可保证换位阵中 1 的数目正好等于 n。

（4）能量 E_4——旅行路线长度　同时满足以上三个约束条件只能说明路线是有效的，但不一定是最优的。依题意，在路线有效的前提下，其总长度应最短。为此在能量函数中尚须引入一个能反映路线总长度的分量 E_4，其定义式要能保证 E_4 随路线总长度的缩短而减小。为设计 E_4，设任意两城市 x 与 y 间的距离为 d_{xy}。访问这两个城市有两种途径，从 x 到 y，相应的表达式为 $d_{xy} v_{xi} v_{y,i+1}$；从 y 到 x，则相应的表达式为 $d_{yx} v_{xi} v_{y,i-1}$。如果城市 x 和 y 在旅行顺序中相邻，则当 $v_{xi} v_{y,i+1} = 1$ 时，必有 $v_{xi} v_{y,i-1} = 0$；反之亦然。因此，有 $d_{xy}(v_{xi} v_{y,i+1} + v_{xi} v_{y,i-1}) = d_{xy}$。若定义 n 个城市各种可能的旅行路线长度为

$$E_4 = \frac{1}{2} D \sum_{x=1}^{n} \sum_{y=1}^{n} \sum_{i=1}^{n} d_{xy} (v_{xi} v_{y,i+1} + v_{xi} v_{y,i-1}) \tag{8.30}$$

式中，D 为正常数。当 E_4 最小时旅行路线最短。

综合以上 4 项能量，可得 TSP 问题的能量函数如下

$$E = E_1 + E_2 + E_3 + E_4$$

$$= \frac{1}{2}A\sum_{x=1}^{n}\sum_{i=1}^{n-1}\sum_{j=i+1}^{n}v_{xi}v_{xj} + \frac{1}{2}B\sum_{i=1}^{n}\sum_{x=1}^{n-1}\sum_{y=x+1}^{n}v_{xi}v_{yi} + \frac{1}{2}C\left(\sum_{x=1}^{n}\sum_{i=1}^{n}v_{xi}-n\right)^2$$

$$+ \frac{1}{2}D\sum_{x=1}^{n}\sum_{y=1}^{n}\sum_{i=1}^{n}d_{xy}(v_{xi}v_{y,i+1}+v_{xi}v_{y,i-1}) \tag{8.31}$$

为从式(8.31) 得到式(8.26) 中的能量函数形式，应使神经元 x_i 和 y_j 之间的权值和外部输入的偏置电流按下式给出

$$\begin{cases} w_{x_i,y_j} = -2A\delta_{xy}(1-\delta_{ij}) - 2B\delta_{ij}(1-\delta_{xy}) - 2C - 2Dd_{xy}(\delta_{j,i+1}+\delta_{j,i-1}) \\ I_{xi} = 2cn \end{cases} \tag{8.32}$$

式中，$\delta_{xy} = \begin{cases} 1, x=y \\ 0, x \neq y \end{cases}$ ；$\delta_{ij} = \begin{cases} 1, i=j \\ 0, i \neq j \end{cases}$ 。

网络构成后，给定一个随机的初始输入，便有一个稳定状态对应于一个旅行路线，不同的初始输入所得到的旅行路线并不相同，这些路线都是较佳的或最佳的。

用计算机模拟 CHNN 时，将网络结构式(8.32) 代入网络的运行方程式(8.19)，可得

$$\begin{cases} c_{ij}\dfrac{\mathrm{d}u_{xi}}{\mathrm{d}t} = -2A\sum_{j\neq i}^{n}v_{xj} - 2B\sum_{y\neq x}^{n}v_{yi} - 2C\left(\sum_{x=1}^{n}\sum_{j=1}^{n}v_{xj}-n\right) - 2D\sum_{y\neq x}^{n}d_{xy}(v_{y,i+1}+v_{y,i-1}) - \dfrac{u_{xi}}{R_{xi}C_{xi}} \\ v_{xi} = f(u_{xi}) = \dfrac{1}{2}\left[1+\tanh\left(\dfrac{u_{xi}}{u_0}\right)\right] \end{cases}$$

式中，u_0 是初始值，对上式编程可用软件实现求解 TSP 问题的 CHNN 算法。

图 8.6 给出用 CHNN 解决 10 城市 TSP 问题的结果。图 8.6(a) 为最优解，图 8.6(b) 为较佳解。

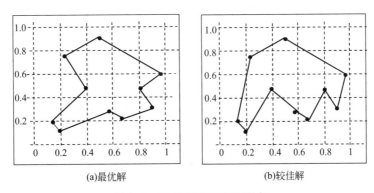

(a)最优解　　　　　　　　　　(b)较佳解

图 8.6　10 城市 TSP 问题的解

按照穷举法，我国 31 个（尚未计入香港特区）直辖市、省会和自治区首府的巡回路径应有约 1.326×10^{32} 种。我国学者对中国旅行商 CTSP（Chinese TSP）问题进行了大量的研究，最新成果已达到 15449km。他们的做法是将两个最远城市间的距离定义为 1，用归算法得到城市间的直达距离相对值 $d_{xy}(0 \leqslant d_{xy} \leqslant 1)$。近年的主要研究成果是：采用 Greedy 组合算法，从某一城市开始，依次找出与之最靠近的城市，然后连成一条闭合路径 15449km，所得最短巡回路径为 17102km。采用 Hopfield 经典算法，所得到的 400 个解中最短路径为

21777km。在 Hopfield 经典算法基础上增加约束条件，最短路径为 16262km。在 Hopfield 经典算法基础上将所有城市分成三部分后，求得最短路径为 15904km。

在实际应用中，TSP 类型的问题通常并不苛求非要得到最优解，只要是接近最优即可满足要求。CHNN 用于优化问题时恰恰能做到这一点，类似人脑分析这类问题时的特点。

J. J. Ho pfield 的主要贡献在于，他把能量函数的概念引入了神经网络，从而把网络的拓扑结构与所要解决的问题联系起来，把待优化的目标函数与网络的能量函数联系起来，通过网络运行时能量函数自动最小化而得到问题的最优解，从而开辟了求解优化问题的新途径。此外，他还将神经网络与具体的模拟电子线路对应起来，不仅易于理解，更重要的是做到了理论与实践的有机结合。

8.4 双向联想记忆（BAM）神经网络

联想记忆网络是神经网络的重要分支，在各种联想记忆网络模型中，由 B. kosko 于 1988 年提出的双向联想记忆（bidirectional associative memory，BAM）网络的应用最为广泛。前面介绍的 Hopfield 网可实现自联想，CPN 网可实现异联想，而 BAM 网可实现双向异联想。BAM 网有离散型、连续型和自适应型等多种形式，本节重点介绍常用的离散型 BAM 网络。

8.4.1 BAM 网结构与原理

BAM 网的拓扑结构如图 8.7 所示。该网是一种双层双向网络，当向其中一层加入输入信号时，另一层可得到输出。由于初始模式可以作用于网络的任一层，信息可以双向传播，所以没有明确的输入层或输出层，可将其中的一层称为 X 层，有 n 个神经元节点，另一层

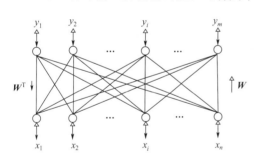

称为 Y 层，有 m 个神经元节点。两层的状态向量可取单极性二进制 0 或 1，也可以取双极性离散值 1 或 -1。如果令由 X 到 Y 的权矩阵为 $\boldsymbol{W}$，则由 Y 到 X 的权矩阵便是其转置矩阵 $\boldsymbol{W}^{\mathrm{T}}$。

图 8.7　BAM 网拓扑结构

BAM 网实现双向异联想的过程是网络运行从动态到稳态的过程。对已建立权值矩阵的 BAM 网，当将输入样本 $\boldsymbol{X}^{P}$ 作用于 X 侧时，该侧输出 $\boldsymbol{X}(1)=\boldsymbol{X}^{P}$ 通过 $\boldsymbol{W}$ 阵加权传到 Y 侧，通过该侧节点的转移函数 f_{y} 进行非线性变换

后得到输出 $\boldsymbol{Y}(1)=f_{y}[\boldsymbol{WX}(1)]$；再将该输出通过 $\boldsymbol{W}^{\mathrm{T}}$ 阵加权从 Y 侧传回 X 侧作为输入，通过 X 侧节点的转移函数 f_{x} 进行非线性变换后得到输出 $\boldsymbol{X}(2)=f_{x}[\boldsymbol{W}^{\mathrm{T}}\boldsymbol{Y}(1)]=f_{x}\{\boldsymbol{W}^{\mathrm{T}} f_{y}[\boldsymbol{WX}(1)]\}$。这种双向往返过程一直进行到两侧所有神经元的状态均不再发生变化为止。此时的网络状态称为稳态，对应的 Y 侧输出向量 $\boldsymbol{Y}^{P}$ 便是模式 $\boldsymbol{X}^{P}$ 经双向联想后所得的结果。同理，如果从 Y 侧送入模式 $\boldsymbol{Y}^{P}$，经过上述双向联想过程，X 侧将输出联想结果 $\boldsymbol{X}$。这种双向联想过程可用图 8.8 表示。

由图 8.8，有

$$\boldsymbol{X}(t+1)=f_{x}\{\boldsymbol{W}^{\mathrm{T}} f_{y}[\boldsymbol{WX}(t)]\} \tag{8.33a}$$

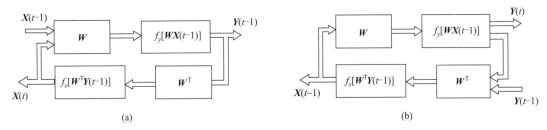

图 8.8　BAM 网的双向联想过程

$$\boldsymbol{Y}(t+1)=f_y\{\boldsymbol{W}f_x[\boldsymbol{W}^{\mathrm{T}}\boldsymbol{Y}(t)]\} \tag{8.33b}$$

对于经过充分训练的权值矩阵，当向 BAM 网络一侧输入有残缺的已存储模式时，网络经过有限次运行不仅能在另一侧实现正确的异联想，而且在输入侧重建了完整的输入模式。

8.4.2　能量函数与稳定性

若 BAM 网络的阈值为 0，能量函数定义为

$$E=-\frac{1}{2}\boldsymbol{X}^{\mathrm{T}}\boldsymbol{W}^{\mathrm{T}}\boldsymbol{Y}-\frac{1}{2}\boldsymbol{Y}^{\mathrm{T}}\boldsymbol{W}\boldsymbol{X} \tag{8.34}$$

BAM 网双向联想的动态过程就是能量函数量沿其状态空间中的离散轨迹逐渐减小的过程。当达到双向稳态时，网络必落入某一局部或全局能量最小点。

证明：式（8.34）中两项的计算结果均为标量，且有

$$\boldsymbol{Y}^{\mathrm{T}}\boldsymbol{W}\boldsymbol{X}=(\boldsymbol{Y}^{\mathrm{T}}\boldsymbol{W}\boldsymbol{X})^{\mathrm{T}}=(\boldsymbol{W}\boldsymbol{X})^{\mathrm{T}}\boldsymbol{Y}=\boldsymbol{X}^{\mathrm{T}}\boldsymbol{W}^{\mathrm{T}}\boldsymbol{Y}$$

上式简化为

$$E=-\boldsymbol{X}^{\mathrm{T}}\boldsymbol{W}^{\mathrm{T}}\boldsymbol{Y} \tag{8.35}$$

当 X 侧节点状态变化时，$\Delta\boldsymbol{X}$ 引起的能量变化 $\Delta E_{\boldsymbol{X}}$ 为

$$\Delta E_{\boldsymbol{X}}=-\Delta\boldsymbol{X}^{\mathrm{T}}\boldsymbol{W}^{\mathrm{T}}\boldsymbol{Y}=-\sum_{i=1}^{n}\Delta x_i\sum_{j=1}^{m}w_{ji}y_j=-\sum_{i=1}^{n}\Delta x_i\,\mathrm{net}_{\boldsymbol{X}i}$$

当 BAM 网的转移函数取符号函数时，上式的分析可仿照 DHNN 进行。可知对于 Δx_i 与 $\mathrm{net}_{\boldsymbol{X}i}$ 的任意组合均有 $\Delta E_{\boldsymbol{X}}\leqslant 0$，其中 $\Delta E_{\boldsymbol{X}}=0$ 对应于 $\Delta x_i=0$，$i=1,2,\cdots,n$。

当 Y 侧节点状态变化时，$\Delta\boldsymbol{Y}$ 引起的能量变化 $\Delta E_{\boldsymbol{Y}}$ 为

$$\Delta E_{\boldsymbol{Y}}=-\Delta\boldsymbol{Y}^{\mathrm{T}}\boldsymbol{W}\boldsymbol{X}=-\sum_{j=1}^{m}\Delta y_j\sum_{i=1}^{n}w_{ij}x_i=-\sum_{j=1}^{m}\Delta y_j\,\mathrm{net}_{\boldsymbol{Y}j}$$

同理，对于 Δy_j 与 $\mathrm{net}_{\boldsymbol{Y}j}$ 的任意组合均有 $\Delta E_{\boldsymbol{Y}}\leqslant 0$，而 $\Delta E_{\boldsymbol{Y}}=0$ 对应于 $\Delta y_j=0, j=1,2,\cdots,m$。

归纳以上分析，有

$$\begin{cases}\Delta E<0, & \Delta\boldsymbol{X}\neq 0, \Delta\boldsymbol{Y}\neq 0\\ \Delta E=0, & \Delta\boldsymbol{X}=0, \Delta\boldsymbol{Y}=0\end{cases}$$

上式表明 BAM 网的能量在动态运行过程中不断下降，当网络达到能量极小点时即进入稳定状态，此时网络两侧的状态都不再变化。

以上证明过程对 BAM 网权矩阵的学习规则并未做任何限制，而且得到的稳定性结论与状态更新方式与同步或异步无关。考虑到同步更新比异步更新时能量变化大，收敛速度比串行异步方式快，故采常用同步更新方式。

8.4.3 BAM 网的权值设计

对于离散 BAM 网络，一般选转移函数 $f(\cdot)=\text{sgn}(\cdot)$。当网络只需存储一对模式 $(\boldsymbol{X}^1,\boldsymbol{Y}^1)$ 时，若使其成为网络的稳定状态，应满足条件

$$\text{sgn}(\boldsymbol{W}\boldsymbol{X}^1)=\boldsymbol{Y}^1 \tag{8.36a}$$

$$\text{sgn}(\boldsymbol{W}^{\text{T}}\boldsymbol{Y}^1)=\boldsymbol{X}^1 \tag{8.36b}$$

容易证明，若 $\boldsymbol{W}$ 是向量 $\boldsymbol{Y}^1$ 和 $\boldsymbol{X}^1$ 的外积，即

$$\boldsymbol{W}=\boldsymbol{Y}^1\boldsymbol{X}^{1\text{T}}$$

$$\boldsymbol{W}=\boldsymbol{X}^1\boldsymbol{Y}^{1\text{T}}$$

则式(8.36) 的条件必然成立。

当需要存储 P 对模式时，将以上结论扩展为 P 对模式的外积和，从而得到 Kosko 提出的权值学习公式

$$\boldsymbol{W}=\sum_{p=1}^{P}\boldsymbol{Y}^p(\boldsymbol{X}^p)^{\text{T}} \tag{8.37a}$$

$$\boldsymbol{W}^{\text{T}}=\sum_{p=1}^{P}\boldsymbol{X}^p(\boldsymbol{Y}^p)^{\text{T}} \tag{8.37b}$$

用外积和法设计的权矩阵，不能保证任意 P 对模式的全部正确联想，但下面的定理表明，如对记忆模式对加以限制，用外积和法设计 BAM 网具有较好的联想能力。

定理 8.7 若 P 个记忆模式 $\boldsymbol{X}^p(p=1,2,\cdots,P)$，$x\in\{-1,1\}^n$ 两两正交，且权值矩阵 $\boldsymbol{W}$ 按式(8.37) 得到，则向 BAM 网输入 P 个记忆模式中的任何一个 $\boldsymbol{X}^p$ 时，只需一次便能正确联想起对应的模式 $\boldsymbol{Y}^p$。

证明： 若网络权值矩阵按外积和规则设计，当向其 X 侧输入某模式 $\boldsymbol{X}^k$ 时，在 Y 侧应得到如下输出

$$\boldsymbol{Y}(1)=f_y(\boldsymbol{W}\boldsymbol{X}^k)=f_y\left[\sum_{p=1}^{P}\boldsymbol{Y}^p(\boldsymbol{X}^p)^{\text{T}}\boldsymbol{X}^k\right]$$

$$=f_y\left[\boldsymbol{Y}^k(\boldsymbol{X}^k)^{\text{T}}\boldsymbol{X}^k+\sum_{p\neq k}^{P}\boldsymbol{Y}^p(\boldsymbol{X}^p)^{\text{T}}\boldsymbol{X}^k\right]$$

当 P 个模式向量两两正交时，上式中的第二项应为零，Y 侧输出为

$$\boldsymbol{Y}(1)=f_y\left[\boldsymbol{Y}^k(\boldsymbol{X}^k)^{\text{T}}\boldsymbol{X}^k\right]=f_y\left[\boldsymbol{Y}^k\parallel\boldsymbol{X}^k\parallel^2\right]=\text{sgn}\left[\boldsymbol{Y}^k\parallel\boldsymbol{X}^k\parallel^2\right]=\boldsymbol{Y}^k$$

定理得证。

当输入含有噪声的模式时，BAM 网需要经历一定的演变过程才能达到稳态，并分别在 X 侧和 Y 侧恢复模式对的本来面目。

【例 8.3】 某 BAM 网 X 层有 14×10 个节点，Y 层有 12×9 个节点。设网络已存储了三对联想字符，其中一对字符是（S，E）。当向网络的 X 侧输入有 40% 噪声的字符 S 时，网络开始动态演变过程。从图 8.9 可以看出，初始输入模式很难辨认，随着网络的运行，字符对（S，E）在网络 X 和 Y 两侧的往返过程中逐渐清晰，最终稳定于正确模式。

Kosko 已证明：BAM 网的存储容量为

$$P_{\text{max}}\leqslant\min(n,m)$$

为提高 BAM 网的存储容量和容错能力，人们对 BAM 网提出多种改进算法和改进的网络结构。如多重训练法、快速增强法、自适应 BAM 网络、竞争 BAM 网等。

图 8.9 含噪声字符的联想过程

8.4.4 BAM 网的应用

BAM 网络的设计比较简单，只需由几组典型输入、输出向量构成权矩阵。运行时，由实测到的数据向量与权矩阵作内积运算便可得到相应的信息输出。这是一种大规模并行处理大量数据的有效方法，具有实时性和容错性。更具魅力的是，这种联想记忆法无须对输入向量进行预处理，便可直接进入搜索，省去了编码与解码工作。下面给出两个应用实例。

8.4.4.1 BAM 网在功率谱密度函数分类中的应用

工业生产过程中，经常要求对检测到的曲线进行分类，以便据此作出某种判断。1989年 Mathai. G 等人应用 BAM 网成功地解决了纤维制造过程中的功率谱密度函数 PSD 分类问题。由于 PSD 具有较大的变异性，因此即使是同一类谱，用传统方法进行分类也很困难。Mathai 对纤维制造中所得到的各种 PSD 曲线进行分析后，发现只有两个典型类别。

第 1 类以 26Hz 及 14Hz 附近出现两个谱峰为特征；第 2 类以 32Hz 及 39Hz 处有两个谱峰为特性。因此，分类的判据便是 PSD 曲线中谱峰出现的频率值。如果将两类典型 PSD 曲线作为 BAM 网的记忆模式样本，通过同维模式的自联想即可完成对其它 PSD 模式的分类工作。

为提高分类准确率，需先对 PSD 进行预处理，以增强谱峰，突出特征。处理方法是用非线性函数对离散的 PSD 进行归一化

$$\hat{y}(v_i) = \frac{\ln[1 + y(v_i)]}{\ln(1 + y_{\max})}$$

式中，$y(v_i)$ 为各频率点 v_i 处的 PSD 值；$y_{\max}$ 为 PSD 曲线的最大值。

对归一化后的 PSD 曲线进行编码，方法是将 $y\text{-}v$ 平面上的离散 PSD 曲线图像置于 $r \times s$

网格中，若 $\hat{y}$ 点落入某个小方格，则该方格值为 1，否则为 -1。将 $r \times s$ 网格对应的双极化矩阵各行首尾连接后即可作为 BAM 网的输入模式。

8.4.4.2　BAM 网在汽车牌照识别中的应用

公安部门在缉查失窃车辆时需要对过往车辆的监视图像进行牌照自动识别。由于图像采集质量受天气阴晴、拍摄角度与距离及车速等诸多因素的影响，分割出来的牌照往往带有很大的噪声，用传统方法进行识别效果较差。采用 BAM 网络将汽车牌照涉及的汉字、英文字母及数字作为记忆模式存入 24×24 的权值矩阵 $\boldsymbol{W}$，对有严重噪声的汽车牌照进行识别，取得了较好的效果。

该识别系统的权值设计采用了改进的快速增强算法，该算法能保证任意给定模式对的正确联想。识别时首先从汽车图像中提取牌照子图像，进行滤波、缩放及二值化等预处理，然后对 24×24 的牌照图像编码。编码方法与上例相同，但二值图像中灰度为 0 的像素应将灰度值变为 1。

阴雨天及大于 $45°$ 角拍摄的汽车图片清晰度很差，提取出来的牌照人眼也难以正确辨认，采用基于 BAM 网络的识别系统可取得令人满意的效果。

8.5　随机神经网络

如果将 BP 算法中的误差函数看作一种能量函数，则 BP 算法通过不断调整网络参数使其能量函数按梯度单调下降，而反馈网络则通过动态演变过程使网络的能量函数沿着梯度单调下降，在这一点上两类网络的指导思想是一致的。正因如此，常常导致网络落入局部极小点而达不到全局最小点。对于 BP 网，局部极小点意味着训练可能不收敛；对于 Hopfield网，则得不到期望的最优解。导致这两类网络陷入局部极小点的原因是，网络的误差函数或能量函数是具有多个极小点的非线性空间，而所用的算法却一味追求网络误差或能量函数的单调下降。也就是说，算法赋予网络的是只会"下山"而不会"爬山"的能力。如果为具有多个局部极小点的系统打一个形象的比喻，设想托盘上有一个凸凹不平的多维能量曲面，若在该曲面上放置一个小球，它在重力作用下，将滚入最邻近的一个低谷（局部最小点）。但该低谷不一定就是曲面上最低的那个低谷（全局最小点）。因此，局部极小问题只能通过改进算法来解决。

本节要介绍的随机网络可赋予网络既能"下坡"也能"爬山"的本领，因而能有效地克服上述缺陷。随机网络与其它神经网络相比有两个主要区别：①在学习阶段，随机网络不像其它网络那样基于某种确定性算法调整权值，而是按某种概率分布进行修改；②在运行阶段，随机网络不是按某种确定性的网络方程进行状态演变，而是按某种概率分布决定其状态的转移。神经元的净输入不能决定其状态取 1 还是取 0，但能决定其状态取 1 还是取 0 的概率。这就是随机神经网络算法的基本概念。图 8.10 给出了随机网络算法与梯度下降算法区别的示意图。

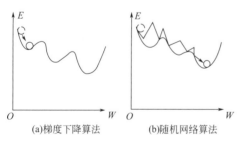

(a)梯度下降算法　　(b)随机网络算法

图 8.10　随机网络算法与梯度下降算法的区别

8.5.1　模拟退火原理

模拟退火算法是随机网络中解决能量局部极小问题的一个有效方法，其基本思想是模拟金属退火过程。金属退火过程大致是，先将物体加热至高温，使其原子处于高速运动状态，此时物体具有较高的内能；然后，缓慢降温，随着温度的下降，原子运动速度减慢，内能下降；最后，整个物体达到内能最低的状态。模拟退火过程相当于沿水平方向晃动托盘，温度高则意味着晃动的幅度大，小球肯定会从任何低谷中跳出，而落入另一个低谷。这个低谷的高度（网络能量）可能比小球原来所在低谷的高度低（网络能量下降），但也可能比原来高（能量上升）。后一种情况的出现，从局部和当前来看，这个运动方向似乎是错误的；但从全局和发展的角度看，正是给小球赋予了“爬山”的本事，才使它有可能跳出局部低谷而最终落入全局低谷。当然，晃动托盘的力度要合适，并且还要由强至弱（温度逐渐下降），小球才不至于因为有了“爬山”的本领而越爬越高。

在随机网络学习过程中，先令网络权值作随机变化，然后计算变化后的网络能量函数。网络权值的修改应遵循以下准则：若权值变化后能量变小，则接受这种变化；否则也不应完全拒绝这种变化，而是按预先选定的概率分布接受权值的这种变化。其目的在于赋予网络一定的“爬山”能力。实现这一思想的一个有效方法就是 Metropolis 等人提出的模拟退火算法。

设 X 代表某一物质体系的微观状态（一组状态变量，如粒子的速度和位置等），$E(X)$ 表示该物质在某微观状态下的内能，对于给定温度 T，如果体系处于热平衡状态，则在降温退火过程中，其处于某能量状态的概率与温度的关系遵循 Boltzmann 分布规律。分布函数为

$$P(E) \propto \exp[-E(X)/KT] \tag{8.38}$$

式中，K 为玻尔兹曼常数。在下面讨论中把常数 K 合并到温度 T 中。

由式(8.38)可以看出，当温度一定时，物质体系的能量越高，其处于该状态的概率就越低，因此物质体系的内能趋向于向能量降低的方向演变。如给定不同的温度，上式表示的曲线变化如图 8.11 所示：当物体温度 T 较高时，$P(E)$ 对能量 E 的大小不敏感，因此物体处于高能或低能状态的概率相差不大；随着温度 T 的下降，物质处于高能状态的概率随之减小而处于低能状态的概率增加；当温度接近 0 时，物体处于低能状态的概率接近 1。由此可见，温度参数 T 越高，状态越容易变化。为了使物质体系最终收敛到低温下的平衡态，应在退火开始

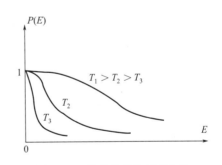

图 8.11　能量状态的概率曲线与温度的关系

时设置较高的温度，然后逐渐降温，最后物质体系将以相当高的概率收敛到最低能量状态。

用随机神经网络解决优化问题时，通过数学算法模拟了以上退火过程。模拟方法是，定义一个网络温度以模仿物质的退火温度，取网络能量为想要优化的目标函数。网络运行开始时温度较高，调整权值时允许目标函数偶尔向增大的方向变化，以使网络能跳出那些能量的局部极小点。随着网络温度不断下降至 0，最终以概率 1 稳定在其能量函数的全局最小点，从而获得最优解。

8.5.2 Boltzmann 机

G. E. Hinton 等人于1983～1986年提出一种称为 Boltzmann 机的随机神经网络。在这种网络中神经元只有两种输出状态，即单极性二进制的 0 或 1。状态的取值根据概率统计法则决定，由于这种概率统计法则的表达形式与著名统计学家 L. Boltzmann 提出的 Boltzmann 分布类似，故将这种网络取名为 Boltzmann 机（Boltzmann machine，BM）。

8.5.2.1 BM 网络的拓扑结构与运行原理

（1）BM 网络的拓扑结构　BM 网络的拓扑结构比较特殊，介于 DHNN 的全互连结构与 BP 网的层次结构之间。从形式上看，BM 网络与单层反馈网络 DHNN 相似，具有对称权值，即 $w_{ij} = w_{ji}$，且 $w_{ii} = 0$。但从神经元的功能上看，BM 网络与三层 BP 网相似，具有输入节点、隐节点和输出节点。一般将输入输出节点称为可见节点，而将隐节点称为不可见节点。训练时输入输出节点接收训练集样本，而隐节点主要起辅助作用，用来实现输入与输出之间的联系，使训练集能在可见单元再现。BM 网络的三类节点之间没有明显的层次，连接形式可用图 8.12 表示。

（2）神经元的转移概率函数　设 BM 网络中单个神经元的净输入为

$$\mathrm{net}_j = \sum_i (w_{ij} x_i - T_j)$$

与 DHNN 不同的是，以上净输入并不能通过符号转移函数直接获得确定的输出状态，实际的输出状态将按某种概率发生，神经元的净输入可通过 S 型函数获得输出某种状态的转移概率

$$P_j(1) = \frac{1}{1 + e^{-\mathrm{net}_j / T}} \tag{8.39}$$

式中，$P_j(1)$ 表示神经元 j 输出状态为 1 的概率，状态为 0 的概率应为

$$P_j(0) = 1 - P_j(1)$$

可以看出如果净输入为 0，则 $P_j(1) = P_j(0) = 0.5$。净输入越大，神经元状态取 1 的概率越大；净输入越小，神经元状态取 0 的概率越大。而温度 T 的变化可改变概率曲线的形状。从图 8.13 可以看出，对于同一净输入，温度 T 较高时概率曲线变化平缓，对于同一净输入 $P_j(1)$ 与 $P_j(0)$ 的差别小；而温度 T 低时概率曲线变得陡峭，对于同一净输入 $P_j(1)$ 与 $P_j(0)$ 的差别大。当 $T = 0$ 时，式(8.39)中的概率函数退化为符号函数，神经元输出状态将无随机性可言。

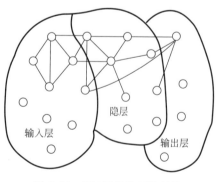

图 8.12　BM 网络的拓扑结构

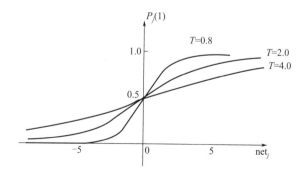

图 8.13　神经元状态概率与净输入和温度的关系

（3）网络能量函数与运行的搜索机制　BM 网络采用了与 DHNN 相同的能量函数描述网络状态

$$E(t) = -\frac{1}{2}\boldsymbol{X}^{\mathrm{T}}(t)\boldsymbol{W}\boldsymbol{X}(t) + \boldsymbol{X}^{\mathrm{T}}(t)\boldsymbol{T}$$

$$= -\frac{1}{2}\sum_{j=1}^{n}\sum_{i=1}^{n}w_{ij}x_i x_j + \sum_{i=1}^{n}T_i x_i \tag{8.40}$$

设 BM 网络按异步方式工作，每次第 j 个神经元改变状态，根据式(8.9) 有

$$\Delta E(t) = -\Delta x_j(t)\mathrm{net}_j(t) \tag{8.41}$$

下面对式(8.41) 的各种情况进行讨论。

① 当 $\mathrm{net}_j > 0$ 时，由式(8.39) 有 $P_j(1) > 0.5$，即神经元 j 有较大的概率取 $x_j = 1$。若原来 $x_j = 1$，则 $\Delta x_j = 0$，从而 $\Delta E = 0$；若原来 $x_j = 0$，则 $\Delta x_j = 1$，从而 $\Delta E < 0$。

② 当 $\mathrm{net}_j < 0$ 时，由式(8.39) 有 $P_j(1) < 0.5$，即神经元 j 有较大的概率取 $x_j = 0$。若原来 $x_j = 0$，则 $\Delta x_j = 0$，从而 $\Delta E = 0$；若原来 $x_j = 1$，则 $\Delta x_j = -1$，从而 $\Delta E < 0$。

以上对各种可能情况讨论的结果与 8.1.2.2 小节中的讨论结果一致。但需要注意的是，对于 BM 网络，随着网络状态的演变，从概率的意义上网络的能量总是朝着减小的方向变化。这就意味着尽管网络能量的总趋势是向着减小的方向演变，但不排除在有些步神经元状态可能会按小概率取值，从而使网络能量暂时增加。正是因为有了这种可能性，BM 网络才具有了从局部极小的低谷中跳出的"爬山"能力，这一点是 BM 网络与 DHNN 能量变化的根本区别。由于采用了神经元状态按概率随机取值的工作方式，BM 网络的能量具有不断跳出位置较高的低谷，搜索位置较低的新低谷的能力。这种运行方式称为搜索机制，即网络在运行过程中不断地搜索更低的能量极小值，直到达到能量的全局最小。从模拟退火法的原理可以看出，温度 T 不断下降可使网络能量的"爬山"能力由强减弱，这正是保证 BM 网络能成功搜索到能量全局最小的有效措施。

（4）BM 网络的 Boltzmann 分布　设 $x_j = 1$ 时对应的网络能量为 E_1，$x_j = 0$ 时网络能量为 E_0。根据前面的分析结果，当 x_j 由 1 变为 0 时，有 $\Delta x_j = -1$，于是有

$$E_0 - E_1 = \Delta E = -(-1)\mathrm{net}_j = \mathrm{net}_j$$

式(8.39) 变为

$$P_j(1) = \frac{1}{1 + \mathrm{e}^{-\mathrm{net}_j/T}} = \frac{1}{1 + \mathrm{e}^{-\Delta E/T}} \tag{8.42}$$

$$P_j(0) = 1 - P_j(1) = \frac{\mathrm{e}^{-\Delta E/T}}{1 + \mathrm{e}^{-\Delta E/T}}$$

两式相除，有

$$\frac{P_j(0)}{P_j(1)} = \mathrm{e}^{-\Delta E/T} = \mathrm{e}^{-(E_0 - E_1)/T} = \frac{\mathrm{e}^{-E_0/T}}{\mathrm{e}^{-E_1/T}} \tag{8.43}$$

当 x_j 由 0 变为 1 时，有 $\Delta x_j = 1$，于是有

$$E_1 - E_0 = \Delta E = -\mathrm{net}_j$$

式(8.39) 变为

$$P_j(1) = \frac{1}{1 + \mathrm{e}^{-\mathrm{net}_j/T}} = \frac{1}{1 + \mathrm{e}^{\Delta E/T}} \tag{8.44}$$

$$P_j(0) = 1 - P_j(1) = \frac{e^{\Delta E/T}}{1 + e^{\Delta E/T}}$$

两式相除，仍可得到式(8.43)

$$\frac{P_j(0)}{P_j(1)} = e^{\Delta E/T} = e^{(E_1 - E_0)/T} = \frac{e^{-E_0/T}}{e^{-E_1/T}}$$

将式(8.43)推广到网络中任意两个状态出现的概率与对应能量之间的关系，有

$$\frac{P(\alpha)}{P(\beta)} = \frac{e^{-E_\alpha/T}}{e^{-E_\beta/T}} \tag{8.45}$$

式(8.45)就是著名的 Boltzmann 分布。从式中可以得出两点结论：①BM 网络处于某一状态的概率主要取决于此状态下的能量 E，能量越低，概率越大；②BM 网络处于某一状态的概率还取决于温度参数 T，温度越高，不同状态出现的概率越接近，网络能量较容易跳出局部极小而搜索全局最小，温度低则情况相反。这正是采用模拟退火方法搜索全局最小的原因所在。

用 BM 网络进行优化计算时，可构造一个类似于式(8.40)的目标函数作为网络的能量函数。为防止目标函数陷入局部极小，采用上述模拟退火算法进行最优解的搜索。即搜索开始时将温度设置得很高，此时神经元为 1 状态或 0 状态的机会几乎相等，因此网络能量可以达到任意可能的状态，包括局部极小或全局最小。当温度下降时，不同状态的概率发生变化，能量低的状态出现的概率大，而能量高的状态出现的概率小。当温度逐渐降至 0 时，每个神经元要么只能取 1 要么只能取 0，此时网络的状态就"凝固"在目标函数的全局最小附近，对应的网络状态就是优化问题的最优解。

用 BM 网络进行联想时，可通过学习用网络稳定状态的概率来模拟训练集样本的出现概率。根据学习类型，BM 网络可分为自联想和异联想两种情况，如图 8.14 所示。自联想型 BM 网络中的可见节点 V 与 DHNN 中的节点相似，既是输入节点又是输出节点，隐节点 H 的数目由学习的需要而定，最少可以为 0。异联想 BM 网络中的可见节点 V 需按功能分为输入节点组 I 和输出节点组 O。

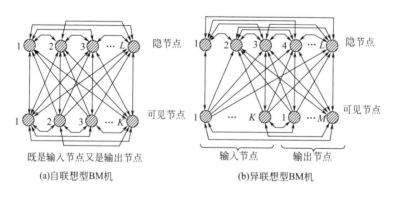

(a)自联想型BM机　　　　　　　　　(b)异联想型BM机

图 8.14　BM 网络结构

8.5.2.2　BM 网络的学习算法

（1）学习过程　通过有导师学习，BM 网络可以对训练集中各模式的概率分布进行模拟，从而实现联想记忆。学习的目的是通过调整网络权值使训练集中的模式在网络状态中以

相同的概率再现。学习过程可分为两个阶段：第一阶段称为正向学习阶段或输入期，即向网络输入一对输入输出模式，将网络输入输出节点的状态"钳制"到期望的状态，而让隐节点自由活动，以捕捉模式对之间的对应规律；第二阶段称为反向学习阶段或自由运行期，对于异联想学习，用输入模式"钳住"输入节点而让隐节点和输出节点自由活动，对于自联想学习，让可见节点和隐节点都自由活动，以体现网络对输入输出对应规律的模拟情况。输入输出的对应规律表现为网络达到热平衡时，相连节点状态同时为 1 的平均概率。期望对应规律与模拟对应规律之间的差别就表现为两个学习阶段所对应的平均概率的差值，此差值便作为权值调整的依据。设 BM 网络隐节点数为 m，可见节点数为 n，则可见节点可表达的状态 $\boldsymbol{X}$（对于异联想，$\boldsymbol{X}$ 中部分分量代表输入模式，另一部分代表输出模式）共有 2^n 种。设训练集提供了 P 对模式，一般有 $P < n$。训练集用一组概率分布表示各模式对出现的概率

$$P(\boldsymbol{X}^1), P(\boldsymbol{X}^2), \cdots, P(\boldsymbol{X}^P)$$

以上也是在正向学习时期望的网络状态概率分布。当网络自由运行时，相应模式出现的概率为

$$P'(\boldsymbol{X}^1), P'(\boldsymbol{X}^2), \cdots, P'(\boldsymbol{X}^P)$$

训练的目的是使以上两组概率分布相同。

（2）网络热平衡状态 为统计以上概率，需要反复使 BM 网络按模拟退火算法运行并达到热平衡状态。具体步骤如下：

① 在正向学习阶段，用一对训练模式 $\boldsymbol{X}^p$ 钳住网络的可见节点；在反向学习阶段，用训练模式中的输入部分钳住可见节点中的输入节点。

② 随机选择自由活动节点 j，使其更新状态

$$s_j(t+1) = \begin{cases} 1, s_j(t) = 0 \\ 0, s_j(t) = 1 \end{cases}$$

③ 计算节点 j 状态更新而引起的网络能量变化 $\Delta E_j = -\Delta s_j(t) \mathrm{net}_j(t)$。

④ 若 $\Delta E_j < 0$，则接受状态更新；若 $\Delta E_j > 0$，当 $P[s_j(t+1)] > \rho$ 时接受新状态，否则维持原状态。$\rho \in (0,1)$ 是预先设置的数值，在模拟退火过程中，温度 T 随时间逐渐降低，对于常数 ρ，为使 $P[s_j(t+1)] > \rho$，必须使 ΔE_j 也在训练中不断减小，因此网络的爬山能力是不断减小的。

⑤ 返回步骤②～④直到自由节点被全部选择一遍。

⑥ 按事先选定的降温方程降温，退火算法的降温规律没有统一规定，一般要求初始温度 T_0 足够高，降温速度充分慢，以保证网络收敛到全局最小。下面给出两种降温方程

$$T(t) = \frac{T_0}{1 + \ln t} \tag{8.46}$$

$$T(t) = \frac{T_0}{1 + t} \tag{8.47}$$

⑦ 返回步骤②～⑥直到对所有自由节点均有 $\Delta E_j = 0$，此时认为网络已达到热平衡状态。此状态可供学习算法中统计任意两个节点同时为 1 的概率时使用。

（3）权值调整算法与步骤　BM 网络的学习算法步骤如下：

① 随机设定网络的初始权值 $w_{ij}(0)$。

② 正向学习阶段按已知概率 $P(\boldsymbol{X}^p)$ 向网络输入学习模式 $\boldsymbol{X}^p$，$p=1,2,\cdots,P$。在 $\boldsymbol{X}^p$ 的约束下按上述模拟退火算法运行网络到热平衡状态，统计该状态下网络中任意两节点 i 与 j 同时为 1 的概率 p_{ij}。

③ 反向学习阶段在无约束条件下或在仅输入节点有约束条件下运行网络到热平衡状态，统计该状态下网络中任意两节点 i 与 j 同时为 1 的概率 p'_{ij}。

④ 权值调整算法为

$$\Delta w_{ij} = \eta(p_{ij} - p'_{ij}) \qquad \eta > 0 \tag{8.48}$$

⑤ 重复以上步骤直到 p_{ij} 与 p'_{ij} 充分接近。

8.6　本章小结

本章介绍了四种反馈神经网络：离散型 Hopfield 网络、连续型 Hopfield 网络、离散型双向联想记忆神经网络和随机神经网络。前三种网络学习方式的共同特点是，网络的权值不是经过反复学习获得，而是按一定规则进行设计，网络权值一经确定就不再改变。四种网络运行方式的共同特点是，网络中各神经元的状态在运行过程中不断更新演变，网络运行达到稳态时各神经元的状态便是问题之解。本章需重点理解的问题是：

（1）网络的稳定性　反馈网络实质上是一个非线性动力学系统。网络从初态 $\boldsymbol{X}(0)$ 开始，若能经有限次递归后，其状态不再发生变化，则称该网络是稳定的。如果网络是稳定的，它可以从任一初态收敛到一个稳态；若网络是不稳定的，网络可能出现限幅的自持振荡或混沌现象。利用网络的稳态可实现联想记忆和优化计算。

（2）网络的能量函数　反馈网络用"能量函数"描述其状态，在反馈网络结构满足一定条件的前提下，若按一定规则不断更新网络的状态，则具有特定形式的能量函数将单调减小，最后达到能量的某一极小点，网络所有神经元的状态将不再改变，那便是反馈网络的稳定状态。

（3）网络的记忆容量　当网络规模一定时，所能记忆的模式是有限的。对于所容许的联想出错率，网络所能存储的最大模式数 $P_{\max}$ 称为网络容量。网络容量与网络的规模、算法以及记忆模式向量的分布都有关系。

（4）网络的权值设计　对于前三种反馈网络，没有权值调整的训练过程，因此没有"学习"意义上的调整，只有一次性的"记住"。要求网络记住的权值可按某种设计规则进行计算，如 DHNN 和 BAM 网的权值均采用外积和规则进行计算。CHNN 用于解决优化计算，其权值设计是在根据实际问题构造网络的能量函数时解决的。

（5）随机网络的运行原理　BM 网络是一种典型的随机神经网络，采用神经元状态按概率随机取值的工作方式。随着网络状态的演变，从概率的意义上网络能量的总趋势总是朝着减小的方向变化，但不排除在有些步神经元状态可能会按小概率取值，从而使网络具有了从能量局部极小点逃出的能力，这一点是 BM 网络与 DHNN 能量变化的根本区别。模拟退火算法的温度参数 T 不断下降可使网络能量的"爬山"能力由强减弱，这是保证 BM 网络能成功搜索到能量全局最小的有效措施。

？思考与练习

8.1 如何利用 DHNN 的吸引子进行联想记忆？

8.2 如何利用 CHNN 的稳态进行优化计算？

8.3 如何利用 BAM 网实现双向联想？

8.4 为什么 BM 网络可避免陷入能量局部极小？

8.5 DHNN 权值矩阵 $\boldsymbol{W}$ 给定为

$$\boldsymbol{W} = \begin{bmatrix} 0 & 1 & -1 & -1 & -3 \\ 1 & 0 & 1 & 1 & -1 \\ -1 & 1 & 0 & 3 & 1 \\ -1 & 0 & 3 & 0 & 1 \\ -3 & -1 & 1 & 1 & 0 \end{bmatrix}$$

已知各神经元阈值为 0，试计算网络状态为 $\boldsymbol{X} = [-1,1,1,1,1]^{\mathrm{T}}$ 和 $\boldsymbol{X} = [-1,-1,1,-1,-1]^{\mathrm{T}}$ 时的能量值。

8.6 DHNN 如图 8.15 所示，部分权值已标在图中。

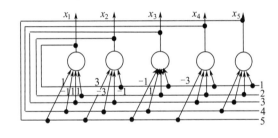

图 8.15 习题 8.6 附图

试求：

① 该网络的权值矩阵 $\boldsymbol{W}$；

② 从初始状态开始按 1，2，… 顺序进行异步更新，给定初始状态为

$$\boldsymbol{X}^1(0) = \begin{bmatrix} -1 \\ -1 \\ 1 \\ 1 \\ 1 \end{bmatrix}, \boldsymbol{X}^2(0) = \begin{bmatrix} -1 \\ -1 \\ 1 \\ 1 \\ -1 \end{bmatrix}, \boldsymbol{X}^3(0) = \begin{bmatrix} -1 \\ -1 \\ -1 \\ 1 \\ -1 \end{bmatrix}, \boldsymbol{X}^4(0) = \begin{bmatrix} -1 \\ 1 \\ -1 \\ 1 \\ -1 \end{bmatrix}, \boldsymbol{X}^5(0) = \begin{bmatrix} 1 \\ -1 \\ 1 \\ 1 \\ -1 \end{bmatrix}$$

③ 以上哪个状态是网络的吸引子？

④ 计算对应于吸引子的能量值。

8.7 表 8.1 给出 5 个城市的距离，试学习 8.3.2 节中的方法用 Hopfield 网络求解 TSP 问题。

表 8.1 5 城市距离   单位：km

城市	天津	石家庄	太原	呼和浩特	上海
北京	119	263	398	401	1078
天津	0	262	426	504	963
石家庄	262	0	171	394	989
太原	426	171	0	341	1096
呼和浩特	504	394	341	0	1381

第 **9** 章 支持向量机

BP 网络和 RBF 网络都擅长解决模式分类与非线性映射问题。由 Vapnik 首先提出的支持向量机（support vector machine，SVM）是本书介绍的第三种通用前馈神经网络，同样可用于解决模式分类与非线性映射问题。

从线性可分模式分类的角度看，支持向量机的主要思想是建立一个最优决策超平面，使得该平面两侧距平面最近的两类样本之间的距离最大化，从而对分类问题提供良好的泛化能力。对于非线性可分模式分类问题，根据 Cover 定理：将复杂的模式分类问题非线性地投射到高维特征空间后可能是线性可分的，因此只要变换是非线性的且特征空间的维数足够高，则原始模式空间能变换为一个新的高维特征空间，使得在特征空间中模式为较高概率线性可分的。此时，应用支持向量机的算法在特征空间建立分类超平面，即可解决非线性可分的模式识别问题。

与前面各章讨论的神经网络均基于某种生物学原理的情况不同，支持向量机基于统计学理论的原理性方法，因此需要较深的数学基础。

9.1 支持向量机的基本思想

第 3 章的单层感知器对于线性可分数据的二值分类机理可理解为，系统随机产生一个超平面并移动它，直到训练集中属于不同类别的样本点正好位于该超平面的两侧。显然，这种机理能够解决线性分类问题，但不能够保证产生的超平面是最优的。支持向量机建立的分类超平面能够在保证分类精度的同时，使超平面两侧的空白区域最大化，从而实现对线性可分问题的最优分类。下面讨论线性可分情况下支持向量机的分类原理。

9.1.1 最优超平面的概念

考虑 P 个线性可分样本 $\{(\boldsymbol{X}^1, d^1), (\boldsymbol{X}^2, d^2), \cdots, (\boldsymbol{X}^p, d^p), \cdots (\boldsymbol{X}^P, d^P)\}$，对于任一输入样本 $\boldsymbol{X}^p$，其期望输出为 $d^p = \pm 1$，分别代表两类的类别标识。用于分类的超平面方程为

$$\boldsymbol{W}^{\mathrm{T}} \boldsymbol{X} + b = 0 \tag{9.1}$$

式中，$\boldsymbol{X}$ 为输入向量；$\boldsymbol{W}$ 为权值向量；b 为偏置；相当于前几章中的负阈值 $(b = -T)$，则有

$$\boldsymbol{W}^{\mathrm{T}} \boldsymbol{X}^p + b > 0, \text{ 当 } d^p = +1$$
$$\boldsymbol{W}^{\mathrm{T}} \boldsymbol{X}^p + b < 0, \text{ 当 } d^p = -1$$

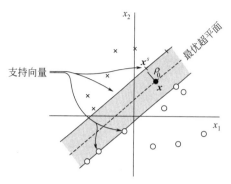

图 9.1 二维平面中的最优超平面

由式（9.1）定义的超平面与最近的样本点之间的间隔称为分离边缘，用 ρ 表示。支持向量机的目标是找到一个使分离边缘最大的超平面，即最优超平面。图 9.1 给出二维平面中最优超平面的示意图。可以看出，最优超平面能提供两类之间最大可能的分离，因此确定最优超平面的权值 W_0 和偏置 b_0 应是唯一的。在式（9.1）定义的一簇超平面中，最优超平面的方程应为

$$W^T X_0 + b_0 = 0 \qquad (9.2)$$

由解析几何知识可得样本空间任一点到最优超平面的距离为

$$r = \frac{W_0^T X + b_0}{\|W_0\|} \qquad (9.3)$$

从而有判别函数

$$g(X) = r\|W_0\| = W_0^T X + b_0 \qquad (9.4)$$

给出从 X 到最优超平面距离的一种代数度量。

将判别函数进行归一化，使所有样本都满足

$$W_0^T X^p + b_0 \geq 1, 当 d^p = +1$$
$$W_0^T X^p + b_0 \leq 1, 当 d^p = -1 \qquad p = 1, 2, \cdots, P \qquad (9.5)$$

则对于离最优超平面最近的特殊样本 X^s 满足 $|g(X^s)| = 1$，称为支持向量。由于支持向量最靠近分类决策面，是最难分类的数据点，因此这些向量在支持向量机的运行中起着主导作用。

式（9.5）中的两行也可以组合起来用下式表示

$$d^p(W^T X^p + b) \geq 1 \qquad p = 1, 2, \cdots, P \qquad (9.6)$$

式中，W_0 用 W 代替。

由式（9.3）可导出从支持向量到最优超平面的代数距离为

$$r = \frac{g(X^s)}{\|W_0\|} = \begin{cases} \dfrac{1}{\|W_0\|} & d^s = +1, X^s \text{ 在最优超平面的正面} \\ -\dfrac{1}{\|W_0\|} & d^s = -1, X^s \text{ 在最优超平面的负面} \end{cases} \qquad (9.7)$$

因此，两类之间的间隔可用分离边缘表示为

$$\rho = 2y = \frac{2}{\|W_0\|} \qquad (9.8)$$

上式表明，分离边缘最大化等价于使权值向量的范数 $\|W\|$ 最小化。因此，满足式（9.6）的条件且使 $\|W\|$ 最小的分类超平面就是最优超平面。

9.1.2 最优超平面的构建

根据上面的讨论，建立最优线性分类超平面问题可以表示成如下的约束优化问题，即对于给定的训练样本 $\{(X^1, d^1), (X^2, d^2), \cdots, (X^p, d^p), \cdots (X^P, d^P)\}$，找到权值向量 W 和阈值 T 的最优值，使其在式（9.6）的约束下，最小化代价函数

$$\Phi(\boldsymbol{W}) = \frac{1}{2}\|\boldsymbol{W}\|^2 = \frac{1}{2}\boldsymbol{W}^{\mathrm{T}}\boldsymbol{W} \tag{9.9}$$

这个约束优化问题的代价函数是 $\boldsymbol{W}$ 的凸函数，且关于 $\boldsymbol{W}$ 的约束条件是线性的，因此可以用 Lagrange 系数方法解决约束最优问题。引入 Lagrange 函数如下

$$L(\boldsymbol{W},b,\alpha) = \frac{1}{2}\boldsymbol{W}^{\mathrm{T}}\boldsymbol{W} - \sum_{p=1}^{P}\alpha_p[d^p(\boldsymbol{W}^{\mathrm{T}}\boldsymbol{X}^p + b) - 1] \tag{9.10}$$

式中，$\alpha_p \geq 0(p=1,2,\cdots,P)$ 称为 Lagrange 系数。式(9.10) 中的第一项为代价函数 $\Phi(\boldsymbol{W})$，第二项非负，因此最小化 $\Phi(\boldsymbol{W})$ 就转化为求 Lagrange 函数的最小值。观察 Lagrange 函数可以看出，欲使该函数值最小化，应使第一项 $\Phi(\boldsymbol{W})\downarrow$，使第二项$\uparrow$。为使第一项最小化，将式(9.10) 对 $\boldsymbol{W}$ 和 b 求偏导，并使结果为零

$$\frac{\partial L(\boldsymbol{W},b,\alpha)}{\partial \boldsymbol{W}} = 0$$
$$\frac{\partial L(\boldsymbol{W},b,\alpha)}{\partial b} = 0 \tag{9.11}$$

利用式(9.10) 和式(9.11)，经过整理可导出最优化条件1 和最优化条件2

$$\boldsymbol{W} = \sum_{p=1}^{P}\alpha_p d^p \boldsymbol{X}^p \tag{9.12}$$

$$\sum_{p=1}^{P}\alpha_p d^p = 0 \tag{9.13}$$

为使第二项最大化，将式(9.10) 展开如下

$$L(\boldsymbol{W},b,\alpha) = \frac{1}{2}\boldsymbol{W}^{\mathrm{T}}\boldsymbol{W} - \sum_{p=1}^{P}\alpha_p d^p \boldsymbol{W}^{\mathrm{T}}\boldsymbol{X}^p - b\sum_{p=1}^{P}\alpha_p d^p + \sum_{p=1}^{P}\alpha_p$$

根据式(9.13)，上式中的第三项为零。根据式(9.12)，可将上式表示为

$$L(\boldsymbol{W},b,\alpha) = \frac{1}{2}\boldsymbol{W}^{\mathrm{T}}\boldsymbol{W} - \boldsymbol{W}^{\mathrm{T}}\sum_{p=1}^{P}\alpha_p d^p \boldsymbol{X}^p + \sum_{p=1}^{P}\alpha_p$$
$$= \frac{1}{2}\boldsymbol{W}^{\mathrm{T}}\boldsymbol{W} - \boldsymbol{W}^{\mathrm{T}}\boldsymbol{W} + \sum_{p=1}^{P}\alpha_p$$
$$= -\frac{1}{2}\boldsymbol{W}^{\mathrm{T}}\boldsymbol{W} + \sum_{p=1}^{P}\alpha_p$$

根据式(9.12) 可得到

$$\boldsymbol{W}^{\mathrm{T}}\boldsymbol{W} = \boldsymbol{W}^{\mathrm{T}}\sum_{p=1}^{P}\alpha_p d^p \boldsymbol{X}^p = \sum_{p=1}^{P}\sum_{j=1}^{P}\alpha_p\alpha_j d^p d^j (\boldsymbol{X}^p)^{\mathrm{T}}\boldsymbol{X}^p$$

设关于 α 的目标函数为 $Q(\alpha) = L(\boldsymbol{W},b,\alpha)$，则有

$$Q(\alpha) = \sum_{p=1}^{P}\alpha_p - \frac{1}{2}\sum_{p=1}^{P}\sum_{j=1}^{P}\alpha_p\alpha_j d^p d^j (\boldsymbol{X}^p)^{\mathrm{T}}\boldsymbol{X}^p \tag{9.14}$$

至此，原来的最小化 $L(\boldsymbol{W},b,\alpha)$ 函数问题转化为一个最大化函数 $Q(\alpha)$ 的"对偶"问题，即：给定训练样本 $\{(\boldsymbol{X}^1,d^1),(\boldsymbol{X}^2,d^2),\cdots,(\boldsymbol{X}^p,d^p),\cdots(\boldsymbol{X}^P,d^P)\}$，求解使式(9.14) 为最大值的 Lagrange 系数 $\{\alpha_1,\alpha_2,\cdots,\alpha_p,\cdots,\alpha_P\}$，并满足约束条件 $\sum_{p=1}^{P}\alpha_p d^p = 0(\alpha_p\geq 0,p=1,2,\cdots,P)$。

以上为不等式约束的二次函数极值问题（quadratic programming，QP）。由 Kuhn-

Tucker 定理知，式(9.14) 的最优解必须满足以下最优化条件（KKT 条件）

$$\alpha_p[(\boldsymbol{W}^\mathrm{T}\boldsymbol{X}^p+b)d^p-1]=0, \quad p=1,2,\cdots,P \tag{9.15}$$

可以看出，在两种情况下式(9.15) 中的等号成立：一种情况是 α_p 为零；另一种情况是 α_p 不为零而 $(\boldsymbol{W}^\mathrm{T}\boldsymbol{X}^p+b)d^p=1$。显然，第二种情况仅对应于样本为支持向量的情况。

设 $Q(\alpha)$ 的最优解为 $\{\alpha_{01},\alpha_{02},\cdots,\alpha_{0p},\cdots,\alpha_{0P}\}$，可通过式(9.12) 计算最优权值向量，其中多数样本的 Lagrange 系数为零，因此

$$\boldsymbol{W}_0=\sum_{p=1}^{P}\alpha_{0p}d^p\boldsymbol{X}^p=\sum_{\substack{\text{所有支}\\\text{持向量}}}\alpha_{0p}d^s\boldsymbol{X}^s \tag{9.16}$$

即最优超平面的权向量是训练样本向量的线性组合，且只有支持向量影响最终的划分结果，这就意味着如果去掉其他训练样本再重新训练，得到的分类超平面是相同的。但如果一个支持向量未能包含在训练集内时，最优超平面会被改变。

利用计算出的最优权值向量和一个正的支持向量，可进一步计算出最优偏置

$$d_0=1-\boldsymbol{W}_0^\mathrm{T}\boldsymbol{X}^s \tag{9.17}$$

求解线性可分问题得到的最优分类判别函数为

$$f(\boldsymbol{X})=\mathrm{sgn}\left[\sum_{p=1}^{P}\alpha_{0p}d^p(\boldsymbol{X}^p)^\mathrm{T}\boldsymbol{X}+b_0\right] \tag{9.18}$$

在式(9.18) 中的 P 个输入向量中，只有若干个支持向量的 Lagrange 系数不为零，因此计算复杂度取决于支持向量的个数。

对于线性可分数据，该判别函数对训练样本的分类误差为零，而对非训练样本具有最佳泛化性能。

若将上述思想用于非线性可分模式的分类时，会有一些样本不能满足式(9.15) 的约束，而出现分类误差。因此需要适当放宽该式的约束，将其变为

$$d^p(\boldsymbol{W}^\mathrm{T}\boldsymbol{X}^p+b)\geqslant1-\xi_p, \quad p=1,2,\cdots,P \tag{9.19}$$

式中引入了松弛变量 $\xi_p\geqslant0(p=1,2,\cdots,P)$，它们用于度量一个数据点对线性可分理想条件的偏离程度。当 $0\leqslant\xi_p\leqslant1$ 时，数据点落入分离区域的内部，且在分类超平面的正确一侧；当 $\xi_p>1$ 时，数据点进入分类超平面的错误一侧；当 $\xi_p=0$ 时，相应的数据点即为精确满足式(9.6) 的支持向量 $\boldsymbol{X}^s$。

建立非线性可分数据的最优超平面可以采用与线性可分情况类似的方法，推导过程与上述方法相同，得到的结果为

$$\sum_{p=1}^{P}\alpha_p d^p=0$$
$$0\leqslant\alpha_p\leqslant C, \quad p=1,2,\cdots,P \tag{9.20}$$

可以看出，线性可分情况下的约束条件 $\alpha_p\geqslant0$ 在非线性可分情况下被替换为约束更强的 $0\leqslant\alpha_p\leqslant C$，因此线性可分情况下的约束条件 $\alpha_p\geqslant0$ 可以看作非线性可分情况下的一种特例。

此外，$\boldsymbol{W}$ 和 b 的最优解必须满足的最优化条件改变为

$$\alpha_p[(\boldsymbol{W}^\mathrm{T}\boldsymbol{X}^p+b)d^p-1+\xi_p]=0, \quad p=1,2,\cdots,P \tag{9.21}$$

最终推导得到的 $\boldsymbol{W}$ 和 b 的最优解计算式以及最优分类判别函数与式(9.16)～式(9.18) 完全相同。

9.2 支持向量机神经网络

在解决模式识别问题时，经常遇到非线性可分模式的情况。支持向量机的方法是，将输入向量映射到一个高维特征向量空间，如果选用的映射函数适当且特征空间的维数足够高，则大多数非线性可分模式在特征空间中可以转化为线性可分模式，因此可以在该特征空间构造最优超平面进行模式分类。

设 X 为 N 维输入空间的向量，令 $\boldsymbol{\Phi}(X) = [\phi_1(X), \phi_2(X), \cdots, \phi_M(X)]^{\mathrm{T}}$ 表示从输入空间到 M 维特征空间的非线性变换，称为输入向量 X 在特征空间诱导出的"像"。参照前述思路，可以在该特征空间定义构建一个分类超平面

$$\sum_{j=1}^{M} w_j \phi_j(X) + b = 0 \tag{9.22}$$

式中，$w_j(j=1,2,\cdots,M)$ 为将特征空间连接到输出空间的权值；b 为偏置或负阈值。令 $\phi_0(X)=1, w_0=b$，上式可简化为

$$\sum_{j=0}^{M} w_j \phi_j(X) = 0 \tag{9.23}$$

或写成

$$W^{\mathrm{T}} \boldsymbol{\Phi}(X) = 0 \tag{9.24}$$

将适合线性可分模式输入空间的式（9.12）用于特征空间中线性可分的"像"，只需用 $\boldsymbol{\Phi}(X)$ 替换 X，得到

$$W = \sum_{p=1}^{P} \alpha_p d^p \boldsymbol{\Phi}(X^p) \tag{9.25}$$

将上式代入式（9.24）可得特征空间的分类超平面为

$$\sum_{p=1}^{P} \alpha_p d^p \boldsymbol{\Phi}^{\mathrm{T}}(X^p) \boldsymbol{\Phi}(X) = 0 \tag{9.26}$$

式中，$\boldsymbol{\Phi}^{\mathrm{T}}(X^p) \boldsymbol{\Phi}(X)$ 表示第 p 个输入模式 X^p 在特征空间的像 $\boldsymbol{\Phi}(X^p)$ 与输入向量 X 在特征空间的像 $\boldsymbol{\Phi}(X)$ 的内积。因此在特征空间构造最优超平面时，仅使用特征空间中的内积。

支持向量机的思想是，对于非线性可分数据，在进行非线性变换后的高维特征空间实现线性分类，此时最优分类判别函数为

$$f(X) = \mathrm{sgn}\left[\sum_{p=1}^{P} \alpha_{0p} d^p \boldsymbol{\Phi}^{\mathrm{T}}(X^p) \boldsymbol{\Phi}(X) + b_0\right] \tag{9.27}$$

令支持向量的数量为 N_s，去除系数为零的项，上式可改写为

$$f(X) = \mathrm{sgn}\left[\sum_{s=1}^{N_s} \alpha_{0s} d^s \boldsymbol{\Phi}(X^s) \boldsymbol{\Phi}(X) + b_0\right] \tag{9.28}$$

从支持向量机分类判别函数的形式上看，它类似于一个 3 层前馈神经网络。其中隐层节点对应于输入样本与支持向量的像的内积，而输出节点对应于隐层输出的线性组合。图 9.2 给出支持向量机神经网络的示意图。

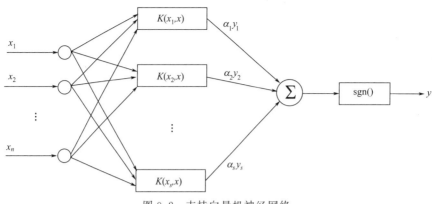

图 9.2 支持向量机神经网络

设计一个支持向量机时，需构建非线性映射 $\boldsymbol{\Phi}(\cdot)$。设输入数据为 2 维平面的向量 $\boldsymbol{X}=[x_1,x_2]^\mathrm{T}$，共有 3 个支持向量，因此应将 2 维输入向量非线性映射为 3 维空间的向量 $\boldsymbol{\Phi}(\boldsymbol{X})=[\phi_1(\boldsymbol{X}),\phi_2(\boldsymbol{X}),\phi_3(\boldsymbol{X})]^\mathrm{T}$。

9.3 支持向量机的学习算法

在能够选择变换 ϕ（取决于设计者在这方面的知识）的情况下，用支持向量机进行求解的学习算法如下。

① 通过非线性变换 ϕ 将输入向量映射到高维特征空间；

② 在约束条件 $\sum\limits_{p=1}^{P}\alpha_p d^p=0$，$0\leqslant\alpha_p\leqslant C$（或 $\alpha_p\geqslant0$），$p=1,2,\cdots,P$ 下求解使目标函数

$$Q(\alpha)=\sum_{p=1}^{P}\alpha_p-\frac{1}{2}\sum_{p=1}^{P}\sum_{j=1}^{P}\alpha_p\alpha_j d^p d^j \boldsymbol{\Phi}^\mathrm{T}(\boldsymbol{X}^p)\boldsymbol{\Phi}(\boldsymbol{X}^j) \tag{9.29}$$

最大化的 α_{0p}；

③ 计算最优权值

$$\boldsymbol{W}_0=\sum_{p=1}^{P}\alpha_{0p}d^p\boldsymbol{\Phi}(\boldsymbol{X}^p) \tag{9.30}$$

④ 对于待分类模式 $\boldsymbol{X}$，计算分类判别函数

$$f(\boldsymbol{X})=\mathrm{sgn}\Big[\sum_{p=1}^{P}\alpha_{0p}d^p\boldsymbol{\Phi}^\mathrm{T}(\boldsymbol{X}^p)\boldsymbol{\Phi}(\boldsymbol{X})+b_0\Big] \tag{9.31}$$

根据 $f(\boldsymbol{X})$ 为 1 或 -1，决定 $\boldsymbol{X}$ 的类别归属。

支持向量机常被用于径向基函数网络和多层感知器的设计中。在径向基函数类型的支持向量机中，径向基函数的数量和它们的中心分别由支持向量的个数和支持向量的值决定，而传统的 RBF 网络对这些参数的确定则依赖于经验知识。在单隐层感知器类型的支持向量机中，隐节点的个数和它们的权值向量分别由支持向量的个数和支持向量的值决定。

与径向基函数和多层感知器相比，支持向量机的算法不依赖于设计者的经验知识，且最终求得的是全局最优值而不是局部极值，因而具有良好的泛化能力而不会出现过学习现象。但支持向量机由于算法复杂导致训练速度较慢，目前提出的一些改进训练算法基于循环迭代的思想。

9.4 基于 Python 的 SVM 学习算法

在支持向量机的 Python 程序中，大多开源代码都采用类的形式：首先定义一个类，在类中设计_init_()初始化函数、训练函数 fit () 用于拟合训练数据对，设计预测函数 predict()。这里仅就 sklearn 的 SVC 设计进行简要说明，对源代码感兴趣的读者可以参考 github 网站的相关开源信息。

Scikit-learn（sklearn）是机器学习中常用的第三方模块，对常用的机器学习方法进行了封装，包括回归（regression）、降维（dimensionality reduction）、分类（classfication）、聚类（clustering）等方法。在 sklearn 中有用于聚类的支持向量机 SVC 和用于回归的 SVR。支持向量机 SVC 被设计成一个类，继承了父类 BaseSVC，主要参数如下：

class sklearn. svm. SVC(C=1.0,kernel='rbf',degree=3,gamma='auto_deprecated',coef0=0.0,shrinking=True,probability=False,tol=0.001,cache_size=200,class_weight=None,verbose=False,max_iter=-1,decision_function_shape='ovr',random_state=None)。

其中_init_()的主要参数：

- C：错误项的惩罚系数。C 越大，即对分错样本的惩罚程度越大，默认值为 1.0。
- kernel：算法中采用的核函数类型，可选参数有 'linear' 线性核函数、'poly' 多项式核函数、'rbf' 径向核函数/高斯核、'sigmoid' sigmoid 核函数、'precomputed' 核矩阵，默认为 'rbf'。
- degree：是指多项式核函数的阶数，默认为 3。
- gamma：核函数系数，只对 'rbf' 'poly' 'sigmoid' 有效，默认为 auto，代表其值为样本特征数的倒数。
- coef0：核函数中的独立项，只对 'poly' 和 'sigmoid' 核函数有意义，是指其中的参数 c，默认为 0.0。
- probability：是否启用概率估计，默认为 False。
- shrinking：是否采用启发式收缩方式，默认为 True。
- tol：svm 停止训练的误差精度，默认为 1e^-3（0.001）。
- cache_size：指定训练所需要的内存，默认为 200MB。
- class_weight：给每个类别分别设置不同的惩罚参数 C，默认为 None，若为 'balance'，则权重与类频率成反比。
- verbose：是否启用详细输出，默认为 False。
- max_iter：最大迭代次数，如果为 -1，表示不限制，默认为 -1。
- random_state：伪随机数发生器的种子，在混洗数据时用于概率估计，默认为 None。

其他一些主要函数方法包括：

fit()方法：用于训练 svm，只需要给出数据集 X 和 X 对应的标签 y 即可。

predict()方法：训练结束后对预测样本 T 进行类别预测。

其他可以查看的结果属性包括：

svc. n_support_：各类支持向量的个数。

svc. support_：各类支持向量的索引。

svc. support_vectors_：各类所有的支持向量。

下面给出一个 SVC 的应用示例，用来解决一个非线性分类问题。

```python
from sklearn import svm
import matplotlib.pyplot as plt

#导入训练数据
X = [[0, 0], [1, 1],[0,1], [1,0]]
y = [0,0,1,1]

#设置参数
clf = svm.SVC(kernel='poly',degree=2,gamma=1,coef0=0)
clf.fit(X, y)
out=clf.predict(X)
print("out:\n",out)
#进行预测
clf.predict([[2., 2.]])

#获取支持向量的各种属性值
# 获得支持向量
clf.support_vectors_
# 获得支持向量的编号
clf.support_
# 获得每一类的支持向量
clf.n_support_
print("support_vectors_=\n",clf.support_vectors_)
print("support=\n",clf.support_)
print("n_support_=\n",clf.n_support_)
```

运行结果如下：

```
out:
 [1 0 1 1]
support_vectors_=
 [[0. 0.]
 [1. 1.]
 [0. 1.]
 [1. 0.]]
support=
 [0 1 2 3]
n_support_=
 [2 2]
```

可以看出，采用 poly 多项式核函数时，输出 out 和目标值 y 不一致，无法解决这个非线性问题，当核函数改为 rbf 时，即

```python
clf = svm.SVC(kernel='rbf',degree=2,gamma=1,coef0=0),
```

运行结果为：

```
out:
 [0 0 1 1]
support_vectors_=
 [[0. 0.]
 [1. 1.]
 [0. 1.]
 [1. 0.]]
support=
 [0 1 2 3]
n_support_=
 [2 2]
```

输出 out 与目标值 y 完全一致。

在 sklearn 的官方网站中给出了更详细的使用说明及很多应用实例,感兴趣的读者可下载学习使用。

9.5　支持向量机处理 XOR 问题

为了说明支持向量机的设计过程,讨论如何用 SVM 处理 XOR 问题。4 个输入样本和对应的期望输出如图 9.3(a) 所示。

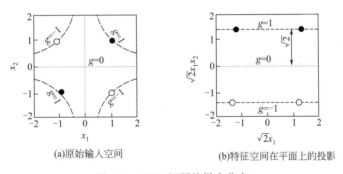

(a)原始输入空间　　　　　　　　(b)特征空间在平面上的投影

图 9.3　XOR 问题的样本分布

选择映射函数 $\boldsymbol{\Phi}(\boldsymbol{X}) = [\phi_1(\boldsymbol{X}), \phi_2(\boldsymbol{X}), \cdots, \phi_M(\boldsymbol{X})]^{\mathrm{T}}$,将输入样本映射到更高维的空间,使其在该空间是线性可分的。有许多这样的映射函数,例如,$\boldsymbol{\Phi}(\boldsymbol{X}) = [1, \sqrt{2}x_1, \sqrt{2}x_2, \sqrt{2}x_1x_2, x_1^2, x_2^2]^{\mathrm{T}}$ 可将 2 维训练样本映射到一个 6 维特征空间。这个 6 维空间在平面上的投影如图 9.3(b) 所示。可以看出分离边缘为 $\rho = \sqrt{2}$,通过支持向量的超平面在正负两侧平行于最优超平面,其方程为 $\sqrt{2}x_1x_2 = \pm 1$,对应于原始空间的双曲线 $x_1x_2 = \pm 1$。

寻求使

$$Q(\alpha) = \sum_{p=1}^{P} \alpha_p - \frac{1}{2} \sum_{p=1}^{P} \sum_{j=1}^{P} \alpha_p \alpha_j d^p d^j \boldsymbol{\Phi}^{\mathrm{T}}(\boldsymbol{X}^p) \boldsymbol{\Phi}(\boldsymbol{X}^j)$$

$$= \alpha_1 + \alpha_2 + \alpha_3 + \alpha_4 - \frac{1}{2}(9\alpha_1^2 - 2\alpha_1\alpha_2 - 2\alpha_1\alpha_3 + 2\alpha_1\alpha_4$$

$$+ 9\alpha_2^2 + 2\alpha_2\alpha_3 - 2\alpha_2\alpha_4 + 9\alpha_3^2 - 2\alpha_3\alpha_4 + 9\alpha_4^2)$$

最大化的拉格朗日系数,约束条件为

$$\alpha_1 - \alpha_2 + \alpha_3 - \alpha_4 = 0$$

$$\alpha_p \geqslant 0 \quad p = 1, 2, 3, 4$$

从该问题的对称性，可取 $\alpha_1 = \alpha_3$、$\alpha_2 = \alpha_4$。$Q(\alpha)$ 对 $\alpha_p(p=1,2,3,4)$ 求导并令导数为零，得到下列联立方程组

$$9\alpha_1 - \alpha_2 - \alpha_3 + \alpha_4 = 1$$
$$-\alpha_1 - 9\alpha_2 + \alpha_3 - \alpha_4 = 1$$
$$-\alpha_1 + \alpha_2 + 9\alpha_3 - \alpha_4 = 1$$
$$\alpha_1 - \alpha_2 - \alpha_3 + 9\alpha_4 = 1$$

解得拉格朗日系数的最优值为 $\alpha_{0p} = 1/8, p = 1,2,3,4$，可见 4 个样本都是支持向量，$Q(\alpha)$ 的最优值为 $1/4$。根据式（9.30）可写出

$$\boldsymbol{W}_0 = \sum_{p=1}^{4} \alpha_{0p} d^p \boldsymbol{\Phi}(\boldsymbol{X}^p) = \frac{1}{8}\left[-\phi(X^1) + \phi(X^2) + \phi(X^3) - \phi(X^4)\right]$$

在 6 维特征空间中找到的最优超平面为

$$\boldsymbol{W}_0 = \frac{1}{8}\left[-\begin{bmatrix} 1 \\ 1 \\ \sqrt{2} \\ 1 \\ -\sqrt{2} \\ -\sqrt{2} \end{bmatrix} + \begin{bmatrix} 1 \\ 1 \\ -\sqrt{2} \\ 1 \\ -\sqrt{2} \\ \sqrt{2} \end{bmatrix} + \begin{bmatrix} 1 \\ 1 \\ -\sqrt{2} \\ 1 \\ \sqrt{2} \\ -\sqrt{2} \end{bmatrix} - \begin{bmatrix} 1 \\ 1 \\ \sqrt{2} \\ 1 \\ \sqrt{2} \\ \sqrt{2} \end{bmatrix}\right] = \begin{bmatrix} 0 \\ 0 \\ -1/\sqrt{2} \\ 0 \\ 0 \\ 0 \end{bmatrix}$$

$$\boldsymbol{W}_0^{\mathrm{T}} \boldsymbol{\Phi}(\boldsymbol{X}) = \begin{bmatrix} 0 & 0 & \dfrac{-1}{\sqrt{2}} & 0 & 0 & 0 \end{bmatrix} \begin{bmatrix} 1 \\ x_1^2 \\ \sqrt{2}\,x_1 x_2 \\ x_2^2 \\ \sqrt{2}\,x_1 \\ \sqrt{2}\,x_2 \end{bmatrix} = -x_1 x_2 = 0$$

图 9.3 中将最优超平面 $x_1 x_2 = 0$ 投影到 2 维空间后成为与 $\sqrt{2}\,x_1$ 轴平行的直线。

支持向量机是一种通用的前馈神经网络，可用于解决模式分类与非线性映射问题。根据结构风险最小化准则，支持向量机应在使训练样本分类误差极小化的前提下，尽量提高分类器的泛化推广能力。从实施的角度，训练支持向量机的核心思想等价于求解一个线性约束的二次规划问题，从而构造一个最优决策超平面，使得该平面两侧距平面最近的两类样本之间的距离最大化，从而对分类问题提供良好的泛化能力。

上面讨论的支持向量机只能解决 2 分类问题，目前没有一个统一的方法将其推广到多分类的情况，但已有不少设计者针对具体问题提出了值得借鉴的方法，读者可参考相关论文。

9.6　本章小结

本章讨论了基于最优超平面构建的支持向量机网络，要点如下：

① 支持向量机是一种通用的前馈神经网络，可用于解决模式分类与非线性映射问题。

② 训练支持向量机的核心思想是构造一个最优决策超平面，使得该平面两侧距平面最近的两类样本之间的距离最大化，从而对分类问题提供良好的泛化能力。

③ 对于非线性可分模式的分类问题，支持向量机将输入模式非线性地映射到高维特征空间，在该空间样本模式较高概率线性可分。此时，应用支持向量机算法在特征空间建立分类超平面，即可解决非线性可分的模式识别问题。

第10章 深度神经网络

前面所述的经典神经网络大多只包括一个或两个非线性特征转换层，这是一种浅层模型。对于复杂的识别问题，例如图像、语音等问题，需要对输入进行大量特征抽取才能达到较好的效果。近年来提出的深度学习（deep learning）在解决抽象认知难题方面取得了突破性的进展，它所采用的模型为深度神经网络（deep neural networks，DNN）模型。深度神经网络是包含多个隐藏层（hidden layer，也称隐含层）的神经网络，每一层都可以采用监督学习或非监督学习进行非线性变换，实现对上一层的特征抽象。这样，通过逐层的特征组合方式，深度神经网络将原始输入转化为浅层特征、中层特征、高层特征，直至最终的任务目标。

增加神经网络的层数可以提高网络对特征的表达能力，然而在神经网络提出之后的很长一段时间内其训练算法得不到很好解决。很多类型的神经网络权值的调整由于采用误差反传的方式，误差随着层次的增加会逐渐弥散直至消失，或者出现梯度爆炸，这让深层网络无法有效地调节权值。直到 2006 年，机器学习泰斗、多伦多大学计算机系教授 Geoffery Hinton 在 *Science* 发表文章，提出了深度信念网络（deep belief networks，DBN），并可使用非监督的逐层贪心训练算法进行训练，为训练深度神经网络带来了希望。

目前，深度学习在图像、语音和自然语言处理等多个领域都获得了突破性的进展，能够达到接近人类水平的图像分类、语音识别和手写文字转录，在棋类游戏中可以战胜人类选手（AlphaGo 等），在机器翻译、文本到语音、图像到文字方面都获得了很好的效果，目前很多数字助理，比如谷歌即时（Google Now）和亚马逊 Alexa 都采用了深度学习，在一些创造性的活动如作曲、生成图像等方面也具有足以乱真的水平。可以说到目前为止，深度学习是最接近人类大脑的智能学习方法。

10.1 深层网络模型的提出

深度神经网络是包含多个隐层的神经网络，这种深度是相对浅层模型而言的。为什么要构造包含这么多隐层的深层网络结构呢？其原因如下：一是人类神经系统和大脑的工作其实是不断将低级抽象传导为高级抽象的过程，高层特征是低层特征的组合，越到高层特征就越抽象；二是所处理的复杂问题中，特征就具备层次化结构，不仅如此，高层次特征可表示为低层次特征的组合。

人工神经网络本身就是对人类神经系统的模拟，这种模拟具有仿生学的依据。其中一个具有代表性的就是人脑视觉机理。

1981 年的诺贝尔医学奖获得者 David Hubel 和 Torsten Wiesel 发现了视觉系统的信息处理机制，发现可视皮层是分层的。人类的视觉系统包含了不同的视觉神经元，其中有一种被称为"方向选择性细胞"的神经元细胞，当瞳孔发现了眼前物体的边缘，而且这个边缘指向某个方向时，这种神经元细胞就会活跃（被激活）。

人类的视觉系统包含了不同的视觉神经元，这些神经元与瞳孔所受的刺激（系统输入）之间存在着某种对应关系（神经元之间的连接参数），即受到某种刺激后（对于给定的输入），某些神经元就会活跃（被激活）。从低层抽象出边缘、角之后，再进行组合，形成高层特征抽象。人类神经系统和大脑的工作其实是不断将低级抽象传导为高级抽象的过程，高层特征是低层特征的组合，越到高层特征就越抽象。受此启发可以建立基于人工智能的视觉分级信息处理系统，如图 10.1 所示。

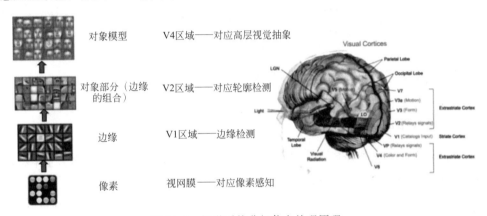

图 10.1　视觉系统分级信息处理原理

对于人工神经网络所要完成的许多训练任务，如语音识别、图像识别和语义理解，本身就具有天然的层次结构，如表 10.1 所示。因此采用结构与之对应的深度网络来完成是比较适合的。

表 10.1　几种任务领域的特征层次结构

任务领域	原始输入 → 浅层特征 → 中层特征 → 高层特征 → 训练目标					
语音	样本	频段	声音	音调	音素	单词　语音识别
图像	像素	线条	纹理	图案	局部	物体　图像识别
文本	字母	单词	词组	短语	句子	段落　文章　语义理解

以图像识别为例，图像的原始输入是像素，相邻像素组成线条，多个线条组成纹理，进一步形成图案，图案构成了物体的局部，直至整个物体的样子。不难发现，可以找到原始输入和浅层特征之间的联系，再通过中层特征，一步一步获得和高层特征的联系。想要从原始输入直接跨越到高层特征，无疑是困难的。

深度网络有能力完成复杂的建模问题，是否它将成为通用的、具有绝对优势的建模工具呢？"没有免费午餐定理"指出，没有一个模型适用于所有问题。成功解决一个问题的模型可能不适用于另一个问题。在机器学习中，尝试多种模型并找到最适合某个特定问题的模型是很常见的。所以在应用建模中，需要评估问题空间和数据。每种机器学习方法都有一定的偏差和方差，所建立的模型越接近真实的底层模型，越容易取得较好的效果。例如数据明显是线性的，采用非线性模型（例如，多层感知器）来拟合数据就不恰当，可以采用更简单的方法比如逻辑回归来解决问题。

因此，使用传统的机器学习方法是在如下情境：

① 有高质量、低维的数据；

② 无需在图像数据中找到复杂的模式。

而采用深度网络的基本规则是：

① 简单的模型（逻辑回归）不能达到所需的准确度；

② 在图像、NLP 或音频中有复杂的模式匹配需要处理；

③ 高维数据；

④ 向量（序列）中有时间维度。

当数据不完整和/或质量较差时，这两种方法的结果可能都很差。

同样的道理，不同的复杂问题也需要不同类型的深度网络，下面对深度网络的主要类型和其应用特点进行简介，并介绍深度网络训练算法中一些特殊的方法和技巧。

10.2 深度网络的网络类型和学习算法

10.2.1 深度网络的典型类型

深度神经网络包含多个隐层，前述章节中介绍的神经网络大多都可以作为基本组件构成隐层。下面介绍一些典型的深度网络类型。

（1）深度信念网（deep belief networks，DBN） 深度信念网络是由 Hinton 在 2006 年提出的一种概率生成网络，是由若干需要经历预训练阶段的受限玻尔兹曼机（RBM）和一个用于微调阶段的前馈网络组成的，通过训练其神经元间的权值，可以让整个神经网络按照最大概率来生成训练数据。在预训练阶段，RBM 的每个隐层以无监督的训练方式，从数据的分布中逐渐学习高阶特征，之后以非线性的方式组合，从而完成自动特征抽取。我们不仅可以使用 DBN 识别特征、分类数据，还可以用它来生成数据。

（2）堆栈式自动编码器（stacked auto-encoders，SAE） 单个自动编码器（auto-encoders）通过无监督学习算法，可以自动提取样本中的特征，但仅用一次没有明显优势。于是 Bengio 等人在 2007 年的 Greedy Layer-Wise Training of Deep Networks 中，仿照 DBN，提出堆栈式自动编码器，为非监督学习在深度网络的应用增加新的成员。栈式自动编码器是一个由多层稀疏自编码器组成的神经网络，前一层自编码器的输出（对应单个自编码器的隐层输出）作为后一层自编码器的输入。训练过程也是先进行预训练，之后再通过反向传播算法同时调整所有层的参数以改善结果。

（3）生成对抗网络（generative adversarial networks，GAN） 2014 年 10 月，Ian J. Goodfellow 等人提出一种通过对抗过程估计生成模型的新框架，称为生成对抗网络。GAN 的原理是同时训练两个模型：捕获数据分布的生成模型 G（Generator）和估计样本来自训练数据概率的判别模型 D（Discriminator），由 G 和 D 在一个最大值集下限下进行对抗、博弈、学习从而产生较好的输出结果。生成对抗网络作为一种无监督的深度学习模型，是近年来人工神经网络最具前景的方法之一，已经在图像和计算机视觉、自然语言处理、信息安全等领域取得了广泛的应用和良好的效果。

（4）卷积神经网络（convolutional neural networks，CNN） 对卷积神经网络的研究始于 20 世纪 80 年代，时间延迟网络和 LeNet-5 是最早出现的卷积神经网络。它是一类包含卷积计算且具有深度结构的前馈神经网络。卷积神经网络通过局部连接、卷积运算、池化操作，具有表征学习能力，能够按其阶层结构对输入信息进行平移不变分类。卷积神经网络采用监督学习，广泛应用于计算机视觉、自然语言处理等领域。

（5）循环神经网络（recurrent neural networks，RNN） 循环神经网络的研究始于 20 世纪 80 年代，目前发展为深度学习算法之一。递归神经网络是前向神经网络的超集，但它增加了递归连接的概念，这些连接（或循环边）跨越相邻的时间步（例如，前一个时间步），为模型提供了时间的概念。循环神经网络还可以引入门控机制（gated mechanism）学习长距离信息，实现长期记忆，又能够避免"饱和"状态所带来的梯度消失问题。例如长短期记忆网络（long-short term memory networks，LSTM）就是一种 RNN 的变体。循环神经网络被广泛应用在自然语言处理领域中，例如文本分类、语音识别、自动文摘等。还可以与卷积神经网络结合处理包含序列输入的计算机视觉问题。

（6）递归神经网络（recursive neural networks，RNN） 递归神经网络提出于 1990 年，它由一个共享权重矩阵和一个二叉树结构组成，该结构允许递归网络学习不同的单词序列或图像的一部分，有助于进行句子和场景解析，能够对训练数据集中的层次结构进行建模。它可以看作是循环神经网络的推广，侧重空间维度的展开，而循环神经网络侧重时间维度的展开。当递归神经网络的每个父节点都仅与一个子节点连接时，其结构等价于全连接的循环神经网络。由于递归神经网络具有按照输入数据顺序递归学习的特性，目前已经成为处理序列数据如自然语言的主流深度学习模型。

10.2.2 深度网络学习算法及改进

神经网络的训练大多还是采用基于误差反传的方式。在这一训练过程中，需要对激活函数进行求导，若导数部分大于 1，则随着层数增多，最终求出的梯度更新将以指数形式增加，发生梯度爆炸，若此部分小于 1，则梯度更新信息将以指数形式衰减，发生梯度消失。因此深度网络的学习算法需要解决梯度消失或者爆炸的问题。另外，神经网络做恒等映射是非常困难的，层数增加到一定程度后会出现网络退化的问题。

因此，深度学习算法围绕着这些问题不断改进。其中，一类方法采用无监督预训练，梯度仅仅起到参数微调的作用；另一类方法是通过在监督学习过程中对梯度进行限定、改变激活函数、改变学习目标等来消除或减弱这些影响；还有就是从新的途径进行学习，例如采用 HSIC-Bottleneck 方法（基于希尔伯特·施密特独立准则和信息瓶颈）。下面进行简要介绍。

10.2.2.1 预训练加微调

此方法来自 Hinton 教授，其核心是引入了逐层初始化的思想，如图 10.2 所示。

深度网络由若干层组成，从输入开始，经过若干隐层（图中的编码器）后，进行输出。这些编码器的作用是对输入特征逐层抽取，从低层到高层。为使抽取的特征确实是输入的抽象表示，且没有丢失太多信息，在编码后再引入一个解码器，重新生成输入，据此与原输入比较来调整编码器和解码器的权值。这个过程是一个认知（编码）-生成（解码）过程。

以此类推，第一次编码器的输出再送到下一层的编码器中，执行类似的操作，直至训练出最高层模型。整个编码过程相当于对输入特征逐层进行抽象或者说特征变换。

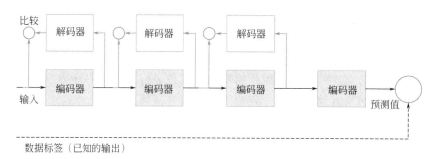

图 10.2　逐层初始化算法

逐层初始化完成后，就可以用有标签的数据，采用反向传播算法对模型进行自上而下的整体有监督训练了。这一步可看作对多层模型整体的精细调节。由于深层模型具有多个局部最优解，如果直接进行误差反传，很容易进入局部最优或无法调节权值的情况。逐层初始化方法通过对输入特征的有效表征和抽象，有效地将模型参数的初始位置放在一个比较接近全局最优的位置，这样就可以获得较好的效果。此方法有一定的好处，但目前不是主流方法。

10.2.2.2　梯度剪切、正则

梯度剪切和权重正则化方法主要是针对梯度爆炸提出的。梯度剪切是对梯度值设定一个阈值，一旦超过阈值就限定其范围；权值正则化是限定权值的范围，控制梯度爆炸的影响。但在实际中，梯度爆炸并不常发生。

10.2.2.3　采用 ReLU 等激活函数

若激活函数的导数为 1，就不存在梯度消失和爆炸，因此 ReLU（rectified linear unit/修正线性单元）应运而生，其表达式为

$$ReLU(x) = \begin{cases} x, & x \geqslant 0 \\ 0, & x < 0 \end{cases}$$

函数的输入输出以及导数如图 10.3 所示。

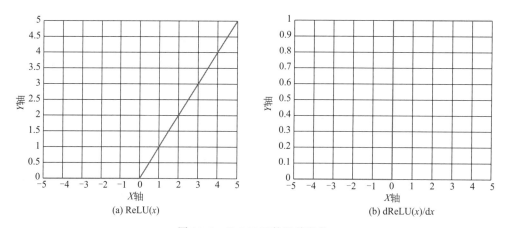

(a) ReLU(x)　　　　　　　　　　　(b) dReLU(x)/dx

图 10.3　ReLU 函数及其导数

可以看到，ReLU 函数的导数在正数部分恒等于 1，因此在深度网络中使用 ReLU 激活函数就不会导致梯度消失和爆炸的问题。但它也存在一些缺点：由于负数部分恒为 0，会导致一些神经元无法激活，且输出不以 0 为中心。因此也产生了一些改进方法，如 Leaky Re-LU、PReLU、RReLU 和 BReLU 等激活函数。

10.2.2.4 Batchnorm

Batchnorm 是目前深度学习算法中常用的方法，具有加速网络收敛速度、提升训练稳定性的效果。其基本思想是，通过一定的规范化手段，把每层神经网络输入值的分布拉回到均值为 0 方差为 1 的标准正态分布，使得激活值落在非线性函数对输入比较敏感的区域，这样输入的小变化就会引起损失函数较大的变化，即让梯度变大，避免梯度消失问题产生，而且梯度变大可以加快学习收敛速度。

10.2.2.5 残差学习

随着网络层数增加到一定程度之后，深度网络性能会出现退化，即再增加层数反而降低网络性能。而 ResNet 提出的残差结构，则一定程度上缓解了模型退化和梯度消失问题。残差是指预测值和观测值之间的差距。当直接拟合输入输出之间的映射比较困难时，可以将学习目标改变。假设神经网络非线性单元的输入和输出维度一致，可以将神经网络单元内要拟合的函数 $y = H(x)$ 拆分成两个部分 $F(x)$ 和输入 x，这样就将本来要映射的目标函数 $H(x)$ 转化为 $F(x) + x$，即 $F(x) = H(x) - x$，称为残差。残差单元可以以跳层连接的形式实现，如图 10.4 所示，即将单元的输入直接与单元输出加在一起，然后激活。

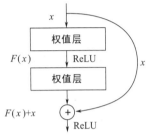

图 10.4 残差单元

残差单元突出了学习目标值 $H(x)$ 和 x 的差值，即去掉映射前后相同的主体部分，从而突出微小的变化，也能够将不同的特征层融合。而且 $y = F(x) + x$ 在反向传播求导时，x 项的导数恒为 1，这样也解决了梯度消失问题。

10.2.2.6 门控机制

门控机制用来控制神经网络中信息的传递和信息状态，使得神经网络可以学习跨度相对较长的依赖关系，而不会出现梯度消失和梯度爆炸的问题。

例如长短期记忆网络（LSTM）通过设计复杂的"门"结构（输入门、遗忘门和输出门）来控制信息传递的路径，以及在神经元中的存留状态，很多成功应用的 RNN 都有 LSTM 结构，目前也有基于 CNN 的 LSTM。

而门控循环单元网络（gated recurrent units，GRU），是引入了一个重置门（reset gate）和一个更新门（update gate），从而控制当前状态与历史状态和候选状态中接收的信息量。

10.2.2.7 HSIC-Bottleneck 方法

从信息瓶颈理论角度看，网络模型像一个瓶颈一般，最大化压缩输入 X，并保留关于理想输出标签 Y 的互信息。就像把信息从一个瓶颈中挤压出去一般，去除掉无关信息，而只保留与输出最相关的特征。HSIC-Bottleneck 方法采用了类似信息瓶颈的方法，只是在互信息计算方面采用 HSIC 作为替换。HSIC 是再生核 Hilbert 空间（RKHS）中分布之间互协方差算子的 Hilbert-Schmidt 范数。HSIC-Bottleneck 方法不需要反向传播，采用了基于非参数核的 Hilbert-Schmidt 独立准则（HSIC）来描述不同层的统计依赖性，对于每个网络层，希望同时最大化该层和所需输出之间的 HSIC，并最小化该层和输入之间的 HSIC，这就获得了对应的梯度，而无须反向传播进行分配。

10.3 卷积神经网络

卷积神经网络（CNN）最初是受视觉神经机制的启发，为识别二维形状（例如图像）而设计的一种多层感知器。在学习算法上，也采用有监督学习方式。在结构上与 BP 网络虽然都是层次型网络，但 CNN 的每一层是二维平面（二维卷积核主要是针对图像，现在也有针对视频的三维卷积核，以下内容以二维情况进行说明）。而更主要的区别，一是层与层之间的连接并非全连接，而是局部连接，称为稀疏连接，进行局部感知；二是同一层的某些神经元到下一层的权值被设置为相同，这称为权值共享，这样实际训练的权值数目会大幅降低。这种非全连接和权值共享的网络结构使之更类似于生物神经网络，降低了网络模型的复杂度，减少了权值的数量。

卷积神经网络的生物学基础是感受野（Receptive field），这是 1962 年 Hubel 和 Wiesel 通过对猫视觉皮层细胞的研究时发现的。一个神经元所反应（支配）的刺激区域称作神经元的感受野，不同的神经元，如末梢感觉神经元、中继核神经元以及大脑皮层感觉区的神经元都有各自的感受野，其性质、大小也不一致。在此基础上，1984 年日本学者 Fukushima 提出的神经认知机（neocognitron）模型，可以看作是卷积神经网络的第一个实现网络，也是感受野概念在人工神经网络领域的首次应用。神经认知机将一个视觉模式分解成许多子模式（特征），然后进入分层递阶式相连的特征平面进行处理，Fukushima 将其主要用于手写数字的识别。随后，国内外的研究人员提出多种卷积神经网络形式，在邮政编码识别、车牌识别和人脸识别等方面得到了广泛的应用。目前卷积神经网络的典型架构包括 LeNet-5、AlexNet、VGG-16、Inception-V1、Inception-V3、RESNET-50、Xception、Inception-V4、Inception-ResNets、ResNeXt-50 等。

10.3.1 CNN 的基本概念及原理

10.3.1.1 稀疏连接（sparse connectivity）

基于局部感受野思想，卷积网络两个相邻层采用局部连接的模式，即第 m 层的隐层单元只与第 $m-1$ 层的输入单元的局部区域有连接，每个神经元只感受 $m-1$ 层的局部特征，也称为局部感知野。

一般认为，人对外界的认知是从局部到全局，而图像本身的空间分布也是局部相邻的像素联系紧密，而距离较远的像素相关性则较弱。因此，每个神经元只需要对局部进行感知，没必要对全局图像进行感知，若想获得全局的信息可在更高层将局部的信息综合起来。

图 10.5 是全连接和局部连接的示意图：左图为全连接，右图为局部连接。

设待识别的图像为 1000×1000 的像素，每个像素点作为一个输入，设隐层神经元个数为 1000000。在左图的全连接中，若每个神经元都与每个像素点相连，则神经元对应的权值总数就是 $1000×1000×1000000=10^{12}$ 个。在右图的局部连接中，若每个神经元只和 10×10 个像素值相连，则权值的个数为 $10×10×1000000=10^{8}$，减少为原来的万分之一。

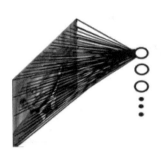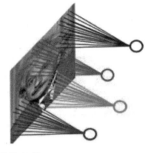

图 10.5　全连接和局部连接

10.3.1.2　卷积核与特征提取

在图像处理时，一个 2D 的卷积核是一个权值矩阵，卷积对图像的操作起到了某种滤波作用，例如提取出原始图像的某些特征（例如垂直边缘、水平边缘、颜色、纹理）或者对图像进行某种处理（平滑或锐化等），如图 10.6 所示不同的卷积核对图像操作后得到不同的结果，第一个为原始图像，第二个是高斯模糊化，第三个是锐化，第四个是边缘检测。

原始图像	高斯模糊化	锐化	边缘检测
$\begin{bmatrix} 0 & 0 & 0 \\ 0 & 1 & 0 \\ 0 & 0 & 0 \end{bmatrix}$	$\dfrac{1}{16}\begin{bmatrix} 1 & 2 & 1 \\ 2 & 4 & 2 \\ 1 & 2 & 1 \end{bmatrix}$	$\begin{bmatrix} 0 & -1 & 0 \\ -1 & 5 & -1 \\ 0 & -1 & 0 \end{bmatrix}$	$\begin{bmatrix} -1 & -1 & -1 \\ -1 & 8 & -1 \\ -1 & -1 & -1 \end{bmatrix}$

图 10.6　不同卷积核的效果

卷积操作从运算角度看就是将图像像素值和权值参数进行点积运算，如图 10.7 所示，原始像素经过卷积运算之后形成了新的像素值。

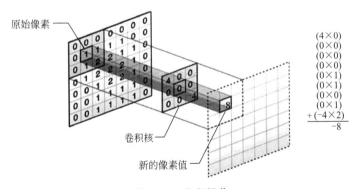

图 10.7　卷积操作

自然图像中，图像某一部分的统计特性极可能与其他部分是一样的，这也意味着这一部分学习的特征也能用在另一部分上，所以对于这个图像上的所有位置，可以使用同样的学习特征。举个例子，当从一个大尺寸图像中随机选取一小块，比如说 3×3 作为样本，并且从这个小块样本中学习到了一些特征，这时就可以把从这个 3×3 样本中学习到的特征作为探测器，应用到这个图像的其他地方。通过这个特征值与原本的大尺寸图像作卷积，可以在这个大尺寸图像上的任一位置获得一个不同特征的激活值。

若一个 5×5 大小图像的二值编码为：

1	1	1	0	0
0	1	1	1	0
0	0	1	1	1
0	0	1	1	0
0	1	1	0	0

卷积核为：

$$\begin{matrix} 1 & 0 & 1 \\ 0 & 1 & 0 \\ 1 & 0 & 1 \end{matrix}$$

则该图像通过卷积操作的过程和结果如图 10.8 所示。

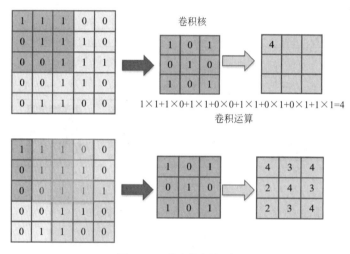

图 10.8　卷积特征提取

这个卷积是一种特征提取方式，就像一个筛子，将图像中符合条件（激活值越大越符合条件）的部分筛选出来。比如左上角的 4 就是每个元素相乘加权求和（$1\times1+1\times0+1\times1+0\times0+1\times1+1\times0+0\times1+0\times0+1\times1=4$），可以看出图像上的哪片区域越和卷积核接近，其值就越大，这样卷积操作就可以起到特征提取的作用。卷积核中的各项参数就是对应卷积神经网络中的权值参数，是需要被优化调整的。

卷积特征矩阵的大小为 $(n-m+1)\times(n-m+1)$，$n\times n$ 为图像大小，$m\times m$ 为卷积核大小。例如上面的图像为 5×5（$n=5$），卷积核为 3×3（$m=3$），则形成的卷积特征矩阵为 $(5-3+1)\times(5-3+1)=3\times3$ 的大小。

10.3.1.3　权值共享（shared weights）

在一次卷积操作中，每个神经元所对应的卷积核权值参数一样，这就是权值共享。从图像特征提取的角度比较容易理解，即神经元就是图像处理中的滤波器，每个滤波器都会有自己所关注的一个图像特征，比如垂直边缘、水平边缘、颜色、纹理等。

下面通过图像输入至神经网络来进行直观的演示，如图 10.9 所示。

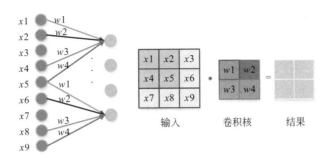

图 10.9　卷积操作的 MLP 表达

　　图像有不同的统计特征，这样就会采用多个卷积核，之后通过多层抽象，将特征进行抽取组合等，最终达到识别图像的目的。采用权值共享可以大幅降低所调权值参数的个数。例如在上面的局部连接中，隐层一共 1000000 个神经元，每个神经元都对应 $10 \times 10 = 100$ 个参数，若这 1000000 个神经元的 100 个参数都相等，则参数数目降为 100，即所有神经元共享这 100 个权值参数。

10.3.1.4　池化（pooling）

　　理论上讲，可以用所有提取得到的特征去训练分类器，例如 softmax 分类器，但这样计算量可能非常大。例如：对于一个 96×96 像素的图像，卷积核大小为 8×8，则卷积特征为 $(96 - 8 + 1) \times (96 - 8 + 1) = 7921$ 维，若有 400 个卷积核，则每个图像样例都会得到 $7921 \times 400 = 3168400$ 维的卷积特征向量。学习一个拥有超过 300 万特征输入的分类器十分不便，并且容易出现过拟合。

　　为解决这个问题，可以回到采用卷积核的初衷：图像具有一种"静态性"的属性，在一个图像区域有用的特征极有可能在另一个区域同样适用。基于此，考虑将图像不同位置的特征进行聚合统计，如计算平均值（或最大值），可以明显降低维度。这种聚合的操作就叫作池化（pooling）。经常使用的池化操作有四种：mean-pooling（平均池化）、max-pooling（最大池化）、stochastic-pooling（随机池化）和 global average pooling（全局平均池化）。池化层可以减小特征图大小，并保持图像平移不变性（translation invariant）。

　　具体操作上，在获取卷积特征后，确定池化区域的大小（假定为 $a \times b$），将卷积特征划分到数个大小为 $a \times b$ 的区域上（一般为互不相交的区域），然后用这些区域的平均（或最大）特征来获取池化后的卷积特征。这些池化后的特征便可以用来做分类。例如图 10.10 给出激活特征图经过最大池化或者平均池化的结果。

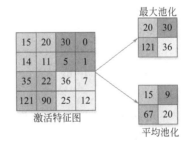

图 10.10　池化

10.3.2　CNN 的模型与参数设计

　　（1）模型结构　根据以上要素，一个典型的卷积神经网络结构是一个多层的神经网络，每层由多个二维平面组成，而每个平面由多个独立神经元组成。图 10.11 给出一个简化的示意图（一般有多个卷积层和池化层）。

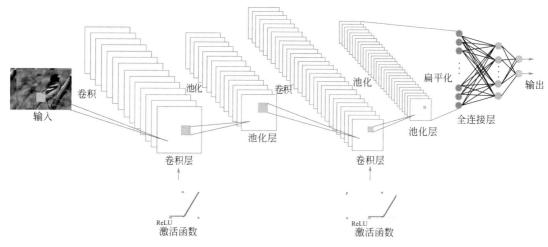

图 10.11　CNN 模型示意图

网络包含如下图层：输入层、卷积层、池化层（下采样层）和输出层。输入层只有一层，直接接收二维视觉；卷积层和池化层一般设置多层；输出层一般为一维线阵，用于分类，在最后的一个输出层之前可以再加几层的一维线阵。在卷积层之后通常还有一个激励层，用于引入激活函数，进行非线性映射。另外，在全连接层还可以设计 dropout 操作减掉部分节点以提高泛化能力。

（2）卷积层参数设计

① 卷积核设计：在卷积层，可以将多个卷积核看成一个滤波器，滤波器的大小和卷积核的尺寸一致，滤波器的深度是卷积核的个数，一般选择奇数，1 或 3 或 5，有些网络中也可能有 7 甚至 11 个。卷积核的深度与当前图像的深度（feather map 的张数）相同，一般是逐层递增。较小的卷积核参数个数少，计算复杂度低，多个小的卷积核叠加使用要比单独使用一个大的卷积核效果好。

② 卷积层的步长（stride，窗口一次滑动的长度）：一般为 1，有些也会使用 2 甚至 3。

③ 原始图像填充（padding）：操作卷积时，图像会缩小，边缘信息会有损失，因此需要进行填充，一般填充数字 0，填充大小与卷积核大小有关。

3×3 卷积核，padding 大小一般为 1，两边的画为 $2 \times 1 = 2$；

5×5 卷积核，padding 大小一般为 2，两边的画为 $2 \times 2 = 4$；

7×7 卷积核，padding 大小一般为 3，两边的画为 $2 \times 3 = 6$。

（3）激励层设计　激励层的作用是把卷积层输出结果做非线性映射。卷积层采用的激励函数可以先选择 ReLU 函数以及一些改进算法，例如 Leaky ReLU、PReLU、RReLU 和 BReLU 等激活函数。

（4）池化层设计　池化方法的选择与任务特点有关，例如 mean-pooling（平均池化）是对邻域内特征点求平均，因此可以较好地保留背景，但容易使图片变模糊；max-pooling（最大池化）是对邻域内特征点取最大，可以较好地保留纹理特征，目前比较常用，池化窗口边长一般为 2 或者 3，步长一般为 2 或 3；stochastic-pooling（随机池化）是按照元素概率值大小随机选择，即元素值大的被选中的概率也大，泛化能力更强；global average pooling（全局平均池化）一般是用来替换全连接层，将整幅特征图（其个数与类别个数一致）进行平均池化，然后输入 softmax 层中得到对应类别的得分，可以大幅减少网络参数，减少了过拟合现象，消除了全连接层的黑箱现象。

池化步长的选择：一般池化窗口的移动是不重叠的，步长和窗口宽度一致，但后来也提出了重叠池化，即窗口之间有一定重叠。实验结果表明重叠池化可以提高一定的预测精度，降低过拟合。

10.3.3　CNN 的学习

（1）卷积层的学习　CNN 的学习算法与 BP 网络类似，采用误差反传算法，分为两个阶段进行，一是向前传播阶段，计算出网络的输出；二是误差的反向传播，逐层递推至各层计算权值误差梯度。具体推导过程请参考 Jake Bouvrie 的文章 *Notes on Convolutional Neural Networks*。

第一阶段，向前传播阶段：

① 从样本集中取一个样本（x，Y_p），将 x 输入网络，按照上一节进行卷积计算和池化计算；

② 计算相应的实际输出 O_p。

第二阶段，向后传播阶段：

① 算实际输出 O_p 与相应的理想输出 Y_p 的差；

② 按极小化误差的方法反向传播调整权矩阵。

（2）池化层的学习　在池化层，如果采用最大值池化方法，该层可以不用训练。在正向传播中，$K \times K$ 的块被降低到一个值。这样，在误差反向传播中，该值对应的神经元成为误差传播的途径，这个误差就反传给它的来源处进行权值调节。如果采用平均池化，则反向传播的过程也就是把某个元素的梯度等分为 n 份分配给前一层，保证池化前后的梯度之差保持不变。

10.3.4　基于 Python 的 CNN 实现

下面基于 Keras 和 Tensorflow 扩展模块，介绍如何采用 Python 建立一个卷积神经网络，并将它用于识别分类。整个程序包括三个部分的内容：数据的下载、分析和处理；模型构建；模型的训练和评估。

第一部分：数据的下载、分析和处理

① 数据的下载：keras 附带了一个名为 DataSet 的库，可以从中下载数据并存储在变量 train_X、train_Y、test_X、test_Y 中，这里采用的是 keras 中的 fashion_mnist 数据库，是来自 Zalando 的 70000 种时尚产品图像，训练集有 6 万张图像，测试集有 1 万张图像，一共 10 个类别，每个类别 7000 幅图像，每张图像都是 28×28 灰度图像。

```
from keras.datasets import fashion_mnist
(train_X,train_Y), (test_X,test_Y) = fashion_mnist.load_data()
```

② 数据大小和维度查看：

```
import numpy as np
from keras.utils import to_categorical
import matplotlib.pyplot as plt
print('Training data shape : ', train_X.shape, train_Y.shape)
print('Testing data shape : ', test_X.shape, test_Y.shape)
```

运行结果为：

```
('Training data shape : ', (60000, 28, 28), (60000,))
('Testing data shape : ', (10000, 28, 28), (10000,))
```

可以看到，一共有 60000 个训练样本，有 10000 个测试样本，每个样本是 28×28 维的图片。

③ 查看样本的类别标签：

```
# 找到标签中的不重复数字 classes，计算其长度即类别数 nClasses
classes = np.unique(train_Y)
nClasses = len(classes)
print('Total number of outputs : ', nClasses)
print('Output classes : ', classes)
```

运行结果表明，一共有 10 类，分别从 0～9 不等。

```
('Total number of outputs : ', 10)
('Output classes : ', array([0, 1, 2, 3, 4, 5, 6, 7, 8, 9], dtype=uint8))
```

④ 数据预处理：图像是灰度图像，其像素值从 0～255 不等。在将数据输入模型之前，需要将 28×28 图像转换为大小为 $28 \times 28 \times 1$ 的矩阵，并将其转换为 float32 类型，进行归一化处理后，输入网络。另外，还需要将类别标签转化为 "n 中选 1" 的方式进行编码。相关代码如下。

```
#改变输入样本的存储方式
train_X = train_X.reshape(-1, 28,28, 1)
test_X = test_X.reshape(-1, 28,28, 1)
#改变输入样本的数据格式
train_X = train_X.astype('float32')
test_X = test_X.astype('float32')
train_X = train_X / 255.
test_X = test_X / 255.
```

运行 train_X.shape, test_X.shape 后的结果为：

```
((60000, 28, 28, 1), (10000, 28, 28, 1))
```

```
#改变输出类别的编码方式
train_Y_one_hot = to_categorical(train_Y)
test_Y_one_hot = to_categorical(test_Y)
# 显示改变后的类别编码 print('Original label:', train_Y[0])
print('After conversion to one-hot:', train_Y_one_hot[0])
```

运行结果为：

```
('Original label:', 9)
('After conversion to one-hot:', array([ 0.,  0.,  0.,  0.,  0.,  0.,  0.,  0.,
0.,  1.]))
```

输出类别的维数是 1×10。

⑤ 数据的划分：将训练数据分为两部分，一部分用于训练，另一部分用于校验。可以采用在 80% 的训练数据上训练模型，并在 20% 的剩余训练数据上校验模型，校验集用来提前停止训练网络（当模型在校验集上的误差不再下降时停止训练），以减少过拟合。

```
#test_size 设为 0.2 表示 20%的数据用于校验
from sklearn.model_selection import train_test_split
train_X,valid_X,train_label,valid_label = train_test_split(train_X,
train_Y_one_hot, test_size=0.2, random_state=13)
```

运行 train_X.shape,valid_X.shape,train_label.shape,valid_label.shape 查看划分结果为：

```
((48000, 28, 28, 1), (12000, 28, 28, 1), (48000, 10), (12000, 10))
```

可以看到，48000 个样本用于训练，12000 个样本用于校验。

第二部分：模型构建

首先导入训练模型所需的所有必要模块，设置训练参数；其次逐层构建卷积神经网络，包括卷积层、激励层（非线性激活函数选择）、池化层和全连接层。

```
import keras
from keras.models import Sequential,Input,Model
from keras.layers import Dense, Dropout, Flatten
from keras.layers import Conv2D, MaxPooling2D
from keras.layers.normalization import BatchNormalization
from keras.layers.advanced_activations import LeakyReLU
```

然后设置批处理的规模 batch_size，训练次数 epochs，类别数 num_classes。

```
batch_size = 64
epochs = 20
num_classes = 10
```

在 keras 中，可以逐层添加所需的层。卷积层采用 Conv2D（）实现，设计三个卷积层，第一层是 32－3×3 滤波器，第二层是 64－3×3 滤波器，第三层是 128－3×3 过滤器。每一个卷积层后设计激励层，采用 Leaky ReLU 函数。此外，对应三个最大池化层，每个大小为 2×2，采用 MaxPooling2D（）实现。全连接层采用具有 10 个单元的 softmax 激活函数，则相关代码如下：

```
fashion_model = Sequential()
fashion_model.add(Conv2D(32,kernel_size=(3,3),activation='linear',
input_shape=(28,28,1),padding='same'))
fashion_model.add(LeakyReLU(alpha=0.1))
fashion_model.add(MaxPooling2D((2, 2),padding='same'))
fashion_model.add(Conv2D(64, (3, 3), activation='linear',padding='same'))
fashion_model.add(LeakyReLU(alpha=0.1))
fashion_model.add(MaxPooling2D(pool_size=(2, 2),padding='same'))
fashion_model.add(Conv2D(128, (3, 3), activation='linear',padding='same'))
fashion_model.add(LeakyReLU(alpha=0.1))
fashion_model.add(MaxPooling2D(pool_size=(2, 2),padding='same'))
fashion_model.add(Flatten())
fashion_model.add(Dense(128, activation='linear'))
fashion_model.add(LeakyReLU(alpha=0.1))
fashion_model.add(Dense(num_classes, activation='softmax'))
```

第三部分：模型的训练和评估

① 模型的编译。创建模型之后，可以使用最流行的优化算法之一 Adam 优化器来编译它，定义交叉熵作为损失函数，并可以定义准确性为衡量标准。

```
fashion_model.compile(loss=keras.losses.categorical_crossentropy,
optimizer=keras.optimizers.Adam(),metrics=['accuracy'])
```

可以通过以下函数来观测网络的各项参数：

```
fashion_model.summary()
```

② 训练网络：采用 fit()函数进行训练。

```
fashion_train = fashion_model.fit(train_X, train_label, batch_size=
batch_size,epochs=epochs,verbose=1,validation_data=(valid_X, valid_label))
```

③ 模型的评估：在测试集上进行模型评估。

```
test_eval = fashion_model.evaluate(test_X, test_Y_one_hot, verbose=0)
print('Test loss:', test_eval[0])
print('Test accuracy:', test_eval[1])
```

评估结果为：

```
('Test loss:', 0.46366268818555401)
('Test accuracy:', 0.91839999999999999)
```

网络在训练结束后，在训练集上和测试集上的精度都比较高，然而在校验集上的精度较低，网络模型存在一定的过拟合。为了解决这个问题，可以加入 Dropout 方法，在程序上可以做如下操作：如在池化层之后添加 fashion_model.add[Dropout(0.25)]语句。

10.3.5　CNN 应用

下面给出 LeNet-5 深层卷积网络用于文字识别的应用。它的工作过程如图 10.12 所示。

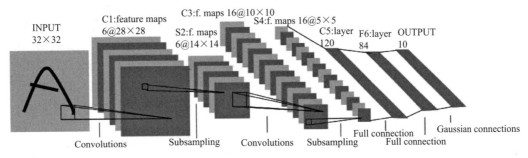

图 10.12　LeNet-5 工作过程

① 输入图像是 32×32 大小，局部滑窗设置为 5×5，此处不考虑对图像的边界进行拓展，则滑窗将有 28×28 个不同的位置，也就是 C1 层的大小是 28×28。这里设定有 6 个不同的 C1 层，每一个 C1 层内的权值是相同的。

② S2 层是一个下采样层，这里由 2×2 的点下采样为 1 个点，因此 S2 层的大小变为 14×14。在 LeNet-5 系统，下采样层比较复杂，采用加权平均，且这个系数也需要学习得到。

③ 与 C1 层类似，也采用 5×5 的局部滑窗，可以得到 C3 层的大小为 10×10。C3 层采用了 16 个网络。若 C1 和 S2 只有一个平面，则后面再进行抽取就只能在某一个特征抽取方式下进行深层抽取，因此 C1 和 S2 层采用多个平面，C3 层会组合其中的若干层。具体的组合规则，在 LeNet-5 系统中给出了如表 10.2 所示的表格。

表 10.2　组合规律

S2\C3	0	1	2	3	4	5	6	7	8	9	10	11	12	13	14	15
0	√				√	√	√			√	√	√	√		√	√
1	√	√				√	√	√			√	√	√	√		√
2	√	√	√				√	√	√			√		√	√	√
3		√	√	√			√	√	√	√			√		√	√
4			√	√	√			√	√	√	√		√	√		√
5				√	√	√			√	√	√	√		√	√	√

例如，对于 C3 层第 0 张特征图，其每一个节点与 S2 层的第 0 张、第 1 张和第 2 张特征图，总共 3 个 5×5 个节点相连接。后面以此类推，C3 层每一张特征映射图的权值是相同的。

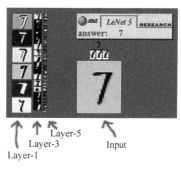

图 10.13 LeNet-5 用于文字识别

④ S4 层是在 C3 层基础上进行下采样，前面已述。在后面的层由于每一层节点个数比较少，都是全连接层，得到输出向量。

整个计算在卷积和抽样之间连续交替，我们得到一个"双尖塔"的效果，也就是在每个卷积或抽样层，随着空间分辨率下降，与相应的前一层相比特征映射的数量增加。相关演示如图 10.13 所示。

图 10.13 中所示的多层感知器包含近似 100000 个突触连接，但只有大约 2600 个自由参数。自由参数在数量上显著地减少是通过权值共享获得的，学习机器的能力（以 VC 维的形式度量）因而下降，这又提高它的泛化能力。而且它对自由参数的调整通过反向传播学习的随机形式来实现。另一个显著的特点是使用权值共享使得以并行形式实现卷积网络变得可能。这是卷积网络相对全连接的多层感知器而言的另一个优点。

10.4 生成对抗网络

2014 年 10 月，Ian J. Goodfellow 等人提出一种通过对抗过程估计生成模型的新框架，称为生成对抗网络（generative adversarial networks，GAN）。GAN 的原理是同时训练两个模型：捕获数据分布的生成模型 G（Generator）和估计样本来自训练数据概率的判别模型 D（Discriminator），由 G 和 D 在一个最大值集下限下进行对抗、博弈、学习，从而产生较好的输出结果。可证明在任意函数 G 和 D 的空间中，存在唯一的解决方案，使得 G 重现训练数据分布 $\{D[G(z)] = 0.5\}$。

生成对抗网络作为一种无监督的深度学习模型，是近年来人工神经网络最具前景的模型之一，已经在图像和计算机视觉、自然语言处理、信息安全等领域取得了广泛的应用和良好的效果。虽然原始 GAN 理论中，并不要求 G 和 D 都是神经网络，只要能拟合相应生成和判别的函数即可，但实用中一般均使用深度神经网络作为 G-N 和 D-N。GAN 的思想对神经网络的研究有重要的启发作用，基于这一思想产生了不同类型的 GAN 变体，如 CGAN、DCGAN、WGAN、CycleGAN、StakeGAN 等，2018 年 GAN 被 MIT 评为十大突破性技术。

10.4.1 生成模型与判别模型

通常，机器学习方法可以分为生成方法和判别方法，所对应的模型分别称为生成模型和判别模型。生成方法通过观测数据学习样本与标签的联合概率分布 $P(X, Y)$，使训练好的模型能够生成符合样本分布的新数据，它可以用于有监督学习和无监督学习；判别方法由数据直接学习决策函数 $f(X)$ 或者条件概率分布 $P(Y|X)$ 作为预测的模型，即判别模型。

相对判别模型，生成模型较为复杂，占有更为重要的地位，生成方法本身具有很大的研究价值。典型的生成模型方法有两种，一种是先对数据的显式变量或者隐含变量进行分布假设，然后利用真实数据对分布的参数或包含分布的模型进行拟合或训练，最后利用学习到的分布或模型生成新的样本。这类生成模型涉及的主要方法有最大似然估计法、近似法、马尔科夫链方法等。第二种是不直接估计或拟合分布，而是从未明确假设的分布中获取采样的数据，通过这些数据对模型进行修正。在 GAN 提出之前，一般需要马尔科夫链进行训练，效率较低。

10.4.2　生成对抗网络 GAN 的结构与核心思想

生成对抗网络 GAN 出现后，其独特的基于纳什均衡的对抗性思想使其越来越成为应用广泛的生成模型。GAN 的网络结构由两个网络组成，即生成器网络 G-N 和判别器网络 D-N，生成器用来建立满足一定分布的随机噪声和目标分布的映射关系，判别器用来区别实际数据分布和生成器产生的数据分布。如图 10.14 所示。

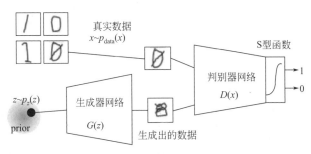

图 10.14　GAN 网络模型结构和工作原理示意图

生成器的目的是尽量去学习真实的数据分布，而判别器的目的是尽量正确判别输入数据是来自真实数据还是来自生成器。GAN 的目的是由判别器 D 辅助生成器 G 产生出与真实数据分布一致的伪数据。模型的输入为随机高斯白噪声信号 z；该噪声信号经由生成器 G 映射到某个新的数据空间，得到生成数据 $G(z)$；由判别器 D 根据真实数据 x 与生成数据 $G(z)$ 的输入来分别输出一个概率值，表示 D 判断输入是真实数据还是生成虚假数据的置信度，以此判断 G 产生数据的性能好坏；当最终 D 不能区分真实数据 x 和生成数据 $G(z)$ 时，认为生成器 G 达到了最优。

GAN 的核心思想来源于博弈论的纳什均衡。GAN 的工作过程为：生成器 G 接收随机变量 z，生成假样本数据 $G(z)$。生成器的目的是尽量使得生成的样本和真实样本一样。判别器 D 的输入由两部分组成，分别是真实数据 x 和生成器生成的数据 $G(z)$，其输出通常是一个概率值，表示 D 认定输入是真实分布的概率，若输入来自真实数据，则输出 1，否则输出 0。同时判别器的输出会反馈给 G，用于指导 G 的训练。

用 $D(x)$ 代表 x 来源于真实数据而非生成数据的概率，当输入数据采样自真实数据 x 时，D 的目标是使得输出概率值 $D(x)$ 趋近于 1，而当输入来自生成数据 $G(z)$ 时，D 的目标是正确判断数据来源，使得 $D[G(z)]$ 趋近于 0；G 的目标是使得 $D[G(z)]$ 趋近于 1。GAN 的优化问题是一个极小极大化问题，其目标函数描述如下

$$\min_{G} \max_{D} V(D,G) = E_{x \sim p_{\mathrm{data}}(x)} \left[\log D(x) \right] + E_{z \sim p_z(z)} \left(\log \{ 1 - D\left[G(z) \right] \} \right) \tag{10.1}$$

理想情况下 D 无法判别输入数据是来自真实数据 x 还是生成数据 $G(z)$，即 D 每次的输出概率值都为 1/2，此时模型达到最优（纳什均衡点）。

GAN 估计的是真实数据集分布 $p_{\mathrm{data}}(x)$ 和生成器的数据分布 $p_{\mathrm{g}}(x)$ 两个概率分布密度的比值，在 G 一定的情况下，输出 D 的公式为

$$D_G^*(x) = \frac{p_{\text{data}}(x)}{p_{\text{data}}(x) + p_g(x)} \tag{10.2}$$

训练的期望结果是 $D = 1/2$，即 $p_g(x) = p_{\text{data}}(x)$ 时达到最优解。

GAN 模型不要求预先设定数据分布，不需要公式化描述 $p(x)$，而是直接采用，理论上可以完全逼近真实数据。

10.4.3 GAN 的学习算法

GAN 需要训练模型 D 来最大化判别数据来源于真实数据或者伪数据分布 $G(z)$ 的准确率，同时要训练模型 G 来最小化 $\log\{1 - D[G(z)]\}$。训练阶段包括顺序完成的两个阶段，第一阶段训练判别器 D，冻结生成器 G；第二阶段训练生成器 G，冻结判别器 D，当且仅当 $p_g(x) = p_{\text{data}}(x)$ 时达到全局最优解。训练 GAN 时，同一轮参数更新中，一般对 D 的参数更新 k 次再对 G 的参数更新 1 次。

训练 GAN 的步骤为：

① 定义问题并收集数据。

② 定义 GAN 的架构，实现 GAN 生成器和鉴别器。

③ 用真实数据训练鉴别器 N 步，训练鉴别器正确预测真实数据为真。这里 N 可以设置为 1 到无穷大之间的任意自然数。

④ 用生成器产生假的输入数据，用来训练鉴别器，训练鉴别器正确预测假的数据为假。

⑤ 用鉴别器的出入训练生成器。当鉴别器被训练后，将其预测值作为标记来训练生成器。

⑥ 重复第③~⑤步多次。

⑦ 检查假数据是否合理。如果看起来合适就停止训练，否则回到第③步。当这个步骤结束时评估 GAN 是否表现良好，一般需要手动评估数据。

训练 GAN 的伪代码为：

```
for t←1 to T
    for k←1 to N
        从符合 pg(z)分布的噪声数据中采集一个小批次样本 {z⁽¹⁾…,z⁽ᵐ⁾}
        从符合 pdata(x)分布的生成数据中采集一个小批次样本 {x⁽¹⁾,…,x⁽ᵐ⁾}
        利用梯度下降公式调整判别器
```

$$\nabla_{\theta_d} \frac{1}{m} \sum_{i=1}^{m} \left[\log D(x^{(i)}) + \log(1 - D(G(z^{(i)}))) \right]$$

```
    end for
        从符合 pg(z)分布的噪声数据中采集一个小批次样本 {z⁽¹⁾,…,z⁽ᵐ⁾}
        利用梯度下降公式调整生成器
```

$$\nabla_{\theta_g} \frac{1}{m} \sum_{i=1}^{m} \log(1 - D(G(z^{(i)})))$$

```
    end for
```

注：θ_d 和 θ_g 是判别器和生成器的参数。

10.4.4　基于 Python 的 GAN 实现

　　下面基于 TensorFlow 和 Keras 构建 GAN 模型，与之前设计神经网络的方式类似，这里仍旧建立一个 GAN 的类，里面设计初始化函数、建立生成模型、设计判别模型的函数以及训练函数，另外还设计了一个辅助图像处理的类 ImageHelper。

　　首先设计 ImageHelper 类，它有两个函数，一个用于存储 png 图像，一个用于建立 gif 文件。

```python
import os
import numpy as np
import imageio
import matplotlib.pyplot as plt
#设计一个辅助处理图像的类，用来存储png图像，建立gif文件
class ImageHelper(object):
    def save_image(self, generated, epoch, directory):（略）
    def makegif(self, directory):（略）
```

　　在设计 GAN 类之前，需要导入相关模块，这里基于 Keras 来构建深度网络模型。

```python
#导入相关模块
from __future__ import print_function, division

import numpy as np
import pandas as pd
import matplotlib.pyplot as plt

# Keras模块
from tensorflow.keras.layers import Input, Dense, Reshape, Flatten,
BatchNormalization, LeakyReLU
from tensorflow.keras.models import Sequential, Model
from tensorflow.keras.optimizers import Adam
```

　　在 GAN 类中，需要设计初始化函数来定义各项参数，训练函数、生成模型函数、判别模型函数以及结合二者的完整 GAN 模型。代码和说明如下：

```python
#定义GAN类
class GAN():
    #定义初始化函数
    def __init__(self, image_shape, generator_input_dim, image_hepler):
        optimizer = Adam(0.0002, 0.5)

        self._image_helper = image_hepler
        self.img_shape = image_shape
        self.generator_input_dim = generator_input_dim
```

```
# 建立生成器和判别器
self._build_generator_model()
self._build_and_compile_discriminator_model(optimizer)
self._build_and_compile_gan(optimizer)
```

训练函数需要传入训练数据、批量大小等参数。

```
#定义训练函数
def train(self, epochs, train_data, batch_size):

    real = np.ones((batch_size, 1))
    fake = np.zeros((batch_size, 1))
    history = []
    for epoch in range(epochs):
        # 训练判别器
        batch_indexes = np.random.randint(0, train_data.shape[0],
batch_size)
        batch = train_data[batch_indexes]
        genenerated = self._predict_noise(batch_size)
        loss_real = self.discriminator_model.train_on_batch(batch,
real)
        loss_fake =
self.discriminator_model.train_on_batch(genenerated, fake)
        discriminator_loss = 0.5 * np.add(loss_real, loss_fake)

        # 训练生成器
        noise = np.random.normal(0, 1, (batch_size, self.generator_
input_dim))
        generator_loss = self.gan.train_on_batch(noise, real)

        # 过程信息输出（略）
        # 每隔一定步数存储图片（略）

    self._plot_loss(history)
    self._image_helper.makegif("generated/")
```

接下来设计生成器和判别器。首先设计 _ build _ generator _ model（self）函数来建立生成器模型，主要使用了 Dense 层，激活函数用了 LeakyReLU 和 tanh，加入了 BatchNor-malization 方法，编程采用了容器 Sequential 的方法来加入各层。其次设计 _ build _ and _ compile _ discriminator _ model（self，optimizer）函数建立判别器模型，主要使用了 Dense 层，激活函数用了 LeakyReLU 和 sigmoid，编程采用了容器 Sequential 的方法来加入各层。最后设计 _ build _ and _ compile _ gan（self，optimizer）函数来构建完整的 GAN 模型。

```python
    #建立生成器模型
    def _build_generator_model(self):
        generator_input = Input(shape=(self.generator_input_dim,))
        generator_seqence = Sequential(
                [Dense(256, input_dim=self.generator_input_dim),
                 LeakyReLU(alpha=0.2),
                 BatchNormalization(momentum=0.8),
                 Dense(512),
                 LeakyReLU(alpha=0.2),
                 BatchNormalization(momentum=0.8),
                 Dense(1024),
                 LeakyReLU(alpha=0.2),
                 BatchNormalization(momentum=0.8),
                 Dense(np.prod(self.img_shape), activation='tanh'),
                 Reshape(self.img_shape)])

        generator_output_tensor = generator_seqence(generator_input)
        self.generator_model = Model(generator_input, generator_output_
tensor)
    #建立和编译判别器模型
    def _build_and_compile_discriminator_model(self, optimizer):
        discriminator_input = Input(shape=self.img_shape)
        discriminator_sequence = Sequential(
                [Flatten(input_shape=self.img_shape),
                 Dense(512),
                 LeakyReLU(alpha=0.2),
                 Dense(256),
                 LeakyReLU(alpha=0.2),
                 Dense(1, activation='sigmoid')])

        discriminator_tensor =
discriminator_sequence(discriminator_input)
        self.discriminator_model = Model(discriminator_input, discriminator_
tensor)
        self.discriminator_model.compile(loss='binary_crossentropy',
            optimizer=optimizer,
            metrics=['accuracy'])
        self.discriminator_model.trainable = False
    #建立和编译GAN，分别获取输入、生成器的输出和判别器的输出，损失函数采用交叉熵
    def _build_and_compile_gan(self, optimizer):
        real_input = Input(shape=(self.generator_input_dim,))
        generator_output = self.generator_model(real_input)
        discriminator_output =
self.discriminator_model(generator_output)

        self.gan = Model(real_input, discriminator_output)
        self.gan.compile(loss='binary_crossentropy', optimizer=optimizer)
```

最后设计一些输出函数，例如存储图片、输出生成器产生的图片、输出损失值等，代码如下：

```python
#存储生成的图片
def _save_images(self, epoch):
    generated = self._predict_noise(25)
    generated = 0.5 * generated + 0.5
    self._image_helper.save_image(generated, epoch, "generated/")
#用生成器进行预测
def _predict_noise(self, size):
    noise = np.random.normal(0, 1, (size, self.generator_input_dim))
    return self.generator_model.predict(noise)


#输出loss
def _plot_loss(self, history):
    hist = pd.DataFrame(history)
    plt.figure(figsize=(20,5))
    for colnm in hist.columns:
        plt.plot(hist[colnm],label=colnm)
    plt.legend()
    plt.ylabel("loss")
    plt.xlabel("epochs")
    plt.show()
```

完成以上设计之后，就可以对上述类进行测试，其中数据仍采用 fashion MNIST 数据集。

```python
#测试和运行
import numpy as np
from keras.datasets import fashion_mnist

(X, _), (_, _) = fashion_mnist.load_data()
X_train = X / 127.5 - 1.
X_train = np.expand_dims(X_train, axis=3)

image_helper = ImageHelper()
generative_advarsial_network = GAN(X_train[0].shape, 100, image_helper)
generative_advarsial_network.train(30000, X_train, batch_size=32)
    plt.show()
```

程序运行之后，可以看到 GAN 模型从一开始输出的噪声图片到训练后输出可辨识的商品图片，如图 10.15 所示。

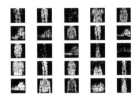

初始输出   3000次训练后的输出

图 10.15   GAN 运行结果

10.4.5   GAN 的改进与应用

针对 GAN 存在训练困难等问题，通过不断探索，提出了很多基于 GAN 的变体。例如，对 G 和 D 增加变量约束的 CGAN 适合生成指定目标图像；将 GAN 与 CNN 结合的 DC-GAN，适合大部分图像生成场景；采用拉普拉斯金字塔上采样的 LAPGAN，采用扩大模型规模，使用截断、正交正则化技术的 BigGAN，采用最小二乘损失函数的 LSGAN，这些都适合生成高品质的图像；采用残差结构和上采样的 SRGAN 可以将低分辨率的图像提升为高分辨率的图像；采用 Wasserstein 距离代替 JS 散度的 WGAN，估计和优化误差分布的 BE-GAN，这些适用于 GAN 不收敛、模式崩溃的情况；采用循环机制的 CycleGAN 适合风格转移场景，叠加两个 GAN 的 StackGAN 适合从文本到清晰图像的生成。

作为一个具有无限生成能力的模型，GAN 的直接应用就是建模，生成与真实数据分布一致的数据样本，例如可以生成图像、视频等。GAN 可以用于解决标注数据不足时的学习问题，例如无监督学习、半监督学习等。GAN 还可以用于语音和语言处理，例如生成对话、由文本生成图像等。GAN 的典型应用包括：

（1）生成数据   目前，数据缺乏仍是限制深度学习发展的重要因素之一，而 GAN 能够从大量的无标签数据中无监督地学习到一个具备生成各种形态（图像、语音、语言等）数据能力的函数（生成器）。以生成图像为例，GAN 能够生成百万级分辨率的高清图像，如 BigGAN、WGAN，WGAN-GP 等模型。但是 GAN 并不是单纯地对真实数据的复现，而是具备一定的数据内插和外插作用，因此可以达到数据增广的目的。

（2）图像超分辨率   超分辨率技术（super-resolution，SR）是指把低分辨率图像重建出相应的高分辨率图像，其在安防监控、卫星观测和医疗影像等领域都有较为重要的应用价值。SR 一般可分为从单张和多张低分辨率图像重建出高分辨率图像两类。SRGAN 有效解决了恢复后图像丢失高频细节的问题，并使人有良好的视觉感受，能对各种类型图片进行图像增强和去噪。

（3）图像翻译和风格转换   图像风格迁移是将一张图片的风格"迁移"到另一张图片上。深度学习最早是使用 CNN 框架来实现的，但这样的模型存在训练速度慢、对训练样本要求过高等问题。由于 GAN 的自主学习和生成随机样本的优势，以及降低了对训练样本的要求，使得 GAN 在图像风格迁移领域取得了丰硕的研究成果。

（4）自然语言处理   用对抗性训练（adversarial training）方法来进行开放式对话生成（open-domain dialogue generation）。把该任务作为强化学习（RL）问题，联合训练生成器和判别器。使用判别器 D 的结果作为 RL 的奖励部分，用来奖励生成器 G，推动生成器 G 产生的对话类似人类对话。

（5）视频预测和生成　GAN 对时间序列数据同样表现出强大的学习能力，视频预测是指根据视频的当前几帧，来预测接下来发生的一帧或多帧视频。Mathieu 等人最先提出将对抗训练的思想应用到视频预测中，其生成模型是根据前面若干帧来生成视频的最后一帧，而判别模型则是对该帧进行判断。这项研究将有助于解决自动驾驶的难题。另外，DeepMind 基于 BigGAN，生成高保真视频。

GAN 在其他领域也有着很好的表现，如与人体相关的人体姿态估计、行为轨迹追踪、人体合成；与人脸相关的人脸检测、人脸合成、人脸表情识别、预测年龄等。此外 GAN 还在图像分割、图像复原、图像补全中表现出色。

图 10.16 和图 10.17 给出几个 GAN（及变体）的应用效果。

图 10.16　基于 GAN 的图像转换

图 10.17　基于 GAN 的文字-图像转换

10.5　本章小结

本章介绍了深度神经网络的主要类型、学习算法，并重点介绍了卷积神经网络的基本原理、网络模型和参数设计以及生成对抗网络的主要思想和基本原理。

①　深度神经网络是一种深层模型，它包含多个隐藏层，每一层都可以采用监督学习或非监督学习进行非线性变换，实现对上一层的特征抽象。这样，通过逐层的特征组合方式，深度神经网络将原始输入转化为浅层特征、中层特征、高层特征直至最终的任务目标。它在解决抽象认知难题如图像、语音和自然语言处理等方面取得了突破性的进展。

②　卷积神经网络仿造生物的视觉机制构建，是含有卷积计算且具有深度结构的前馈神经网络，主要包括卷积层、池化层和全连接层，主要采用误差反传算法进行训练。卷积神经网络的核心思想就是局部感受野、权值共享和池化操作，不仅简化网络参数，并使得网络具有一定程度的位移、尺度、缩放、非线性形变稳定性。

③　生成对抗网络的基本思想源自博弈论的二人零和博弈，由一个生成器和一个判别器构成，通过对抗学习的方式来训练，是目前复杂分布上无监督学习最具前景的方法之一。GAN 的目标是估测数据样本的潜在分布并生成新的数据样本。在图像和视觉计算、语音和语言处理、信息安全、棋类比赛等领域，GAN 正在被广泛研究，具有巨大的应用前景。

附　录

附录 1　例题与详解

一、单层感知器

【例 1.1】　附图 1.1 给出 1 个单层感知器

（1）试按图中所给权值和阈值计算其输出，并填入真值表。

（2）指出该感知器实现的是何种逻辑。

x_1	x_2	y
0	0	
0	1	
1	0	
1	1	

附图 1.1

解：

（1）　$y = \text{sgn}(x_1 + x_2 - 0.75)$

$$= \begin{cases} 0, & x_1=0, \ x_2=0 \\ 0, & x_1=0, \ x_2=1 \\ 0, & x_1=1, \ x_2=0 \\ 1, & x_1=1, \ x_2=1 \end{cases}$$

x_1	x_2	y
0	0	0
0	1	0
1	0	0
1	1	1

（2）该感知器实现的是"与"逻辑。

【例 1.2】　能否用单神经元感知器实现对 0，1，2，3，…，9 奇偶性的识别？为什么？

解： 将每个样本用 2 除，余数为 1 的为奇数类，用 1 表示；余数为 0 的为偶数类，用 −1 或 0 表示，从而将对 0，1，2，3，…，9 的奇偶性识别问题转换为线性二分类问题，可以用单神经元感知器实现。

训练样本集为：

输入：0（0），0（2），0（4），0（6），0（8），输出：−1

输入：1（1），1（3），1（5），1（7），1（9），输出：1

【例 1.3】　已知以下样本分属于两类

1 类：$\boldsymbol{X}^1 = (5, 1)^\text{T}$、$\boldsymbol{X}^2 = (7, 3)^\text{T}$、$\boldsymbol{X}^3 = (3, 2)^\text{T}$、$\boldsymbol{X}^4 = (5, 4)^\text{T}$

2 类：$\boldsymbol{X}^5 = (0, 0)^{\mathrm{T}}$、$\boldsymbol{X}^6 = (-1, -3)^{\mathrm{T}}$、$\boldsymbol{X}^7 = (-2, 3)^{\mathrm{T}}$、$\boldsymbol{X}^8 = (-3, 0)^{\mathrm{T}}$

（1）判断两类样本是否线性可分；

（2）试确定一直线，并使该线与两类样本重心连线相垂直，并穿过重心连线的中点；

（3）设计一单节点感知器，用上述直线方程作为其分类判决方程，写出感知器的权值与阈值。

解：（1）将全部样本标注在输入平面上（见附图 1.2），可以看出，两类样本线性可分。

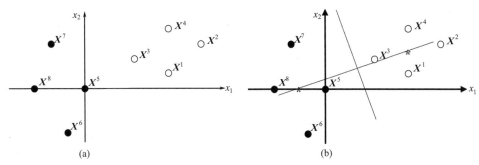

附图 1.2

（2）1 类样本重心：$(5, 2.5)$，2 类样本重心：$(-1.5, 0)$，重心连线中点：$(3.25, 1.25)$；

两类样本重心连线斜率为：$\dfrac{2.5}{5+1.5} = \dfrac{2.5}{6.5} = \dfrac{5}{13}$。

与重心连线方程相垂直的直线斜率为 $-\dfrac{13}{5}$，直线的点斜式方程

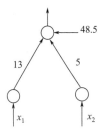

附图 1.3

为：$x_2 - 1.25 = -\dfrac{13}{5}(x_1 - 3.25)$，整理成分类判决方程形式：$5x_2 + 13x_1 - 48.5 = 0$。

（3）单节点感知器如附图 1.3 所示。

【例 1.4】 考虑下面定义的分类问题

$$\left\{\boldsymbol{X}_1 = \begin{bmatrix} -1 \\ 1 \end{bmatrix}, d_1 = 1\right\} \quad \left\{\boldsymbol{X}_2 = \begin{bmatrix} -1 \\ -1 \end{bmatrix}, d_2 = 1\right\} \quad \left\{\boldsymbol{X}_3 = \begin{bmatrix} 0 \\ 0 \end{bmatrix}, d_3 = -1\right\} \quad \left\{\boldsymbol{X}_4 = \begin{bmatrix} 1 \\ 0 \end{bmatrix}, d_4 = -1\right\}$$

（1）用单神经元感知器能够求解这个问题吗？为什么？

（2）设计单神经元感知器解决分类问题，用全部 4 个输入向量验证求解结果。

（3）用求解结果对下面 4 个输入向量分类。

$$\boldsymbol{X}_5 = \begin{bmatrix} -2 \\ 0 \end{bmatrix} \quad \boldsymbol{X}_6 = \begin{bmatrix} 1 \\ 1 \end{bmatrix} \quad \boldsymbol{X}_7 = \begin{bmatrix} 0 \\ 1 \end{bmatrix} \quad \boldsymbol{X}_8 = \begin{bmatrix} -1 \\ -2 \end{bmatrix}$$

（4）上述输入向量中哪些向量的分类与权值和阈值无关？哪些向量的分类依赖于权值和阈值的选择？

解：（1）画出输入数据点的分布图如附图 1.4 所示，根据目标值将其标记为＋和○。

从数据点的分布可知，这是一个线性二分问题，可以用一个单神经元感知器分类。

（2）感知器如附图 1.5 所示，设对应的分界线方程为

$$\mathrm{net} = w_1 x_1 + w_2 x_2 - T = 0$$

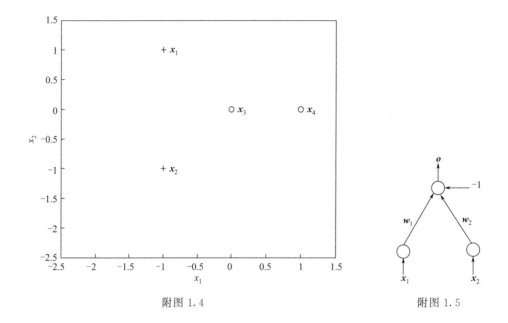

附图 1.4   附图 1.5

取直线上（附图 1.6）的两个点（−0.5，0），（−0.5，1），分别代入上述方程中得到

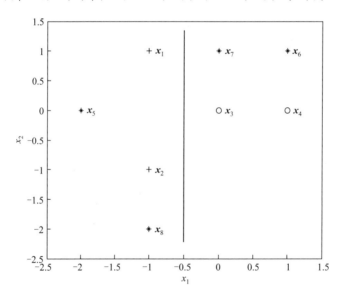

附图 1.6

$$\begin{cases} -0.5 \times w_1 - T = 0 \\ -0.5 \times w_1 + w_2 - T = 0 \end{cases}$$

可以取

$$w_1 = -1, w_2 = 0, T = 0.5$$

根据感知器的输出表达式

$$o = \text{sgn}(\boldsymbol{WX} - T)$$

分别将 $\left\{\boldsymbol{X}_1=\begin{bmatrix}-1\\1\end{bmatrix}\right\}\left\{\boldsymbol{X}_2=\begin{bmatrix}-1\\-1\end{bmatrix}\right\}\left\{\boldsymbol{X}_3=\begin{bmatrix}0\\0\end{bmatrix}\right\}\left\{\boldsymbol{X}_4=\begin{bmatrix}1\\0\end{bmatrix}\right\}$ 代入，可以得到网络的输出 $\boldsymbol{O}$ 分别为 $[1,1,-1,-1]$，与教师信号相符，该感知器可以进行正确分类。

（3）分别将 $\boldsymbol{X}_5=\begin{bmatrix}-2\\0\end{bmatrix}$，$\boldsymbol{X}_6=\begin{bmatrix}1\\1\end{bmatrix}$，$\boldsymbol{X}_7=\begin{bmatrix}0\\1\end{bmatrix}$，$\boldsymbol{X}_8=\begin{bmatrix}-1\\-2\end{bmatrix}$ 代入设计好的感知器中，可以得到网络的输出 $\boldsymbol{O}$ 分别为 $[1,-1,-1,1]$；因此 $\boldsymbol{X}_1$、$\boldsymbol{X}_2$、$\boldsymbol{X}_5$、$\boldsymbol{X}_8$ 属于一类，$\boldsymbol{X}_3$、$\boldsymbol{X}_4$、$\boldsymbol{X}_6$、$\boldsymbol{X}_7$ 属于另一类。如附图 1.7 所示。

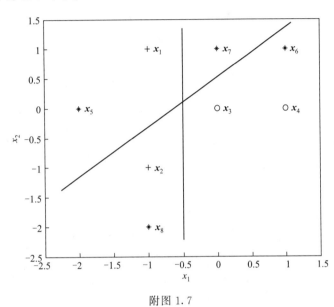

附图 1.7

（4）$\boldsymbol{X}_5$、$\boldsymbol{X}_6$ 不依赖于权值和阈值的选择，$\boldsymbol{X}_7$、$\boldsymbol{X}_8$ 依赖于权值和阈值的选择。

【例 1.5】 某单计算节点感知器，有 3 个输入。给定 3 对训练样本对如下：

$$\boldsymbol{X}^1=(-1,1,-2,0)^{\mathrm{T}} \qquad d^1=-1$$
$$\boldsymbol{X}^2=(-1,0,1.5,-0.5)^{\mathrm{T}} \qquad d^2=-1$$
$$\boldsymbol{X}^3=(-1,-1,1,0.5)^{\mathrm{T}} \qquad d^3=1$$

设初始权向量 $\boldsymbol{W}(0)=(0.5,1,-1,0)^{\mathrm{T}}$，$\eta=0.1$。注意，输入向量中第一个分量 x_0 恒等于 -1，权向量中第一个分量为阈值，试根据感知器学习规则训练该感知器，写出所有样本训练一轮以后的权值。

解： 第一步 输入 $\boldsymbol{X}^1$，得

$$\boldsymbol{W}^{\mathrm{T}}(0)\boldsymbol{X}^1=(0.5,1,-1,0)(-1,1,-2,0)^{\mathrm{T}}=2.5$$
$$o^1(0)=\mathrm{sgn}(2.5)=1$$

$$\boldsymbol{W}(1)=\boldsymbol{W}(0)+\eta[d^1-o^1(0)]\boldsymbol{X}^1$$
$$=(0.5,1,-1,0)^{\mathrm{T}}+0.1(-1-1)(-1,1,-2,0)^{\mathrm{T}}$$
$$=(0.7,0.8,-0.6,0)^{\mathrm{T}}$$

第二步 输入 $\boldsymbol{X}^2$，得

$$\boldsymbol{W}^{\mathrm{T}}(1)\boldsymbol{X}^2=(0.7,0.8,-0.6,0)(-1,0,1.5,-0.5)^{\mathrm{T}}=-1.6$$
$$o^2(1)=\mathrm{sgn}(-1.6)=-1$$

$$W(2)=W(1)+\eta[d^2-o^2(1)]X^2$$
$$=(0.7,0.8,-0.6,0)^{\mathrm{T}}+0.1[-1-(-1)](-1,0,1.5,-0.5)^{\mathrm{T}}$$
$$=(0.7,0.8,-0.6,0)^{\mathrm{T}}$$

由于 $d^2=o^2(1)$，所以 $W(2)=W(1)$。

第三步 输入 X^3，得

$$W^{\mathrm{T}}(2)X^3=(0.7,0.8,-0.6,0)(-1,-1,1,0.5)^{\mathrm{T}}=-2.1$$
$$o^3(2)=\mathrm{sgn}(-2.1)=-1$$

$$W(3)=W(2)+\eta[d^3-o^3(2)]X^3$$
$$=(0.7,0.8,-0.6,0)^{\mathrm{T}}+0.1[1-(-1)](-1,-1,1,0.5)^{\mathrm{T}}$$
$$=(0.5,0.6,-0.4,0.1)^{\mathrm{T}}$$

【例 1.6】 用数学方法证明下面问题对于两输入/单神经元感知器而言是不可解的。

$$\left\langle X_1=\begin{bmatrix}-1\\1\end{bmatrix},d_1=1\right\rangle \quad \left\langle X_2=\begin{bmatrix}-1\\-1\end{bmatrix},d_2=-1\right\rangle \quad \left\langle X_3=\begin{bmatrix}1\\-1\end{bmatrix},d_3=1\right\rangle \quad \left\langle X_4=\begin{bmatrix}1\\1\end{bmatrix},d_4=-1\right\rangle$$

分析： X 为样本的输入，d_i 为样本的目标输出（$i=1$，2，3，4）。

解： 两输入/单神经元感知器示意图如附图 1.8 所示。

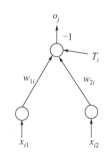

将 $\left\langle X_1=\begin{bmatrix}-1\\1\end{bmatrix}\right\rangle \left\langle X_2=\begin{bmatrix}-1\\-1\end{bmatrix}\right\rangle \quad \left\langle X_3=\begin{bmatrix}1\\-1\end{bmatrix}\right\rangle \quad \left\langle X_4=\begin{bmatrix}1\\1\end{bmatrix}\right\rangle$ 分别

附图 1.8

代入 $WX-T$，并根据 $o=\mathrm{sgn}(WX-T)$ 以及其相应的 d 值可以得到

$$\begin{cases}-1\times w_{1i}+w_{2i}-T_i>0 & (1)\\-1\times w_{1i}-w_{2i}-T_i<0 & (2)\\1\times w_{1i}-w_{2i}-T_i>0 & (3)\\1\times w_{1i}+w_{2i}-T_i<0 & (4)\end{cases} \Rightarrow \begin{cases}w_{2i}>0,\text{由式}(1)\text{和式}(2)\text{得出}\\w_{2i}<0,\text{由式}(3)\text{和式}(4)\text{得出}\end{cases}$$

两个结论是矛盾的，因此用两输入/单神经元感知器无法解决该问题。

二、BP 网络

【例 2.1】 （1）写出下列样本 X_1，X_2，…，X_6，并对教师信号 d_1，d_2，…，d_6 进行适当的编码设计；

（2）设计一个合适的神经网络将其分为两类，要求说明设计的原因以及具体的节点数的设计、训练算法等。

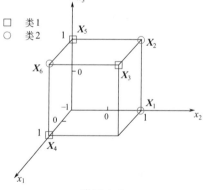

附图 2.1

解：

（1）根据附图 2.1 可知，6 个样本为：

$$\left\{X_1=\begin{bmatrix}-1\\1\\-1\end{bmatrix},d_1=1\right\} \quad \left\{X_2=\begin{bmatrix}-1\\1\\1\end{bmatrix},d_2=1\right\} \quad \left\{X_3=\begin{bmatrix}1\\-1\\1\end{bmatrix},d_3=0\right\}$$

$$\left\{X_4=\begin{bmatrix}-1\\1\\1\end{bmatrix},d_4=0\right\}\quad\left\{X_5=\begin{bmatrix}-1\\-1\\1\end{bmatrix},d_5=0\right\}\quad\left\{X_6=\begin{bmatrix}1\\-1\\1\end{bmatrix},d_6=1\right\}$$

注：教师信号可以定义为 1 维、2 维等，以上参考答案设为 1 维。

（2）网络设计：输入节点数为 3；若教师信号为 1 维，则输出节点为 1。由于该问题不是线性可分问题，因此选用多层前馈网络，隐层节点数可设为 4～6（也可通过试验决定），采用 BP 算法。

【例 2.2】 字母分类问题：附图 2.2 中 12 个字母属于 A、B、C、D 4 类，每类有 3 个样本，希望输入不同的字母样本时，网络能正确识别出该字母属于哪一类。

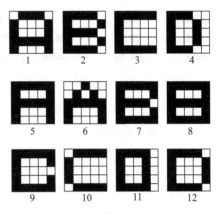

附图 2.2

（1）试设计一个三层前馈网络解决字母的分类问题。

（2）写出训练样本集（2/3）和测试集（1/3）。

解：（1）网络设计

① 输入量设计：每个字母用一个 5×5 网格描述，因此用 25 维向量表示输入量，其中各分量取 1 或 0，分别代表网格中字母笔画的有或无。

② 输出量（教师信号）设计：网络输出应能正确识别两类输入，可用多种方案实现。如：

输出为 2 维向量，00 代表 A，01 代表 B，10 代表 C，11 代表 D。

输出为 3 维向量，000 代表 A，001 代表 B，010 代表 C，100 代表 D。

③ 网络结构设计：输入层 25 个神经元，隐层设若干个神经元，输出层设 2 个或 3 个神经元。网络拓扑结构如附图 2.3 所示。

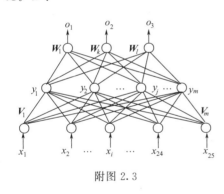

附图 2.3

（2）样本集设计：输入量和输出量（教师信号）必须成对出现。

训练集：

输入样本	期望输出
$X^1=[0111010001111111000110001]$	$d^1=00$
$X^2=[1111010001111010000111110]$	$d^2=01$
$X^3=[1111110000100001000011111]$	$d^3=10$
$X^4=[1110010010100101001011100]$	$d^4=11$
$X^5=[1111110001111111000110001]$	$d^5=00$
$X^7=[1111110001111010000111111]$	$d^7=01$
$X^9=[1111110001100001000111111]$	$d^9=10$

$$\boldsymbol{X}^{11} = [11110100101001010011110] \qquad d^{11} = 11$$

测试集：

$$\boldsymbol{X}^{6} = [00100010101111110000110001] \qquad d^{6} = 00$$
$$\boldsymbol{X}^{8} = [11111100011111110000111111] \qquad d^{8} = 01$$
$$\boldsymbol{X}^{10} = [01111100001000010000001111] \qquad d^{10} = 10$$
$$\boldsymbol{X}^{12} = [11110100011000110000111110] \qquad d^{12} = 11$$

【例 2.3】 附图 2.4 为八卦符号

附图 2.4

（1）试设计一个三层前馈网络解决八卦符号的识别问题。

（2）写出训练样本集。

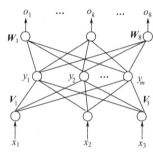

附图 2.5

解：（1）①输入向量编码：方法ⓐ从下至上（或从上至下）编码，阳爻为 1，阴爻为 0；

方法ⓑ用 3×5 网格编码，黑为 1，白为 0。

② 教师信号编码：ⓐ n 中取 1 法；ⓑ $n-1$ 法；ⓒ与输入向量编码方法ⓐ相同。

③ 三层前馈网络设计：以编码方法ⓐ为例，如附图 2.5 所示。

（2）训练集设计：输入量和输出量（教师信号）必须成对出现。

$$\boldsymbol{X}^{1} = [111] \qquad d^{1} = [10000000]$$
$$\boldsymbol{X}^{2} = [000] \qquad d^{2} = [01000000]$$
$$\boldsymbol{X}^{3} = [100] \qquad d^{3} = [00100000]$$
$$\boldsymbol{X}^{4} = [001] \qquad d^{4} = [00010000]$$
$$\boldsymbol{X}^{5} = [101] \qquad d^{5} = [00001000]$$
$$\boldsymbol{X}^{6} = [010] \qquad d^{6} = [00000100]$$
$$\boldsymbol{X}^{7} = [110] \qquad d^{7} = [00000010]$$
$$\boldsymbol{X}^{8} = [011] \qquad d^{8} = [00000001]$$

【例 2.4】 BP 网在学习过程中，常会进入误差曲面的"平坦区"。

（1）试分析"平坦区"产生的原因。

（2）试提出 3 种改进办法。

解：（1）产生"平坦区"与各节点的净输入过大有关。以输出层为例，由误差梯度表达式知

$$\frac{\partial E}{\partial w_{jk}} = -\delta_k^o y_j$$

因此，误差梯度小意味着 δ_k^o 接近零。而从 δ_k^o 的表达式 $\delta_k^o = (d_k - o_k)o_k(1-o_k)$ 可以看出，

δ_k^o 接近零有 3 种可能：第一种可能是 o_k 充分接近 d_k，但此时对应着误差的某个谷点；第二种可能是 o_k 始终接近 0；第三种可能是 o_k 始终接近 1。在后两种情况下误差 E 可以是任意值，但梯度很小，这样误差曲面上就出现了平坦区。o_k 接近 0 或 1 的原因在于 sigmoid 转移函数具有饱和特性，从 S 型转移函数曲线可以看出，当净输入（即转移函数的自变量）的绝对值 $\left| \sum\limits_{j=0}^{m} w_{jk} y_j \right| > 3$ 时，o_k 将处于接近 1 或 0 的饱和区内，此时对权值的变化不太敏感。

（2）改进办法有：

① 自适应调节学习率，使其在整个训练过程中得到合理调节。

② 在调整进入平坦区后，引入陡度因子，压缩神经元的净输入，使其输出退出转移函数的饱和区，就可以改变误差函数的形状，从而使调整脱离平坦区。

③ 使各节点的初始净输入在零点附近，一种办法是使初始权值足够小；另一种办法是使初始值为 +1 和 -1 的权值数相等。应用中对隐层权值可采用第一种办法，而对输出层可采用第二种办法。

【例 2.5】 试简述标准 BP 算法内在的缺陷，给出 3 种常用的改进方法。

解： 标准 BP 算法内在的缺陷如下：

① 易形成局部极小而得不到全局最优；

② 训练次数多使得学习效率低，收敛速度慢；

③ 隐节点的选取缺乏理论指导；

④ 训练时学习新样本有遗忘旧样本的趋势。

常用的改进办法如下：

① 增加动量项；

② 自适应调节学习率；

③ 引入陡度因子。

【例 2.6】 城市用水量预测

传统的预测方法有数理统计法和用水量定额法。采用基于 BP 神经网络的非线性时间序列递推预测方法，对城市用水量进行预测，而不是建立年用水量与各影响因素之间的关系模型。

本例收集了 D.L 区 1986～1998 年 13 年用水量记录数据资料。用 1986～1997 年数据构建训练样本对网络进行训练，并用 1998 年的数据作为验证。

D.L 区历年用水量资料如附图 2.6 所示（水量单位：10^4 t）。

解：

（1）预测城市用水量的 BP 网络设计

① BP 网络结构参数的设计。输入层节点数 $n=4$，输出层节点数 $m=3$。隐含层节点数采用试凑法确定最佳隐节点数。先设置较少的隐节点训练网络，然后逐渐增加隐节点数，用同一样本集进行训练，从中确定网络误差最小时对应的隐节点数为 9。隐层、输出层神经元的转移函数选用 sigmoid 函数。

② 数值处理与训练样本生成。对时间序列的值做归一化处理。令

$$x_i = \frac{Q_i - Q_{\min}}{Q_{\max} - Q_{\min}} a + b$$

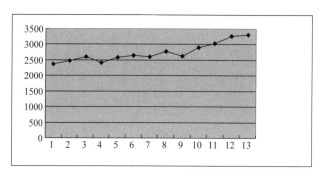

附图 2.6

式中，x_i 为归一化后序列的第 i 个量；$a=0.9,b=(1-a)/2$。神经元的转移函数取 sigmoid 函数，这样做可避免神经元的输出进入饱和状态。

年用水量预测神经网络训练样本如附表 2.1 所示。

附表 2.1

序列	输入样本				输出样本		
	1993	1994	1995	1996	1995	1996	1997
1	0.0500	0.1452	0.2714	0.0835	0.2714	0.0835	0.2510
2	0.1452	0.2714	0.0835	0.2510	0.0835	0.2510	0.3012
3	0.2714	0.0835	0.2510	0.3012	0.2510	0.3012	0.2615
4	0.0835	0.2510	0.3012	0.2615	0.3012	0.2615	0.4445
5	0.2510	0.3012	0.2615	0.4445	0.2615	0.4445	0.2830
6	0.3012	0.2615	0.4445	0.2830	0.4445	0.2830	0.5536
7	0.2615	0.4445	0.2830	0.5536	0.2830	0.5536	0.6883
8	0.4445	0.2830	0.5536	0.6883	0.5536	0.6883	0.9131

③ BP 算法的改进。

ⓐ 自适应学习速率调整法

$$\eta(t+1)=\begin{cases} 1.05\eta(t), & E(t+1)<E(t) \\ 0.7\eta(t), & E(t+1)>1.04E(t) \\ \eta(t), & 其它 \end{cases}$$

ⓑ 附加动量法

$$\Delta w_{ij}(t+1)=(1-\alpha)\eta(t)\delta_i x_j+\alpha\Delta w_{ij}(t)$$

式中，α 为动量因子，取 0.95。

（2）城市年用水量预测

对 8 对样本进行训练。隐层节点数从 4 开始，逐步增加到 9 时网络预测结果较好。允许最大误差设为 0.001，训练 28302 次后达到训练要求。

将需预测的样本

$$\boldsymbol{X}^9=(0.2830,0.5536,0.6885,0.9131)$$

输入网络，得到

$$d^9=(x^{11},x^{12},x^{13})$$

1998 年年用水量的值可由下式得到。

$$Q_{13}=\frac{(x^{13}-b)\times(Q_{max}-Q_{min})}{a}+Q_{min}$$

改进 BP 算法与 BP 算法的对比如附表 2.2 所示。

附表 2.2

年份	实际用水量 /10^4 t	改进 BP 算法		BP 算法	
		预测值 /10^4 t	相对误差 /%	预测值 /10^4 t	相对误差 /%
1990	2585.6	2636.7	1.98	2623.4	−1.46
1991	2637.2	2613.4	−0.90	2607.2	1.14
1992	2596.3	2603.7	0.28	2572.0	0.94
1993	2784.5	2700.6	−3.01	2757.0	0.99
1994	2618.4	2664.0	1.74	2744.0	−4.80
1995	2896.7	2916.2	0.67	2872.3	0.84
1996	3035.3	3028.1	−0.24	2993.8	1.37
1997	3266.3	3255.4	−0.33	3270.2	−0.12
1998	3304.2	3287.1	−0.52	3560.7	−7.76

模型测试结果与实际结果对比如附图 2.7 所示。

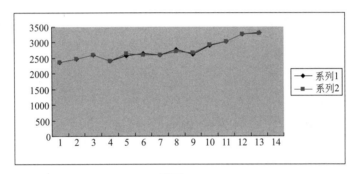

附图 2.7

思考：如何预测 1999 年、2000 年……用水量？

三、自组织网络

【例 3.1】 设有自组织网由输入层与竞争层组成，初始权向量已归一化为

$$\hat{\boldsymbol{W}}_1(0)=\begin{bmatrix}1\\0\end{bmatrix}\quad \hat{\boldsymbol{W}}_2(0)=\begin{bmatrix}0\\-1\end{bmatrix}$$

设训练集中共有 4 个输入模式，均为单位向量

$$\{\boldsymbol{X}_1,\boldsymbol{X}_2,\boldsymbol{X}_3,\boldsymbol{X}_4\}=\{1\angle 45°,1\angle -135°,1\angle 90°,1\angle -180°\}$$

试用作图的方法按胜者为王学习算法的思路调整权值，将 4 个模式输入一轮，每输入一个模式找出获胜神经元并大致画出调整后的权值图 $\left[$初始学习率为 $\eta(0)=1/2\right]$。

解： 将两个权向量和四个输入模式标在单位圆上，如附图 3.1 所示。

输入 $\boldsymbol{X}_1$ 后，神经元 1 获胜，$\boldsymbol{W}_1$ 被调整，调整后如附图 3.2 所示。

输入 $\boldsymbol{X}_2$ 后，神经元 2 获胜，$\boldsymbol{W}_2$ 被调整，调整后如附图 3.3 所示。

输入 $\boldsymbol{X}_3$ 后，神经元 1 获胜，$\boldsymbol{W}_1$ 被调整，调整后如附图 3.4 所示。

输入 $\boldsymbol{X}_4$ 后，神经元 2 获胜，$\boldsymbol{W}_2$ 被调整，调整后如附图 3.5 所示。

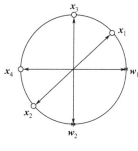

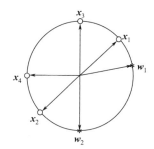

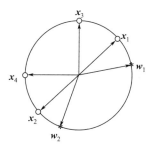

附图 3.1   附图 3.2   附图 3.3

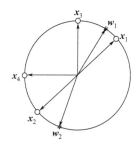

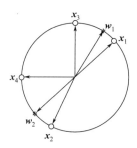

附图 3.4   附图 3.5

输入 $\boldsymbol{X}_1$，$j^* = 1$，$\hat{\boldsymbol{W}}_{j*} = 1\angle 22.5°$，$\hat{\boldsymbol{W}}_2 = 1\angle -90°$

输入 $\boldsymbol{X}_2$，$j^* = 2$，$\hat{\boldsymbol{W}}_{j*} = 1\angle -112.5°$，$\hat{\boldsymbol{W}}_1 = 1\angle 22.5°$

输入 $\boldsymbol{X}_3$，$j^* = 1$，$\hat{\boldsymbol{W}}_{j*} = 1\angle 56.25°$，$\hat{\boldsymbol{W}}_2 = 1\angle -112.5°$

输入 $\boldsymbol{X}_4$，$j^* = 2$，$\hat{\boldsymbol{W}}_{j*} = 1\angle -146.25°$，$\hat{\boldsymbol{W}}_1 = 1\angle 56.25°$

【例 3.2】 采用胜者为王学习算法训练一个竞争网络，$\eta = 0.5$，将下面的输入模式分为两类

$$\boldsymbol{X}^1 = \begin{bmatrix} 1 \\ -1 \end{bmatrix} \quad \boldsymbol{X}^2 = \begin{bmatrix} 1 \\ 1 \end{bmatrix} \quad \boldsymbol{X}^3 = \begin{bmatrix} -1 \\ -1 \end{bmatrix}$$

初始权值矩阵为

$$\boldsymbol{W} = \begin{bmatrix} \sqrt{2} & 0 \\ 0 & \sqrt{2} \end{bmatrix}$$

(1) 将输入模式按 $1 \to 2 \to 3$ 顺序训练一遍并图示训练结果，观察模式如何聚类。

(2) 如果输入模式的顺序改变为 $2 \to 3 \to 1$，训练结果是否改变？

注：若两个神经元不分胜负，则判第一个神经元获胜。

解：3 个输入样本和 2 个初始权向量如附图 3.6(a) 所示，归一化后标在附图 3.6(b) 所示的单位圆上。

(1) 按 $1 \to 2 \to 3$ 顺序训练，结果如附图 3.7 所示，神经元 1 代表 $\boldsymbol{X}^1$ 和 $\boldsymbol{X}^3$，神经元 2 代表 $\boldsymbol{X}^2$。

(2) 按 $2 \to 3 \to 1$ 顺序训练，结果如附图 3.8 所示，神经元 1 代表 $\boldsymbol{X}^1$ 和 $\boldsymbol{X}^2$，神经元 2 代表 $\boldsymbol{X}^3$。

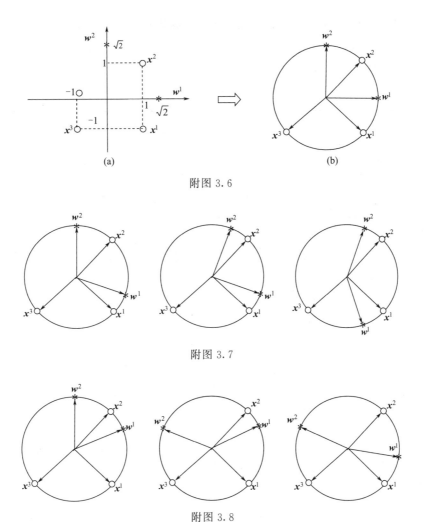

附图 3.6

附图 3.7

附图 3.8

【例 3.3】 考虑 200 种化学键的断裂性质。每个化学键由一个向量表示，该向量包括 7 个描述其电子、能量等各种性质的分量。已知在某种特定条件下，其中 58 种化学键容易断裂，36 种化学键很难断裂，其余 106 种化学键的断裂性质未知。若要求用以上 94 种已知性质的化学键推断未知的 106 种，如何用 SOM 网络实现？请描述你解决问题的思路。

解： SOM 网络设计：每个化学键用一个 7 维向量表示，94 种已知性质的化学键构成含有 94 个样本的训练集；输出层为 15×15 的平面。

SOM 网络训练：用训练集样本训练上述 SOM 网络，训练结束后 94 个已知性质的化学键样本将保序映射到 2 维输出平面上。在输出平面上对两类不同性质的化学键进行标注。

SOM 网络推断化学键：将 106 种化学键依次输入 SOM 网络，该网络通过将各未知性质的化学键映射到输出平面的特定位置而推断其断裂性质。

【例 3.4】 试用 SOM 神经网络来解决如下问题，要求给出网络的类型、结构以及完整的问题解决过程。

问题背景和已有数据：人力资本构成是指特定范围的人群中各种类型的人力资本占总人力资本的份额，可以从一个侧面反映一个国家或地区的教育状况。对中国不同地区人力资本构成数据进行计算分析，可以为各级政府制定政策提供支持和建议。更方便的做法是将人力资本构成情况用平面图形的方式给出，直观地描述各地人力资本构成的相似性和差异。将人力资本构成数据投影在平面图形上，其中最大的困难在于如何尽量保持原有信息。试用 SOM 神经网络来解决这一问题。

附表 3.1 单位：%

地区	人力资本构成份额			
	高等教育	职业教育	普及教育	其他
北京	26.957	29.477	32.008	11.559
天津	15.547	29.794	35.872	18.787
河北	5.332	17.740	47.457	29.471
山西	6.703	19.055	46.858	27.384
内蒙古	7.453	22.657	41.966	27.924
辽宁	11.354	20.123	44.809	23.714
吉林	9.224	23.329	40.462	26.985
黑龙江	8.925	21.477	44.309	25.289
上海	18.245	31.107	36.410	14.238
江苏	7.593	20.923	42.841	28.643
浙江	6.526	18.188	41.416	33.871
安徽	5.012	13.892	43.540	37.555
福建	6.039	18.080	41.610	34.271
江西	5.341	17.060	42.275	35.324
山东	6.670	18.525	44.858	29.947

解：（1）SOM 网络模型结构的确定

根据附表 3.1 可确定人力资本构成的 SOM 网络模型。由于受教育程度分为四种，因此可将 SOM 网络模型输入神经元定为 4 个。相应地区为 15 个，因此可将输出神经元定为 225 个，输出的 225 个神经元组成 15×15 的工作平面。

（2）SOM 网络训练样本的确定

根据附表 3.1 确定 15 个训练样本。

（3）SOM 网络训练及其结果分析

在学习时分别将附表 3.1 中训练样本输入 SOM 网络，按照前边所述的方法进行训练，对神经元的连接权值进行调整。在网络训练时首先要确定学习率和学习次数两个参数。学习率 $\eta(t)$ 经过 500 次训练从 0.8 线性减少到 0.02，并保持不变。最后的输出结果如附图 3.9 所示。

由附图 3.9 可看出 15 个地区大致聚成用黑框标出的 6 类，分别为：

（1）A 区，包括北京、上海、天津。该类地区高等教育和职业教育发达，比例分别达到 15% 和接近 30%；同时，小学以下文化程度者所占比例较小。

（2）B 区，包括辽宁、吉林等。该类地区主要以职业教育和普及教育为主，比例分别高达 20% 和 40%。

（3）C 区，包括山东、河南等。该类地区主要以普及教育为主，比例接近 50%。

北京	上海			辽宁		山西		河北 河南	
A			黑龙江			C			
天津						山东			
				广东					
				江苏			湖南		
		吉林	内蒙古	B				D	江西
							浙江 福建		
			湖北	海南				广西	安徽
			陕西						
								重庆	四川
			宁夏						
					甘肃			贵州 云南	F
	新疆			E		青海			西藏

附图 3.9

（4）D 区，包括湖南、江西等。该类地区主要以普及教育和其他教育为主，两者之和接近甚至超过 80%。

（5）E 区，包括青海、新疆等。该类地区普及教育以下比例较高。

（6）F 区，包括西藏、云南等。该类地区普及教育以下比例高达 50% 以上，高等教育落后不到 5%。

SOM 网络的输出平面直观地表示了我国 2000 年不同地区人力资本构成的异同。东部各地区受高等教育和职业教育的人才较多，经济发展状况较好，而西部文盲、半文盲人口占有很大比重，高等教育人才缺乏，经济发展相对落后，表现在附图 3.9 中东部和中部的省份大都集中在左上部，而西部各省集中在右下部，反映了该年份我国东西部地区的人力资本构成存在较大差异，这一结果与各地区经济发展情况是一致的。

四、反馈型神经网络

【例 4.1】 已知 DHNN 如附图 4.1 所示，网络采用并行同步更新状态的工作方式。设初始状态为：$x_1x_2x_3=000$，$\mathrm{sgn}(0)=0$，试求网络的吸引子。

解：第一次同步更新计算过程：

$$x_1=\mathrm{sgn}[-0.5\times0+0.2\times0-(-0.1)]=1$$
$$x_2=\mathrm{sgn}[-0.5\times0+0.6\times0-0)]=0$$
$$x_3=\mathrm{sgn}[0.6\times0+0.2\times0-0)]=0$$

网络状态从 000 更新为 100。

第二次同步更新计算过程：

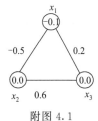

附图 4.1

$x_1 = \text{sgn}[-0.5 \times 0 + 0.2 \times 0 - (-0.1)] = 1$

$x_2 = \text{sgn}[-0.5 \times 1 + 0.6 \times 0 - 0)] = 0$

$x_3 = \text{sgn}[0.6 \times 0 + 0.2 \times 1 - 0)] = 1$

网络状态从 100 更新为 101。

第三次同步更新计算过程：

$x_1 = \text{sgn}[-0.5 \times 0 + 0.2 \times 1 - (-0.1)] = 1$

$x_2 = \text{sgn}[-0.5 \times 1 + 0.6 \times 1 - 0)] = 1$

$x_3 = \text{sgn}[0.6 \times 0 + 0.2 \times 1 - 0)] = 1$

网络状态从 101 更新为 111。

第四次同步更新计算过程：

$x_1 = \text{sgn}[-0.5 \times 1 + 0.2 \times 1 - (-0.1)] = 0$

$x_2 = \text{sgn}[-0.5 \times 1 + 0.6 \times 1 - 0)] = 1$

$x_3 = \text{sgn}[0.6 \times 1 + 0.2 \times 1 - 0)] = 1$

网络状态从 111 更新为 011。

第五次同步更新计算过程：

$x_1 = \text{sgn}[-0.5 \times 1 + 0.2 \times 1 - (-0.1)] = 0$

$x_2 = \text{sgn}[-0.5 \times 1 + 0.6 \times 1 - 0)] = 1$

$x_3 = \text{sgn}[0.6 \times 1 + 0.2 \times 1 - 0)] = 1$

第五次更新后网络状态保持 011 不变，所以状态 011 为网络吸引子。

状态更新过程： 000 → 100 → 101 → 111 → 011

【例 4.2】 有一 DHNN，$n = 4$，$T_j = 0$，$j = 1,2,3,4$，向量 $\boldsymbol{X}^{\text{a}}$、$\boldsymbol{X}^{\text{b}}$ 和权值矩阵 $\boldsymbol{W}$ 分别为

$$\boldsymbol{X}^{\text{a}} = \begin{bmatrix} 1 \\ 1 \\ 1 \\ 1 \end{bmatrix}, \boldsymbol{X}^{\text{b}} = \begin{bmatrix} -1 \\ -1 \\ -1 \\ -1 \end{bmatrix}, \boldsymbol{W} = \begin{bmatrix} 0 & 2 & 2 & 2 \\ 2 & 0 & 2 & 2 \\ 2 & 2 & 0 & 2 \\ 2 & 2 & 2 & 0 \end{bmatrix}$$

(1) 检验 $\boldsymbol{X}^{\text{a}}$ 和 $\boldsymbol{X}^{\text{b}}$ 是否为网络的吸引子；

(2) 令网络初态 $\boldsymbol{X}(0) = (1,1,-1,-1)^{\text{T}}$，若设神经元状态调整次序为 1→2→3→4，网络收敛到哪个吸引子？若将神经元状态调整次序改为 3→4→1→2，网络收敛到哪个吸引子？

解：(1) $f(\boldsymbol{W}\boldsymbol{X}^{\text{a}}) = \text{sgn}[6\ 6\ 6\ 6]^{\text{T}} = [1\ 1\ 1\ 1]^{\text{T}} = \boldsymbol{X}^{\text{a}}$

$f(\boldsymbol{W}\boldsymbol{X}^{\text{b}}) = \text{sgn}[-6\ -6\ -6\ -6]^{\text{T}} = [-1\ -1\ -1\ -1]^{\text{T}} = \boldsymbol{X}^{\text{b}}$

根据吸引子定义 $\boldsymbol{X}^{\text{a}}$ 和 $\boldsymbol{X}^{\text{b}}$ 是网络的吸引子。

(2) 状态调整次序为 1→2→3→4 时

$$x_1 = \text{sgn}(0 + 2 - 2 - 2) = -1, \quad x_2 = \text{sgn}(-2 + 0 - 2 - 2) = -1,$$

$$x_3 = \text{sgn}(-2 - 2 + 0 - 2) = -1, \quad x_4 = \text{sgn}(-2 - 2 - 2 + 0) = -1,$$

收敛到吸引子 $\boldsymbol{X}^{\text{b}}$。

状态调整次序为 3→4→1→2 时

$$x_3 = \text{sgn}(2 + 2 + 0 - 2) = 1, \quad x_4 = \text{sgn}(2 + 2 - 2 + 0) = 1,$$

$$x_1 = \text{sgn}(0+2+2+2)=1, \quad x_2 = \text{sgn}(2+0+2+2)=1,$$

收敛到吸引子 $\boldsymbol{X}^{\text{a}}$。

五、ART 网络

【例 5.1】 设计一个 ART I 网对附图 5.1 给出的 3 个输入模式进行分类。设计一个合适的警戒门限，使得 ART I 网能将 3 个输入模式分为 3 类。写出训练的前 3 步结果，以及训练结束后 $\boldsymbol{B}$ 阵和 $\boldsymbol{T}$ 阵。

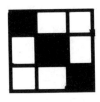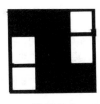

附图 5.1

解： 输入量设计：每个输入模式用一个 3×3 网格描述，因此用 9 维向量表示输入量，其中各分量取 1 或 0，分别代表网格中每一格为黑或白。

$\boldsymbol{X}_1 = (1,0,0,0,1,0,0,0,1), \boldsymbol{X}_2 = (1,1,0,0,1,0,0,1,1), \boldsymbol{X}_3 = (1,0,1,0,1,0,1,0,1)$

ART I 网络结构中，C 层有 9 个神经元，R 层为 3 个神经元，警戒门限取 $\rho = 0.9$，取初始权值 $b_{ij} = 1/10, t_{ij} = 1$。

第一步，输入 $\boldsymbol{X}_1$，将 R 层的三个节点中输出最大的一个命名为 1。由于初始化后 $t_{ij} = 1$，所以相似度 $N_0/N_1 = 1$，大于警戒门限，故第一个模式被命名为第一类模式。修改节点 1 的外星权向量，得 $\boldsymbol{T}_1 = \boldsymbol{X}_1 = (1,0,0,0,1,0,0,0,1)$，修改节点 1 的内星权向量，得 $b_{11} = b_{51} = b_{91} = 2/7$，其余分量为 0。

第二步，输入 $\boldsymbol{X}_2$，计算和 R 层已有的模式类的相似度 $N_0/N_1 = 3/5 = 0.6 < \rho = 0.9$，需动用一个新的节点，命名为节点 2 并调整权值，得外星权向量 $\boldsymbol{T}_2 = \boldsymbol{X}_2 = (1,1,0,0,1,0,0,1,1)$，内星权向量 $b_{12} = b_{22} = b_{52} = b_{82} = b_{92} = 1/11$，其余分量为 0。

第三步，输入 $\boldsymbol{X}_3$，与已经存储的模式类 $\boldsymbol{T}_1 = \boldsymbol{X}_1$ 和 $\boldsymbol{T}_2 = \boldsymbol{X}_2$ 进行相似度计算：与 $\boldsymbol{T}_1 = \boldsymbol{X}_1$ 的相似度为 $N_0/N_1 = 3/5 = 0.6 < \rho = 0.9$，与 $\boldsymbol{T}_2 = \boldsymbol{X}_2$ 的相似度为 $N_0/N_1 = 3/5 = 0.6 < \rho = 0.9$。所以需要再动用一个新节点命名为节点 3 并调整权值，得外星权向量 $\boldsymbol{T}_3 = \boldsymbol{X}_3 = (1,0,1,0,1,0,1,0,1)$，内星权向量 $b_{13} = b_{33} = b_{53} = b_{73} = b_{93} = 2/11$，其余分量为 0。

【例 5.2】 设计一个 ART I 网对附图 5.2 给出的 3 个输入模式进行分类。设计一个合适的警戒门限，使得 ART I 网能将 3 个输入模式分为 3 类。写出训练的前 3 步结果，以及训练结束后 $\boldsymbol{B}$ 阵和 $\boldsymbol{T}$ 阵。

解： 输入量设计：每个输入模式用一个 3×3 网格描述，因此用 9 维向量表示输入量，其中各分量取 1 或 0，分别代表网格中每一格为黑或白。

$$\boldsymbol{X}^{\text{T}} = (1\,1\,1\,0\,1\,0\,0\,1\,0)$$
$$\boldsymbol{X}^{\text{C}} = (1\,1\,1\,1\,0\,0\,1\,1\,1)$$
$$\boldsymbol{X}^{\text{L}} = (1\,0\,0\,1\,0\,0\,1\,1\,1)$$

附图 5.2

ART I 网络中，C 层有 9 个神经元，R 层为 3 个神经元。警戒门限取 $\rho = 0.9$，取初始权值 $b_{ij} = 1/10$，

$t_{ij}=1$。

分析：用以上编码方法并按 T→C→L 的顺序输入样本，无论警戒门限取何值，都无法将三个样本分为 3 类（请学生自己试一下）。下面试按 T→L→C 的顺序输入样本：

第一步，输入 $\boldsymbol{X}^T$，将 R 层的三个节点中输出最大的一个命名为 1。由于初始化后 $t_{ij}=1$，所以相似度 $N_0/N_1=1$，大于警戒门限，故第一个模式被命名为第一类模式。修改节点 1 的外星权向量，得 $\boldsymbol{T}_1=\boldsymbol{X}^T=(111010010)$，修改节点 1 的内星权向量，得 $b_{11}=b_{21}=b_{31}=b_{51}=b_{81}=2/11$，其余分量为 0。

第二步，输入 $\boldsymbol{X}^L$，计算和 R 层已有的模式类的相似度 $N_0/N_1=3/5=0.6<0.9$，需动用一个新的节点，命名为节点 2 并调整权值，得外星权向量 $\boldsymbol{T}_2=\boldsymbol{X}^L=(100100111)$，内星权向量 $b_{11}=b_{41}=b_{71}=b_{81}=b_{91}=2/11$，其余分量为 0。

第三步，输入 $\boldsymbol{X}^C$，与已经存储的模式类进行相似度计算：与 $\boldsymbol{T}_1=\boldsymbol{X}^T$ 的相似度为 $N_0/N_1=4/7<0.9$，与 $\boldsymbol{T}_2=\boldsymbol{X}^L$ 的相似度 $N_0/N_1=5/7<0.9$。所以需要再动用一个新节点命名为节点 3 并调整权值，得外星权向量 $\boldsymbol{T}_3=\boldsymbol{X}^C=(111100111)$，内星权向量 $b_{11}=b_{21}=b_{31}=b_{41}=b_{71}=b_{81}=b_{91}=2/15$，其余分量为 0。

【例 5.3】 ART 网络在文档自动分类中的应用。

参考方案

（1）中文文档数据的预处理

选择中文文档的关键词作为其特征信息，采用《中国图书馆图书分类法》所列 22 大类中的自然科学的 10 类为输出类别。对每一类别选择 10 个关键词作为特征输入，10 个类别共 100 个关键词信息。这样网络输入向量的维数为 100。

对某一待分类样本来说，如果它存在某个关键词，则其输入向量的对应位为"1"，其他位为"0"。

（2）文档分类的实现过程

在维普数据库中每个类别下载 10 篇文档，共得到 100 篇待分类的中文文档。采用 ART Ⅰ 型网络算法进行分类实验。当 ρ 取 0.5 时，文档识别率为 100%；当 ρ 取值较高或较低时，文档识别率下降。这是因为当 ρ 取值较高时，部分文档难以符合匹配要求，自动增加新输出类别节点；而当 ρ 取值较低时，对那些具有学科交叉背景的文档会产生误分类，如一些"信息农业技术"方面的文档就可能被分类到"工业技术"类别中。

六、LVQ 网络

【例 6.1】 LVQ 神经网络在苹果分级中的应用。

问题描述

用计算机视觉模拟人类视觉系统，可以获取苹果等农产品的形状、颜色、大小等信息，结合信息处理方法可以对其进行分级等判别。这一问题本质上是一个分类问题，可以用 LVQ 神经网络来解决。

参考设计方案

（1）样本数据

从苹果图像中获取用于判断苹果的 3 个元素：苹果的色泽、果形指数和横径。其中：

① 色泽是指苹果成熟时固有的色泽面积占整个苹果面积的比例；

② 果形指数是指被测试苹果纵径和横径的比值；

③ 横径是指被测试苹果横切面的最大直径。

训练集和测试集：

训练集中共有 40 个样本，根据苹果的色泽、横径及果形指数选取优等、一等、二等和次品苹果各 10 个，作为训练样本。

测试集中共有 120 个样本（人工分级结果是：优等果 37 个，一等果 39 个，二等果 31 个，次品 13 个）。

（2）LVQ 网络设计

输入层设计：节点数为 3。

竞争层设计：节点数设计为 20 个。

输出层设计：采用"n 中取 1"法，将输出层节点数设为 4。

（3）LVQ 网络的训练

在输入层学习进行前，把输入层的每个神经元指定给 1 个输出神经元，以产生矩阵 W^2。

$$(W^2)^{\mathrm{T}} = \begin{bmatrix} 1 & 1 & 1 & 1 & 1 & 0 & 0 & 0 & 0 & 0 & 0 & 0 & 0 & 0 & 0 & 0 & 0 & 0 & 0 & 0 \\ 0 & 0 & 0 & 0 & 0 & 1 & 1 & 1 & 1 & 1 & 0 & 0 & 0 & 0 & 0 & 0 & 0 & 0 & 0 & 0 \\ 0 & 0 & 0 & 0 & 0 & 0 & 0 & 0 & 0 & 0 & 1 & 1 & 1 & 1 & 1 & 0 & 0 & 0 & 0 & 0 \\ 0 & 0 & 0 & 0 & 0 & 0 & 0 & 0 & 0 & 0 & 0 & 0 & 0 & 0 & 0 & 1 & 1 & 1 & 1 & 1 \end{bmatrix}$$

W^1 的权值由计算机随机产生 1 个 4 行 20 列的矩阵。W^1 根据调整算法进行修正，直到 40 个训练样本全部正确划分为止。

（4）仿真结果如附表 6.1 所示。

附表 6.1

等级	实际数量	单从颜色判别		LVQ（原始数据）		LVQ（预处理数据）	
		识别数量	正确识别数量	识别数量	正确识别数量	识别数量	正确识别数量
优等果	37	46	26	32	29	34	31
一等果	39	34	31	42	33	41	37
二等果	31	22	18	25	23	30	26
次　品	13	18	9	21	9	15	11
合　计	120	120	84	120	94	120	105
3 种识别方法识别正确率比较/%		70		78.3		87.5	

七、CPN

【例 7.1】　CPN 在棉花异性纤维识别中的应用。

（1）棉花纤维和常见异性纤维红外吸收光谱

基于不同物质具有不同光谱的原理，可采用光谱分析方法找出鉴别棉花纤维和异性纤维的有效光谱波段，再运用 CPN 对棉花异性纤维进行识别。附表 7.1 中给出采用光谱分析方法得到的 3 种常见异性纤维红外吸收特性。

单位：%

纤维种类	关键频点/cm^{-1}												
	3400	3299	(2951)	(2920)	2850	1648	1620	1465	1458	(1376)	1160	(1110)	(1056)
棉花	97.48	97.30	(98.79)	(98.33)	98.56	98.66	98.53	98.54	98.37	(97.9)	96.07	(93.7)	(89.08)
头发	98.9	98.59	(99.17)	(98.77)	99.09	96.71	97.15	98.56	98.24	(98.7)	98.8	(98.8)	(98.7)
塑料	99.25	98.65	(93.27)	(92.71)	9819	99.01	99.02	96.8	94.52	(93.9)	98.32	(98.58)	(98.65)

输入数据设计

由分析知，2951cm^{-1}、2920cm^{-1}、1376cm^{-1}、1110cm^{-1} 和 1056cm^{-1} 处的吸收率对识别异性纤维至关重要。考虑到 2951cm^{-1} 和 2920cm^{-1} 较接近，可选 2920cm^{-1}、1376cm^{-1}、1110cm^{-1} 和 1056cm^{-1} 作为识别异性纤维的特征频点。

以棉花纤维在 1056cm^{-1} 的吸收率作为标准，定义棉花纤维及异性纤维的特征值如下

$$C_{ij} = 100 \times \frac{R_{ij} - R_{1056}}{R_{1056}}$$

式中，R_{ij} 为指定频点红外吸收率，$i \in \{2920, 1376, 1110, 1056\}$，$j = 1, 2, 3$，分别代表棉花纤维、头发纤维和塑料纤维。由上式可以得到附表 7.2 所示的结果，可以看出，经过处理，不同纤维在各频点的差异更加显著。

纤维种类	特征频点/cm^{-1}			
	2920	1376	1100	1056
棉花纤维（标准）	10.40	9.90	5.20	0.00
头发纤维	10.90	10.90	10.90	10.80
塑料纤维	4.10	5.40	11.00	10.70

（2）基于对偶传播网络的异性纤维识别器设计

① CPN 结构设计与样本准备。

输入样本为 4 维向量；竞争层神经元数目与纤维的种类数一致，设为 3 个，输出层设 2 个神经元，检测物为纯棉纤维时输出为 00，含有头发纤维时输出为 01，含有塑料纤维时输出为 10。

对于棉花、头发和塑料 3 种纤维，根据其自然状态和粉末状态下的红外吸收光谱提取特征值，形成 6 个标准训练样本。用含有头发的棉花、含有塑料丝的棉花以及含有两种异性纤维的棉花作为 3 种测试样本。

② 改进的网络工作方式。

在 CPN 的训练过程中，给网络送入的样本均为单纤维样本，竞争层上只允许有一个神经元获胜。而网络完成训练后作为异性纤维识别器工作时处理的往往是混合纤维样本，从其红外吸收光谱上看，相当于两个或 3 个单纤维训练样本组合而成的新模式（复合模式），因此网络的输出就是与复合输入模式中包含的各纤维样本对应的输出模式的组合，即：CPN 能对复合输入模式包含的所有训练样本对应的输出进行线性叠加。

利用 CPN 的上述性质，在网络训练结束后，为竞争层的每个神经元选择一个接近获胜条件的获胜门限值，并允许竞争层所有超过门限值的神经元同时获胜，获胜神经元输出均取为 1，其它的神经元则取值为 0。

样本＝棉花，代表棉花的神经元获胜，网络输出为 00，表示无异性纤维；

样本＝头发，代表头发的神经元获胜，网络输出为 10，表示异性纤维为头发；

样本＝塑料，代表塑料的神经元获胜，网络输出为 01，表示异性纤维为塑料；

样本＝棉花＋头发，代表棉花和头发的神经元同时获胜，网络输出为 10，表示异性纤维为头发；

样本＝棉花＋塑料，代表棉花和塑料的神经元同时获胜，网络输出为 01，表示异性纤维为塑料；

样本＝棉花＋头发＋塑料，3 个神经元同时获胜，网络输出为 11，表示异性纤维为头发和塑料。

（3）实验设计

同种物质的红外吸收光谱具有稳定的模式，这意味着网络训练只需要典型的模式样本。因此只采用自然态和粉末态的棉花、头发、塑料进行红外吸收光谱实验，计算出前述 4 个特征频点处的特征值，从而得到 6 个训练样本供 CPN 学习，如附表 7.3 所示。

附表 7.3

纤维种类		特征频点/cm^{-1}			
		2920	1376	1100	1056
棉花纤维	自然态	10.40	9.90	5.20	0.00
	粉末态	10.40	9.00	4.90	0.00
头发纤维	自然态	10.90	10.90	10.90	10.80
	粉末态	10.90	10.40	10.60	10.00
塑料纤维	自然态	4.10	5.40	11.00	10.70
	粉末态	4.00	5.30	10.50	10.50

将自然态棉花、头发和塑料 3 种纤维按不同比例混合制作成 21 份测试样本，其中：

① 不同产地纯棉样本 3 份；

② 混有不同比例头发的棉花样本 4 份；

③ 混有不同比例塑料纤维的棉花样本 4 份；

④ 混有不同比例头发和塑料的棉花样本 10 份。

用经过训练的 CPN 进行识别，达到 100% 的正确率。

附录 2 神经网络常用术语英汉对照

activation function	激活函数
adaptive linear element unit	自适应线性单元
adaptive resonance theory	自适应共振理论
artificial control	智能控制
artificial neural network	人工神经网络
asynchronous update	异步更新
attractor	吸引子
autoassociation	自联想
autoassociative memory	联想记忆
axon	轴突
back propagation algorithm	反向传播算法
basin of attraction	吸引域
bidirectional association	互（双向）联想
biological neuron	生物神经元
bipolar	双极性
bottleneck	瓶颈
category	类别
cell body	细胞体
cerebellum model	小脑模型
character recognition	字符识别
chunking algorithm	块算法
classifier	分类器
clustering	聚类
competitive learning	竞争学习
content addressable memory	内容寻址记忆
convergence	收敛
convolutional neural network	卷积神经网络
counter propagation network	对偶传播网络
dendrite	树突
deep learning	深度学习
deep neural network	深度神经网络
deep belief network	深度信念网络

discriminator	判别器
dynamical network	动态网络
empirical risk minimization	经验风险最小化
energy function	能量函数
equilibrium point	平衡点
error function	误差函数
error target function	目标函数
expert system	专家系统
fault tolerance	容错性
feature mapping	特征映射
feedback network	反馈网络
feedforward network	前馈网络
fine-tune	微调
gated recurrent unit	门控循环单元
gaussian function	高斯函数
generalization capability	泛化能力
generative adversarial network	生成对抗网络
generator	生成器
global minimum	全局最小
gradient descent	梯度下降
Hamming distance	海明距离
heteroassociation	异联想
hidden layer	隐层
hidden neuron	隐神经元
hyperplanar	超平面
image recognition	图像识别
instar vector	内星向量
initial weight	初始权值
interconnetion scheme	连接方式
iterating	迭代
Karush-Kühn-Tucker	KKT 条件
kernel function	核函数
Lagrange coefficient	拉格朗日系数

learning	学习
learning algorithm	学习算法
learning rules	学习规则
learning vector quantization	学习矢量量化
least mean squared error	最小均方误差
learning factor	学习率
linearly nonseparable pattern	线性不可分模式
linearly separable	线性可分
local minimum	局部极小
long term memory	长期记忆
long-short term memory network	长短期记忆网络
margin	分类间隔
mechanism	机理
memory capacity	存储容量
momentum term	动量项
multilayer feedforward network	多层前馈网络
neocognitron	神经认知机
network topological architecture	网络拓扑结构
neurocomputing	神经计算
normalizing	归一化
on-center off-surround	近兴奋远抑制
optical neural network	光学神经网络
optimal hyperplane	最优超平面
outer product	外积
outstar vector	外星向量
overfitting	过学习
padding	填充
parallel	并行
perception	感知器
population variance	总体方差
pooling	池化
precision	精度
pre-train	预训练

quadratic programming	二次函数极值问题
quantizer	量化器
radial basis function	径向基函数
recall	回忆
receptive field	感受野
recurrent neural network	循环神经网络
recursive neural network	递归神经网络
refractory period	不应期
residual	残差
sample	样本
sample variance	样本方差
self-adapting	自适应
self-learning	自学习
self-organization feature maps	自组织特征映射
self-organizing	自组织
sequential minimal optimization	SMO 算法
serial	串行
shared weights	权值共享
short term memory	短期记忆
sigmoidal function	S 型函数
simulated annealing	模拟退火
sparse connectivity	稀疏连接
speech recognition	语音识别
stability	稳定性
stable state	稳态
stacked auto-encoders	堆栈式自动编码器
standardizing	标准化
statistical learning theory	统计学习理论
stochastic network	随机网络
stride	步长
structural risk minimization	结构风险最小化
subspace	子空间
summation	整合

supervised /unsupervised learning	有/无监督学习
support vector machine	支持向量机
synapse	突触
synchronous update	同步更新
testing sets	测试集
threshold value	阈值
training	训练
training error	训练误差
training sets	训练集
traveling salesman problem	旅行商问题
unipolar	单极性
vigilance threshold	警戒门限
weight adjustment	权值调整量
winning neighborhood	获胜邻域

参考文献

［1］ 涂序彦，等.生物控制论.北京：科学出版社，1980.

［2］ McClelland J L，Rumelhart D E. Explorations in Parallel Distributed Processing，A Handbook of Models，Programs，and Exercises. Cambridge：MITPress，1986.

［3］ 涂序彦.人工智能及其应用.北京：电子工业出版社，1988.

［4］ Kohonen T. Self-Organization and Associative Memory. New York：Springer-Verlag，1989.

［5］ Ahmad S，Tesuro G. Scaling and Generalization in Neural Networks. Advances in Neural Information Processing Systems，1989.

［6］ Hecht-Nielsen R. Neurocomputing. Reading：Addison-Wesley Publishing Company，1990.

［7］ 焦李成.神经网络系统理论.西安：西安电子科技大学出版社，1990.

［8］ Nelson M M，Illingworth W T. A Practical Guide to Neural Nets. Reading：Advison-Wesley Publishing Company，1991.

［9］ 钟义信.信息科学方法与神经网络研究.自然杂志，1991，14（6）.

［10］ Zurada J M. Introduction to Artificial Neural Systems. St. Paul：West Publishing Company，1992.

［11］ 杨行峻，郑君里.人工神经网络.北京：高等教育出版社，1992.

［12］ 张立明.人工神经网络的模型及其应用.上海：复旦大学出版社，1993.

［13］ 阎平凡，黄端旭.人工神经网络—模型分析与应用.合肥：安徽教育出版社，1993.

［14］ 周继成.人工神经网络——第六代计算机的实现.北京：科学普及出版社，1993.

［15］ 胡守仁，余少波，戴葵.神经网络导论.长沙：国防科技大学出版社，1993.

［16］ 沈清，胡德文，时春.神经网络应用技术.长沙：国防科技大学出版社，1993.

［17］ 涂序彦.大系统控制论.北京：国防工业出版社，1994.

［18］ Tu X Y. Information Structure and Pattern of Neural Systems. Invited Speech of International Processing，Beijing：1995.

［19］ 李孝安，张晓绩.神经网络与神经计算机导论.西安：西北工业大学出版社，1995.

［20］ 陈明.神经网络模型.大连：大连理工大学出版社，1995.

［21］ 焦李成.神经网络计算.西安：西安电子科技大学出版社，1995.

［22］ 胡铁松.水库群优化调度的人工神经网络方法研究.水利学进展，1995，6（1）.

［23］ 徐庐生.微机神经网络.北京：中国医药科技出版社，1996.

［24］ 黄德双.神经网络模式识别系统理论.北京：电子工业出版社，1996.

［25］ 唐丽艳，李卫东，景瑜.应用人工神经网络进行企业综合经济效益评估.管理工程学报，1996，10（2）：89-94.

［26］ 何振亚.神经智能——认知科学中若干重大问题的研究.长沙：湖南科学技术出版社，1997.

［27］ 孙增圻.智能控制理论与技术.北京：清华大学出版社，1992.

［28］ Han L. Initial Weight Selection Methods for Self-Organizing Training：IEEE International Conference on Intelligent Processing System. 北京：万国出版社，1997.

［29］ Cai Min，Han L. Neural Network Based Computer Leather Matching System IEEE International Conference on Intelligent Processing Systems. 北京：万国出版社，1997.

［30］ 韩力群.基于自组织神经网络的皮革纹理分类.中国皮革，1997，26（6）：11.

［31］ 徐章英，顾力兵.智力工程概论.北京：人民教育出版社，1997.

［32］ 王文成.神经网络及其在汽车工程中的应用.北京：北京理工大学出版社，1998.

［33］ 杨雄里.脑科学的现代进展.上海：上海科技教育出版社，1998.

［34］ 丛爽.面向 MATLAB 工具箱的神经网络理论与应用.合肥：中国科学技术大学出版社，1998.

［35］ Han L. Two Neural Network Based Methods for Leather Pattern Recognition.武汉：华中理工大学出

版社，1998.

[36] 韩力群，等.测量仪表特性线性化的神经网络方法.北京轻工业学院学报，1998，16（3）：38.

[37] 李士勇.模糊控制·神经控制和智能控制.哈尔滨：哈尔滨工业大学出版社，1998.

[38] 戴葵.神经网络实现技术.长沙：国防科技大学出版社，1998.

[39] 袁曾任.人工神经元网络及其应用.北京：清华大学出版社，1999.

[40] 韩力群.催化剂配方的神经网络建模与遗传算法优化.化工学报，1999，50（4）：500-503.

[41] 韩力群，等.一种远程水污染神经网络监测系统.北京轻工业学院学报，1999，17（3）：7.

[42] 赵林明，等.多层前向人工神经网络.郑州：黄河水利出版社.1999.

[43] 靳蕃.神经计算智能基础原理·方法.成都：西南交通大学出版社，2000.

[44] Vapnik V.统计学习理论的本质.张学工，译.北京：清华大学出版社，2000.

[45] 韩力群.教学质量评价体系的神经网络模型.北京轻工业学院学报，2000，18（2）：34-36.

[46] 杨天奇.基于 ART 网的直流提升机故障诊断.计算机自动测量与控制，2000，8（2）：22-23.

[47] 涂晓媛.人工鱼——计算机动画的人工生命方法.北京：清华大学出版社，2001.

[48] 何为，韩力群.基于神经元网络模型的稳压变压器优化设计.变压器，2001，38（9）：24-25.

[49] 丁雪梅，李英梅，论立军.基于神经网络的证券预测技术研究.哈尔滨师范大学自然科学学报，2003，19（4）：57-60.

[50] 王群，等.基于神经网络的探地雷达探雷研究.电波科学学报，2001，16（3）：398-403.

[51] 张菊香，邱阳.基于 CMAC 的有源噪声控制研究.西安电子科技大学学报（自然科学版），2002，29（5）：614-618.

[52] （美）Hagan M T.神经网络设计.戴葵，等译.北京：机械工业出版社，2002.

[53] 庞素琳，王燕鸣，罗育中.多层感知器信用评模型及预警研究.数学的实践与认识，2003，33（9）：55-62.

[54] 徐丽娜.神经网络控制.北京：电子工业出版社，2003.

[55] Haykin S.神经网络原理.叶世伟，史忠植，译.北京：机械工业出版社，2004.

[56] 赵闯，刘凯，李电生.SOFM 神经网络在物流中心城市分类评价中的应用.中国公路学报，2004，17（4）：119-122.

[57] 张友水，等.Kohonen 神经网络在遥感影像分类中的应用研究.遥感学报，2004，8（2）：178-183.

[58] 马骏，等.基于频谱分析和自组织神经网络的火焰燃烧诊断研究.动力工程，2004，24（6）：853-856.

[59] 朱贵明.压力容器焊缝缺陷探伤的定性分析.无损探伤，2005，29（3）：43-46.

[60] 尹豪，朱晓丽.略论人工神经网络方法在经济管理领域的应用.现代管理科学，2005，8：52-53.

[61] 阎平凡，张长水.人工神经网络与模拟进化计算（第2版）.北京：清华大学出版社，2005.

[62] 刘小铭.我国证券投资基金分类实证分析.www.cenet.org.cn/cn/CEAC/2005in/jl016.doc（经济学资源数据库）.

[63] 韩力群，等.青藏高原热红外遥感与地表层温度相关性研究.中国科学（E辑），2006，36（s）：109-115.

[64] Kumar S.Neural Networks（影印本）.北京：清华大学出版社，2006.

[65] 韩力群.人工神经网络教程.北京：北京邮电大学出版社，2006.

[66] Goodfellow I，Bengio Y，Courville A.Deep Learning.Cambridge，The MIT Press，2016.

[67] Josh Patterson，Adam Gibson.Deep Learning：A Practitioner's Approach.O'Reilly Media，2017.

[68] Kurt W D，Lewis M J P，Kleijn W B.The HSIC Bottleneck：Deep Learning without Back-Propagation [J].Proceedings of the AAAI Conference on Artificial Intelligence，2020，34（4）.